Kärin Nickelsen
Alessandra Hool
Gerd Graßhoff

Theodore von Kármán

Flugzeuge für die Welt und eine Stiftung für Bern

Birkhäuser Verlag
Basel · Boston · Berlin

Die Autoren:

Dr. Kärin Nickelsen
Alessandra Hool
Prof. Dr. Gerd Graßhoff
Universität Bern
Institut für Philosophie
Länggassstr. 49a
CH-3012 Bern

Deutsche Bibliothek Cataloging-in-Publication Data
Die Deutsche Bibliothek verzeichnet diese Publikation in der Deutschen Nationalbibliographie; detaillierte bibliographische Daten sind im Internet über <http://dnb.ddb.de> abrufbar.

Ein Unternehmen von Springer Science+Business Media
Camera-ready Vorlage durch die Autoren erstellt
Gedruckt auf säurefreiem Papier, hergestellt aus chlorfrei gebleichtem Zellstoff. TCF ∞
Umschlaggestaltung: Micha Lotrovsky, CH-4106 Therwil, Schweiz
Umschlagsabbildungen: oben: Filmszene: „Der dritte Mann", Pinewood Studios, Iver Heath, Bucks., England; unten: Theodore von Kármán

Printed in Germany
ISBN 3-7643-7135-8

9 8 7 6 5 4 3 2 1 www.birkhauser.ch

Inhaltsverzeichnis

Abbildung 1: Theodore von Kármán an seinem Schreibtisch. Quelle: TKC 1.17-24. Courtesy of The Archives, California Institute of Technology.

VORWORT

QUELLEN

Unsere Arbeit stützt sich in weiten Teilen auf Originalquellen, die bisher noch kaum untersucht wurden. Ein Grossteil der Geschichte wurde anhand des umfangreichen Theodore-von-Kármán-Nachlasses rekonstruiert, der Teil des Archivbestandes des *California Institute of Technology* ist. Der gesamte Nachlass – etwa 150 000 Seiten – stand den Autoren über die Dauer des Projektes in Form von Mikrofiches zur Verfügung. Es wurden daraus sämtliche Dokumente über Kármáns Bruder Miklós eingesehen, weiterhin jene über das EMD sowie über zahlreiche Personen aus dem wissenschaftlichen oder privaten Umfeld Theodore von Kármáns, die in der fraglichen Periode mit ihm korrespondierten. Kármáns Kontakte in die Schweiz wurden, soweit bekannt, vollständig untersucht; darüber hinaus waren auch Beziehungen nach Ungarn, Deutschland, Amerika, Österreich und Italien relevant. Verschiedene dieser Briefe und Dokumente waren auf Ungarisch verfasst, insbesondere die wichtige Korrespondenz zwischen Theodore von Kármán und seinem Bruder Miklós. Die Übersetzung dieser Dokumente übernahm Frau Lídia Horváth, Studentin der Ethnologie an der Universität Bern. Übersetzungen aus dem Englischen und Französischen wurden von den Autoren selbst vorgenommen; die Originalzitate befinden sich jeweils in der Fussnote.

Der Joséphine-de-Kármán-Stiftung der Universität Bern sei für die grosszügige Unterstützung der Untersuchungen gedankt. Prof. Philippe Mastronardi, Herr Jean-Pierre Bennett und Herr Beat Greinacher, allesamt Mitglieder der Joséphine-von-Kármán-Stiftung, stellten Dokumente und Bilder mit Bezug zu Kármán und der Stiftung aus ihrem Privatbesitz zur Verfügung. Frau Dr. Vera Greinacher, ehemaliges Stiftungsmitglied und persönliche Bekannte Theodore von Kármáns, berichtete in einem Gespräch über ihre eigenen Erfahrungen.[1] Auch Herr Prof. Paul Wild, ehemaliger Assistent bei Kármáns Kollegen Fritz Zwicky, stellte sich für

[1] Dieses Interview führten Alison Sauer und Alessandra Hool am 4.9.2002.

ein Gespräch zur Verfügung.[2] Herr Wild vermittelte uns zudem einen Termin beim Landesarchiv in Glarus, wo der umfangreiche Zwicky-Nachlass einzusehen ist, dessen Bestände wir ebenfalls für diese Studie nutzten.

Dokumente über Jakob Ackeret, einen weiteren Kollegen Kármáns aus der Schweiz, stammen aus dem Archiv der Eidgenössisch-Technischen Hochschule Zürich. Zusätzliches Material über Kármáns frühere Jahre erhielten wir vom Archiv der Universität Göttingen und vom dortigen Deutschen Zentrum für Luft- und Raumfahrt. Max Borns Tagebuchnotizen *Journey to Russia*, die wir für Hintergrundinformationen zu Kármáns Besuch 1945 in Moskau nutzten, wurden uns von der *Niels Bohr Library* des *American Institute of Physics* zur Einsicht freigestellt. Einige Dokumente über das Eidgenössische Militärdepartement und sein Projekt eines Schweizer Kampfflugzeugs kommen aus dem Flugzeugwerk F+W Emmen, wo Herr Dr. Georges Bridel von der *European Aeronautic Defence and Space Company* (EADS) recherchiert hatte und uns ausgewählte Stücke in Kopie zusandte. Über Kármáns Wirken in Bern wurde ausserdem im Staatsarchiv und im Bundesarchiv Bern recherchiert. Abkürzungen, u.a. der verschiedenen Quellennachweise, sind am Ende des Buches aufgeführt (ab S. 243). Bei Quellenzitaten wurden offensichtliche Rechtschreibfehler stillschweigend korrigiert.

DANKSAGUNG

Zum Gelingen dieses Projektes haben zahlreiche Personen beigetragen, denen wir an dieser Stelle herzlich danken. Den Mitgliedern der Joséphine-de-Kármán-Stiftung danken wir für die grosszügige Förderung des Projektes – im Speziellen Prof. Wolfgang Marschall für das Entgegenkommen und den organisatorischen Aufwand in der Anfangsphase; Prof. Philippe Mastronardi, Jean-Pierre Bennett und Beat Greinacher danken wir für ihre Auskünfte und für die Bereitstellung von Dokumenten und Dr. Vera Greinacher für ihre Bereitschaft zu einem persönlichen Gespräch. Weiterhin danken wir dem Archiv des *California Institute of Technology* für den Verkauf des Kármán-Nachlasses auf Mikrofiche und für die Bereitstellung von Fotografien in elektronischer Form. Insbesondere Dr. Judith Goodstein war

[2]Dieses Gespräch führte Alessandra Hool am 23.8.2002. Weitere Informationen gab uns Prof. Wild beim Besuch des Landesarchivs Glarus am 7.10.2002.

ausserordentlich hilfreich und zuvorkommend – ohne ihre Unterstützung hätte das Projekt nicht in dieser Form durchgeführt werden können.

Dr. Yvonne Voegeli war bei der Recherche an der Eidgenössisch-Technischen Hochschule Zürich eine grosse Hilfe. Bärbel Mund zeigte sich bei der Suche nach relevanten Dokumenten an der Universität Göttingen sehr entgegenkommend; Daniela Rieke suchte uns Akten im Deutschen Zentrum für Luft- und Raumfahrt heraus. Franziska Rogger half bei der Recherche im Universitätsarchiv Bern. Rudolf Bürgin und Robert Vogler von der UBS übersandten uns aufgrund der Vollmacht von Seiten der Stiftung Papiere über Kármáns Bankkonto in der Schweiz. Prof. Rudolf Engler klärte uns über die von Jakob Ackeret und Kármán verwendete Stenographie auf. Prof. Dieter Hoffmann unterstützte uns tatkräftig bei der Identifizierung von Ludwig Prandtl auf einer der von uns verwendeten Fotografien. Dr. Georges Bridel aus München half uns mit weiterem Material zu Jakob Ackeret und dem EMD. Dr. Erich Bäuerle half uns bei der Suche nach einem geeigneten Bild der „Kármánschen Wirbelstrasse". Dr. habil. Klaus Hentschel kommentierte kritisch eine frühere Fassung des Manuskripts, Ulrike Hool fügte formale Korrekturen hinzu, und Katharina Nickelsen unterstützte uns in der Endphase des Projekts. Weiterhin bedanken wir uns bei Dr. Fritz Aebi, Prof. Johannes Geiss, Dr. Roland Müller, Lucien Othenin-Girard, Gertrud Schneebeli und Dr. Gábor Zémplen für ihre freundlichen Auskünfte zu Detailfragen. Prof. Paul Wild danken wir nicht nur für seine bereitwilligen Auskünfte; er ermöglichte uns darüber hinaus die Recherche im Zwicky-Archiv sowie einen interessanten und lehrreichen Tag in Glarus, an dem wir aus seinen Erinnerungen unter anderem die Person Fritz Zwicky von einer privaten Seite kennen lernen durften.

Bedanken möchten wir uns auch bei den übrigen Mitarbeitern des Lehrstuhls für Wissenschaftstheorie und Wissenschaftsgeschichte für ihre Unterstützung, insbesondere bei Daniel Engler, Michael Baumgartner und Dr. Hans-Christoph Liess. Lídia Horváth danken wir für die kompetente Übersetzung der ungarischen Briefe im Kármán-Nachlass.

Kapitel I

EINLEITUNG

Theodore von Kármán war einer der Marsmenschen. So bezeichnete er selbst einmal die Gruppe von Wissenschaftlern ungarischer Abstammung, die – wie er – die 1940er und 1950er Jahre in den Vereinigten Staaten so tief prägten wie wenige andere. Zum harten Kern dieser Gruppe gehörten insbesondere fünf Wissenschaftler: Der Mathematiker John von Neumann, der Physiker Eugene Wigner, Leo Szilard, der Entdecker der nuklearen Kettenreaktion, Edward Teller, der „Vater der Wasserstoffbombe", und Theodore von Kármán selbst, weltberühmter Strömungsforscher.

Diese fünf Wissenschaftler kamen nicht nur aus dem gleichen Land, und dort sogar aus der gleichen Stadt, Budapest; sie hatten auch alle dieselbe Schule besucht, nämlich das von Kármáns Vater geleitete Gymnasium namens *Minta*, und sich dort zum Teil bereits kennen gelernt. Alle gingen im Rahmen ihres Studiums nach Deutschland und alle emigrierten später in die Vereinigten Staaten – spätestens dann, als die Situation unter dem Nazi-Regime für sie unerträglich wurde. Ihre Familien liessen sie in Ungarn zurück, ohne zu ahnen, dass die politische Entwicklung einen „Eisernen Vorhang" zwischen Ost und West ziehen würde.

Wie bereits Edward Teller in seiner Autobiografie beschreibt, hat die Bezeichnung „Marsmenschen" für diese Gruppe von Wissenschaftlern zwei Aspekte.[1] Einerseits galten die ungarischen Emigranten in den Vereinigten Staaten als Sonderlinge, als Abkömmlinge eines fernen Sterns, die in ihrer eigenen, fremden Welt zu leben schienen. Theodore von Kármán beschrieb an einer Pressekonferenz die Haltung der Exil-Ungarn einmal folgendermassen:

> Wir sind auserwählt worden, um die USA zu infiltrieren, und wurden – um uns den Bedingungen des menschlichen Lebens anzupassen – nach Ungarn geschickt, wo ohnehin schon komische Käuze leben. Es gibt hier mehrere von uns aus Ungarn, die nicht ganz auf dieser Welt leben, wie Zsa Zsa Gabor.[2]

---

[1] Teller und Shollery (2001), S. 415f.

[2] Zitiert nach Wingo (10.5.1961).

Die Bezeichnung „Marsmenschen" erinnert jedoch nicht nur an den Planeten Mars, sondern auch an den römischen Kriegsgott gleichen Namens. „Martialisch" heisst heute noch so viel wie „kriegerisch", und auch dies charakterisiert Leben und Wirken der genannten fünf Wissenschaftler durchaus treffend. Jeder einzelne von ihnen war entscheidend an der Entwicklung neuer Kriegstechniken und Waffen beteiligt: Von Neumann, Wigner, Szilard und Teller trugen wesentlich zum Erfolg des so genannten *Manhattan Project* bei, d.h. für den Bau der ersten Atombombe; Kármán dagegen leistete Bedeutendes zum Bau von Kampfflugzeugen, Raketen und Projektilen. Mit Ausnahme von Szilard, der später seine Einstellung wandelte, traten sie alle für eine Politik der Stärke und der Abschreckung ein – Teller vielleicht am lautesten und prominentesten, Kármán eher im Hintergrund, aber um nichts weniger einflussreich.

Der Name Theodore von Kármán ist heute zumindest in Europa nur wenigen bekannt. Die Wissenschaftsgeschichte des 20. Jahrhunderts hat sich lange auf die Geschichte der Kernphysik konzentriert, von den Anfängen unter Niels Bohr bis hin zum Abwurf der ersten Bombe über Hiroshima. Viele kennen heute die Geschichte der geheimen Mission *Alsos*, die General Leslie Groves 1945 organisierte, um herauszufinden, wie viel man in Deutschland zu Fragen der Kernforschung wusste; fast niemand hat dagegen von der gleichzeitig verlaufenden Operation *Lusty* gehört, im Rahmen derer eine ähnliche Gruppe amerikanischer Militärs und Wissenschaftler unter Kármáns Leitung den Stand der Strömungsforschung in Europa erkundete. Vielen ist die besondere Verantwortung und die prekäre Situation der Nuklearforscher bewusst, doch nur wenigen ist klar, dass zahlreiche Anwendungen der Strömungsforschung in ähnlicher Weise militärisch relevant sind. So ist das öffentliche Interesse an der Geschichte der Atomsprengköpfe sehr viel grösser als das Interesse daran, wer eigentlich die Flugzeuge und Raketen konstruierte, mit denen die Atomsprengköpfe transportiert werden.

Kármán war ein ausserordentlicher Vertreter dieser Forschungsrichtung. Er hat nicht nur wissenschaftlich Bahnbrechendes geleistet, sowohl in der theoretischen Strömungsmechanik wie in Fragen des Flugzeugbaus und der Theorie der Tragflügel; er war auch ein hervorragender Lehrer und Organisator, der seine Beziehungen zu Industrie und Wirtschaft geschickt zu nutzen verstand. Innerhalb weniger Jahre nach seiner Berufung 1913 hatte er den Lehrstuhl für Aerodynamik der Technischen Hochschule

Aachen an die Weltspitze gebracht, und zehn Jahre später leistete er dasselbe am neu begründeten *California Institute of Technology*. Nebenher gründete er Anfang der 1940er Jahre eine eigene Firma, die Aerojet, heute einer der weltweit grössten Raketenhersteller, sowie das ebenfalls weltberühmte *Jet Propulsion Laboratory*. Nach 1945 liess sich Kármáns Einfluss nur noch auf anderen Ebenen steigern: Kurz vor seiner Pensionierung begründete er den wissenschaftlichen Beratungsstab der *US Air Force* und verfasste einen strategischen Plan zur Weiterentwicklung der Luft- und Raumfahrttechnik, der die nächsten 40 Jahre der US-Rüstungsforschung entscheidend prägte. Das letzte Gremium, das Kármán ins Leben rief, war schliesslich 1951 die AGARD, der wissenschaftliche Beirat der NATO-Luftwaffe. Von dieser Plattform aus zog Kármán weltweit seine Fäden. An allen wesentlichen Entwicklungen und Entscheidungen der Nachkriegszeit, die auch nur annähernd sein Fachgebiet der Aerodynamik betrafen, war Kármán massgeblich beteiligt.

Kein einzelnes Buch kann diesem vielfältigen Spektrum an Tätigkeiten gerecht werden. Weder eine umfassende Biografie Kármáns, noch eine inhaltliche Bearbeitung seiner wissenschaftlichen Studien war unser Ziel. Das vorliegende Buch konzentriert sich vielmehr auf eine vermeintlich nebensächliche und rein private Episode in Kármáns Leben, die einige wenige Jahre umspannt: die Ausreise seines Bruders Miklós aus dem kommunistischen Ungarn in die Schweiz. Als Theodore von Kármán 1930 als Professor ans *CalTech* berufen wurde, zogen seine Mutter und Schwester mit ihm in die Vereinigten Staaten, seine Brüder blieben jedoch in Ungarn. Nach dem zweiten Weltkrieg trennten nicht mehr nur Grenzen die Familienmitglieder voneinander, sondern ganze politische Systeme, und die Fronten verhärteten sich zusehends. Als sein jüngerer Bruder Miklós Anfang der 1950er Jahre Budapest verlassen wollte und Theodore um Hilfe bat, stand dieser vor einem Problem: Ungarn wusste um seine wissenschaftliche und politische Bedeutung – und man wusste ausserdem um sein beachtliches Vermögen. Vor diesem Hintergrund war Ungarn nicht gewillt, Miklós ohne weiteres ausreisen zu lassen. Doch Kármán war ein gewandter Gegenspieler. Wie Kármán sein Netzwerk an Beziehungen einsetzte, um seinen Bruder von Budapest nach Bern zu holen, wo er in der Folge eine Stiftung einrichtete: Davon handelt das vorliegende Buch.

Kapitel II

BEGINN EINER KARRIERE

1 Die Kármáns

„Die Ära Franz Josephs [war] im Ganzen gesehen eine fröhliche Zeit – eine herrliche Zeit, hineingeboren zu werden“[1], so beschrieb Theodore von Kármán rückblickend seine Kindheit im Budapest des späten 19. Jahrhunderts.[2] Seine Mutter, Helene Konn, stammte aus einer wohlhabenden jüdischen Gelehrtenfamilie mit beachtlichem Stammbaum; der Vater, Maurice Kármán, war Ungarns führender Pädagoge. 1869, als Ungarn sich als eigener Staat formierte, war er massgeblich daran beteiligt, das ungarische Schulsystem zu modernisieren und nach deutschem Vorbild umzugestalten. Zur praktischen Erprobung seiner pädagogischen Ideale gründete Maurice Kármán zudem in Budapest eine eigene Schule, die so genannte *Minta* („Mustergymnasium“), worin die Schüler mit modernen Methoden zum selbstständigen Denken angeleitet werden sollten.[3] Aufgrund seiner Erfolge mit dieser Schule wurde Maurice Kármán schliesslich beauftragt, die Schulbildung eines Verwandten des Kaisers Franz Joseph I. zu betreuen, und wurde für diese Bemühungen 1907 in den Erbadel erhoben.

Theodore war das dritte von insgesamt fünf Kindern (Abb. II.1, S. 19). Der älteste Sohn der Familie, Elemer, wurde 1874 geboren, ein Jahr später kam der zweite Sohn Ferenc zur Welt, genannt Feri. 1881 folgte Theodore, 1884 der vierte Sohn Nikolaus – Miklós – und als letzte schliesslich Joséphine, genannt Pipö, die einzige Tochter der Familie. Die Kármáns führten ein harmonisches Familienleben und waren in der Stadt bekannt

[1] von Kármán und Edson (1968), S. 19.

[2] Kármáns Autobiografie, von Kármán und Edson (1968), ist die einzige Quelle für Angaben zu Theodore von Kármáns Jugend (vgl. dort, S. 18ff); auch seine Biografie, Gorn (1992), stützt sich für die frühen Jahre ausschliesslich auf die in der Autobiografie enthaltenen Informationen. Kármáns spätere Jahre und seine wissenschaftlichen Leistungen wurden in zahlreichen Artikeln v.a. von Fachkollegen beschrieben, z.B. in DGLR (1982). Der umfangreiche Nachlass Kármáns ist einzusehen im Archiv des *California Institute of Technology* (*CalTech*). Eine Übersicht über grosse Teile des dort lagernden Bestandes wurde in Goodstein und Kopp (1981) veröffentlicht. Dokumente aus diesem Nachlass werden im Folgenden mit der Abkürzung TKC (*Theodore von Kármán Collection*) zitiert.

[3] Vgl. von Kármán und Edson (1968), S. 21ff., sowie Teller und Shollery (2001), S. 21.

und beliebt. Die gehobene Gesellschaft von Budapest ging bei ihnen ein und aus, und die Kinder genossen den ganzen Glanz des Kaiserreichs vor dem Ersten Weltkrieg. Dennoch war zumindest das Verhältnis des Vaters zu seinen Söhnen nicht frei von Spannungen: Für Theodore war er das verehrte, aber auch gefürchtete Vorbild in jeder Hinsicht. Berühmt ist eine Anekdote über den sechsjährigen Theodore, der bereits vor dem Besuch der ersten Klasse aussergewöhnlich schnell und gut Kopfrechnen konnte – niemand konnte sich erklären, wie oder warum, auch dem erwachsenen Theodore von Kármán war es im Nachhinein ein Rätsel. Theodores Brüder wussten von seinem Talent und forderten ihn eines Abends dazu auf, seine Fähigkeiten im Salon der Familie von Kármán vorzuführen: Spielend löste der kleine Theodore alle Aufgaben, die ihm von der Festgesellschaft gestellt wurden, selbst Multiplikationen von sechsstelligen Zahlen. Sein Vater war entsetzt. Maurice von Kármán fürchtete, sein Sohn könne „als eine Art Zirkuswunder enden".[4] Er nahm ihm das Versprechen ab, sich in Zukunft von jeglicher Mathematik fern zu halten und versuchte in der Folge, die aus seiner Sicht fehl geleiteten Interessen seines Sohnes so weit wie möglich auf andere Gebiete zu lenken, wie etwa Geschichte, Geographie und Literatur. Als Erwachsener wusste Theodore dies zu schätzen und führte sein breites Interesse an Geistes- und Gesellschaftswissenschaften auf diese Entscheidung seines Vaters zurück. Die vollständige Unterdrückung der mathematischen Neigung war jedoch ein hoher Preis, und sie führte letztlich sogar dazu, dass Theodore sein Talent gänzlich verlor: Er konnte später im Kopf nur noch sehr langsam multiplizieren.[5]

Zu Maurice von Kármáns Erziehungsprogramm gehörte auch, dass seine Söhne das Gelernte an ihre Geschwister weiter gaben. Bevor sie die erste Klasse der *Minta* besuchten, wurden die jüngeren Söhne von ihrem jeweils nächstälteren Bruder zu Hause unterrichtet. Theodore fiel dabei als „Schüler" der vierte Sohn Miklós zu, die einzige Schwester Joséphine unterrichteten die Kármán-Söhne gemeinsam.[6] Zumindest Theodore fand Gefallen an diesem Unterricht. Später gab er auch anderen Kindern mit Erfolg Nachhilfestunden, und über seine Lehrtätigkeit an der Universität schrieb er im Rückblick: „[Es war] der Hörsaal, wo ich meine fruchtbarsten

---

[4]von Kármán und Edson (1968), S. 20.

[5]Ibid., S. 21.

[6]Ibid., S. 24.

Abbildung II.1: Die Familie von Kármán. Von links nach rechts, vordere Reihe: Joséphine (Pipö), Helene, Maurice (Mór), Nikolaus (Miklós). Hintere Reihe: Feri, Elemer, Theodore (Tódor). Quelle: TKC 177.2. Courtesy of The Archives, California Institute of Technology.

Erfahrungen sammelte und meine tiefste Befriedigung fand. Das Lehren machte mir Spass. Ich glaube, das habe ich von meinem Vater geerbt".[7]

Die Schule seines Vaters, die alle vier Söhne besuchten, unterschied sich in der Tat deutlich in Inhalten und Methoden von den meisten anderen Schulen des Kaiserreichs. Theodore erinnerte sich im Rückblick gerne an diese Zeit und an die Prinzipien von Lernen und Lehren, die ihm dort vermittelt wurden:

> Niemals paukten wir Regeln aus dem Buch. Statt dessen versuchten wir, sie selbst zu entwickeln. Ich halte das für eine gute

[7] von Kármán und Edson (1968), S. 129.

> Unterrichtsmethode, denn meiner Ansicht nach ist die Art, wie man in der Schule das logische Denken erlernt, bestimmend für die spätere Fähigkeit zu intellektueller Arbeit. Ich bekam in der *Minta* eine gründliche Ausbildung im folgerichtigen Denken, das heisst hier, in der Herleitung allgemeiner Regeln aus der Untersuchung von Einzelfällen – eine Arbeitsweise, die ich mein Leben lang beibehalten habe.[8]

Maurice von Kármáns *Minta* entwickelte sich im Laufe der Zeit zu der angesehensten Schule Budapests. Neben Theodore von Kármán haben noch eine ganze Reihe weiterer hervorragender Wissenschaftler, Politiker und andere Persönlichkeiten diese Schule absolviert – beispielsweise Edward Teller, Leo Szilard, John von Neumann, George Pólya und viele andere in späteren Jahren berühmte Ungarn.

2 STUDIENZEIT

1898 begann Theodore von Kármán sein Studium der Ingenieurwissenschaften an der Technischen Universität Budapest, das er nach vier Jahren mit höchster Auszeichnung abschloss. Die nächsten vier Jahre arbeitete er als wissenschaftlicher Assistent und Entwicklungsingenieur an derselben Universität, bis er im Jahr 1906 ein Auslandsstipendium nutzte, um am Lehrstuhl des Strömungsforschers Ludwig Prandtl in Göttingen seine Doktorarbeit zu schreiben.

Zu dieser Zeit war Göttingen das unbestrittene Zentrum der Mathematik. Entscheidend dafür war die Berufung des Mathematikers Felix Klein[9] im Jahr 1886: Klein brachte das Göttinger Institut nicht nur durch seine eigenen Leistungen zu höchstem Ansehen; seine enge Zusammenarbeit mit dem einflussreichen Ministerialdirektor Friedrich Althoff erlaubte es Klein darüber hinaus, die weltweit besten Mathematiker nach Göttingen zu berufen und auch dort zu halten, beispielsweise David Hilbert[10] und Hermann Minkowski[11].

---

[8] von Kármán und Edson (1968), S. 27.

[9] Die Literatur zu Felix Klein (1849 – 1925) und der grossen Zeit des Göttinger mathematischen Instituts ist immens. Für einen ersten Überblick über Felix Kleins Leben und Werk vgl. Tobies (1981).

[10] Eine reichhaltige Quelle zum Verhältnis zwischen David Hilbert (1862 – 1943) und Klein bietet die Edition ihrer Korrespondenz, Hilbert und Klein (1982).

[11] Hermann Minkowski (1864 – 1909) war mit David Hilbert seit ihrer gemeinsamen Studienzeit in Königsberg eng befreundet.

Klein war weiterhin ein entschlossener Förderer der angewandten Mathematik, im Zusammenwirken wiederum mit Althoff sowie mit Henry von Böttinger, Direktor der Bayer-Farbenwerke in Elberfeld.[12] 1904 wurden in Göttingen gleich zwei Ordinariate für dieses Gebiet begründet – die ersten ihrer Art an einer Universität. Daneben initiierte Klein die Einrichtung eines Laboratoriums, in dem die Studenten an Maschinen experimentieren konnten, auch dies eine geradezu revolutionäre Neuerung für die deutschen Universitäten dieser Zeit. Die Berufung von Ludwig Prandtl auf einen dieser Lehrstühle machte Göttingen schon bald weltbekannt auf dem Gebiet der Mechanik, insbesondere der Strömungsmechanik und der Aerodynamik.[13] Bereits 1906 konnte kaum ein Institut mehr mit dem von Prandtl konkurrieren – mit seiner Theorie der Grenzschichten hatte Prandtl fundamental zu einem besseren Verständnis strömungsmechanischer Phänomene beigetragen, und an seinem Lehrstuhl wurde an diesen Fragen intensiver und erfolgreicher gearbeitet als an irgendeinem anderen auf der Welt. Das gab den Ausschlag für Theodore von Kármán, dort seine Ausbildung zu beenden. 1908 promovierte er in Göttingen über die Knickfestigkeit von Stäben und habilitierte sich bereits im nächsten Jahr 1909 mit einer Arbeit über die Plastizität des Erdgesteins für das Lehrgebiet Mechanik und Wärmelehre.[14]

Kármán gewann in Göttingen das entscheidende Fundament für seine späteren wissenschaftlichen Arbeiten. Allerdings konnte er sich mit dem preussisch-pedantischen Prandtl niemals recht anfreunden, und auch die Göttinger Burschenschaften waren ihm zuwider – als Jude war er ohnehin von dieser Gesellschaft ausgeschlossen. Mehrfach unternahm Kármán daher Anläufe, dem Göttinger Institut den Rücken zu kehren. So verbrachte er ein Semester in Berlin und wechselte nach seiner Dissertation für einige Monate nach Paris, doch kehrte er immer wieder nach Göttingen zurück.

[12]Zu der so genannten „Göttinger Vereinigung zur Förderung der angewandten Physik und Mathematik" vgl. insbesondere Manegold (1970) sowie Rowe (1989).

[13]Zur Geschichte der von Prandtl (1875 – 1953) geleiteten Aerodynamischen Versuchsanstalt Göttingen vgl. u.a. die Selbstdarstellungen Rotta (1990b), Rotta (1990a); für eine objektivere Analyse mit Fokus auf den Jahren des Nationalsozialismus vgl. Epple (2002b). Weitere Information bietet beispielsweise Trischler (1992), vgl. dort insbesondere S. 56ff. Zu Ludwig Prandtl selbst vgl. Meier (2000) sowie die (allerdings sehr einseitige) Biografie seiner Tochter, Vogel-Prandtl (1993).

[14]Zu Kármáns Leben und Wirken in Göttingen vgl. neben den genannten Werken Krause (1982).

Der Durchbruch als Wissenschaftler gelang Kármán in den Jahren 1911/12 auf dem Gebiet der Strömungsmechanik, obwohl er eigentlich mit anderen Interessen nach Göttingen gekommen war. Seine Arbeiten zur Entstehung alternierender Wirbelserien hinter umströmten, zylinderähnlichen Körpern wurden ein internationaler Erfolg, und das betreffende Phänomen wird bis heute als „Kármánsche Wirbelstrasse" bezeichnet.[15] In der Natur sind diese Wirbelstrassen vielfach zu beobachten, beispielsweise in Wolkenformationen. Sie entstehen unter bestimmten Bedingungen hinter umströmten Körpern: Während sich bei hoher Strömungszahl auf einer Seite des Körpers ein Wirbel ablöst, wird auf der anderen Seite ein neuer Wirbel mit gegenläufigem Drehsinn gebildet. Stehen die aufeinander folgenden Wirbel in einem bestimmten Abstand zueinander, bildet sich ein charakteristisches Muster (Abb. II.2, S. 23): „Statt immer zwei und zwei zu marschieren, sind die Wirbel gegeneinander versetzt wie Strassenlampen auf beiden Seiten einer Strasse", beschreibt Kármán selbst dieses Phänomen in seiner Autobiografie.[16]

Kármáns Entdeckung hatte weit reichende Konsequenzen, sowohl für das theoretische Verständnis der Strömungsmechanik, als auch für zahlreiche praktische Anwendungen – zum Beispiel versuchte man von nun an, Flugzeuge und Schiffe so zu konstruieren, dass die alternierenden Wirbel möglichst lange über den Körper fliessen. Die heute bekannte „Stromlinienform" ist das Ergebnis solcher Bemühungen. Brücken und Türme wurden ebenfalls in der Folge so gebaut, dass sie den Belastungen durch Wirbelstrassen besser standhalten konnten: Der tragische Einsturz der berühmten Tacoma Narrowas Bridge im Jahr 1940 – eine zwei Kilometer lange Hängebrücke im US-Bundesstaat Washington – demonstrierte eindrucksvoll, was anderenfalls passieren kann. Kármán wurde als Experte zu der Aufklärung des Unglücks befragt und konnte den Einsturz tatsächlich durch die Bildung einer verhängnisvollen Wirbelstrasse erklären: Bei einem Sturm waren hinter der Brücke Wirbel entstanden, die sich mit einer Frequenz ablösten, die bei der herrschenden Windgeschwindigkeit von 70 Stundenkilometern der Eigenfrequenz der Brücke entsprach. Es kam zu

---

[15]Vgl. für Kármáns Erstpublikation zu dem Thema von Kármán (1911), Nachrichten der K. Gesellschaft der Wissenschaften zu Göttingen, mathematisch-physikalische Klasse 1911. Kármáns wissenschaftliche Arbeiten liegen in einer Gesamtausgabe vor, vgl. von Kármán (1956-75).

[16]von Kármán und Edson (1968), S. 77.

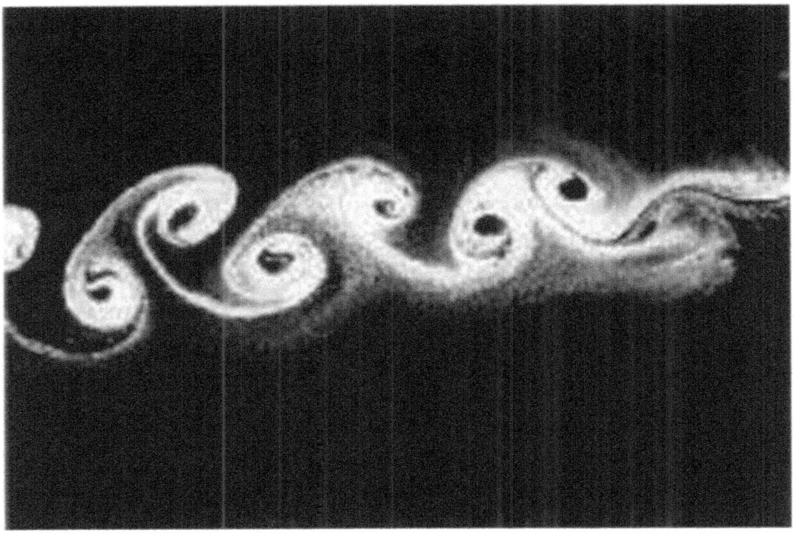

Abbildung II.2: Eine künstlich erzeugt „Kármánsche Wirbelstrasse" im Wasser, sichtbar gemacht durch Bärlappsamen. Aufgenommen von Ralf D. Prien. Quelle: DQ 1.

Resonanzschwingungen, und die Tragkabel links und rechts bewegten sich nicht mehr wie gewöhnlich gemeinsam, sondern zogen in entgegengesetzte Richtungen. Im Resultat wurde die Fahrbahn abwechselnd auf beide Seiten verdreht. Eine gute Stunde nach Beginn des Sturms brach die ganze Brücke in sich zusammen.[17]

Nach seiner Habilitation blieb Kármán weitere drei Jahre als Privatdozent in Göttingen – eine zunehmend unangenehme Stellung für den 31-jährigen, der immer weniger gewillt war, weiterhin unter Prandtls Leitung zu arbeiten. Kármán war nur sechs Jahre jünger als Prandtl, und fast mit Beginn seiner Arbeiten in Göttingen hatte sich eine Rivalität zwischen den beiden entwickelt. 1912 hatte Kármán endgültig genug. Da er keinerlei Anzeichen dafür sah, dass er in nächster Zukunft einen Posten in Deutschland erhalten würde, bewarb er sich für eine Professur für technische Mechanik an der Bergbauakademie in Selmeczbanya, Ungarn – und wurde prompt

[17] Vgl. von Kármán und Edson (1968), S. 254ff.

angenommen. Schon wenige Wochen später kehrte Kármán jedoch enttäuscht nach Göttingen zurück. Die Einrichtung des ungarischen Instituts war schlecht und die Studenten unmotiviert. Bereits in den ersten Tagen nach seiner Ankunft hatte eine Abordnung von Studenten Kármán gebeten, ihnen das Leben nicht allzu schwer zu machen; bis jetzt hätten sie immer alle Prüfungen bestanden, da ihr Professor jedes Jahr dieselben Fragen stellte. Das waren beileibe nicht die Arbeitsbedingungen, die Kármán sich erhofft hatte, und so überliess er kurze Zeit später den Lehrstuhl wieder dem Ingenieur, der das Fach vor ihm vertreten hatte. Dieser war mehr als begeistert, denn sein Lebensziel war es, wie Kármán berichtet, eine reiche Witwe vor Ort zu heiraten, was er ohne Anstellung in Selmeczbanya nicht mehr hätte tun können.[18]

Wieder in Göttingen angekommen wurde Kármán zu Klein zitiert: Was ihm eingefallen sei, eine so zweitrangige Stellung anzutreten, wollte Klein von ihm wissen. Kármán schilderte ihm die Situation, und Klein versprach ihm den nächsten frei werdenden Lehrstuhl in Deutschland auf seinem Gebiet – Kleins Beziehungen zum preussischen Kultusministerium erlaubten ihm derartige Zusagen. Und tatsächlich erhielt Kármán prompt im Februar 1913 einen Ruf auf den Lehrstuhl für Mechanik und Flugtechnische Aerodynamik an der Technischen Hochschule Aachen. Die kleinlaute Rückkehr nach Göttingen hatte sich für ihn gelohnt, wie Kármán im Nachhinein feststellte:

> Wenn ich an der Bergakademie geblieben wäre, sässe ich vielleicht jetzt noch dort, oder wäre vielleicht ein Ungarnflüchtling, oder hätte gar die Witwe geheiratet. So aber stand ich auf der Schwelle zu einer neuen Karriere in Deutschland.[19]

3 Gründerjahre in Aachen

Wie kam Kármán dazu, sich zunehmend mit Fragen der Aerodynamik zu beschäftigen – d.h. mit dem Gebiet, für das er schliesslich in Aachen berufen wurde – , obwohl er seine wissenschaftliche Laufbahn eigentlich mit Arbeiten zur Knickfestigkeit von Stäben begonnen hatte? Kármán selbst beantwortete diese Frage gerne mit einem Erlebnis aus der Zeit kurz nach Abschluss seiner Dissertation im Jahr 1908. Damals begleitete er einen

[18] Vgl. von Kármán und Edson (1968), S. 89f.

[19] Ibid., S. 90.

ungarischen Studienkollegen aus Göttingen für einige Zeit nach Paris, und per Zufall konnte er dort den Erstflug eines Motor getriebenen Flugzeugs miterleben: Dem Piloten Henri Farman gelang ein sensationeller Flug über eine Distanz von 2005 Metern, zurückgelegt in dreieinhalb Minuten – ein neuer Weltrekord. Kármán war ungeheuer beeindruckt. Die technischen Schwierigkeiten schienen ihm auf den ersten Blick nicht lösbar: Wie schaffte es der Motor, sich selbst, das Flugzeug und dazu noch den Piloten gegen die Schwerkraft in die Luft zu heben? Die damit verbundenen Fragen liessen Theodore von Kármán seinen eigenen Angaben zufolge nicht mehr los.

Kármán war weder der Erste, noch der Einzige, den diese Fragen beschäftigten. Sein wissenschaftlicher Aufstieg fiel genau in die Zeit, als die ersten mathematischen Modelle auf Probleme der Flugzeugtechnik angewendet wurden.[20] Bis dahin war der Flugzeugbau nahezu ausschliesslich eine Domäne der Erfinder und Techniker gewesen, die nach dem Prinzip „Versuch und Irrtum" ihre Modelle entwickelten – die Karriere von Anton H. Fokker ist ein gutes Beispiel für eine Umsetzung dieser Strategie.[21] Die Methode stiess jedoch bald an ihre Grenzen, und es gab zunehmend Versuche, systematischere Lösungsansätze zu finden. Göttingen mit seinem Schwerpunkt auf angewandter Mathematik war auch auf diesem Feld einer der Vorreiter: Prandtls Grenzschichttheorie, erstmals vorgestellt 1904, hatte der mathematischen Behandlung strömungsmechanischer und aerodynamischer Phänomene ganz neue Dimensionen eröffnet; ab 1910 arbeitete Prandtl zudem an einer Theorie, auf Grund derer sich die Auftriebs- und Widerstandskräfte an Tragflügeln berechnen liessen.[22]

Göttingen war somit der beste Standort, um in das neue und aufregende Forschungsgebiet der Aerodynamik und ihrer Anwendung auf die Aerotechnik einzusteigen; und so zögerte Kármán nicht lange, als einige Zeit nach seinem Erlebnis mit dem Motorflugzeug ein attraktives Angebot von Prandtl in Paris eintraf: Prandtl liess anfragen, ob Kármán an einer Stelle als wissenschaftlicher Mitarbeiter in Göttingen interessiert sei. In-

[20]Vgl. zu den Anfängen einer Anwendung aerodynamischer Modelle auf den Flugzeugbau u.a. Anderson (2000), Chapter 6, insbesondere ab S. 261.

[21]Anton H. Fokker, 1890 – 1939. Zu Fokkers Leben und Werk vgl. Dierikx (1997) sowie mit dem üblichen Vorbehalt auch Fokkers Autobiografie, Fokker und Gould (1931), zwei Jahre später in deutscher Übersetzung erschienen als Fokker und Gould (1933).

[22]Vgl. zu Prandtls Grenzschichttheorie u.a. Anderson (2000), S. 252ff; zur Tragflügeltheorie vgl. z.B. Epple (2002a), Berichte zur Wissenschaftsgeschichte 2002.

haltlich ging es um die Erforschung eines neuen Luftschifftyps, den ein gewisser Graf Ferdinand von Zeppelin vorgeschlagen hatte. Zu diesem Zweck baute Prandtl in Göttingen gerade den ersten Windkanal Deutschlands und bot Kármán an, Teile des Forschungsprojektes zu übernehmen. Obwohl Kármán vor seiner Reise nach Paris fest entschlossen war, sich von Göttingen zu trennen, konnte er dieses Angebot nicht ausschlagen und begann an dem Göttinger Windkanal seine ersten Arbeiten auf dem Gebiet der Aerodynamik.

Die Einrichtung eines Lehrstuhls für Aerodynamik in Aachen war vor allem dem weit reichenden Einfluss Hugo Junkers' zu verdanken.[23] Junkers hatte in den 1880er Jahren an der Technischen Hochschule Aachen studiert und war in der Folge mit seiner Warmwasser-Apparatefabrik Junkers und Co. und zahlreichen Erfindungen berühmt geworden. 1897 wurde Junkers zum Leiter des Aachener Maschinenlaboratoriums berufen, verbunden mit einer ordentlichen Professur. Sein Interesse verschob sich mehr und mehr in Richtung Flugzeugbau und Luftfahrt, und als 1906 Hans J. Reissner[24] auf den Aachener Lehrstuhl für Mechanik berufen wurde, entwickelte sich eine fruchtbare Zusammenarbeit zwischen den beiden. 1910 wurde ein erster Windkanal gebaut, und gemeinsam entwickelten Junkers und Reissner einen neuen Flugzeugtyp, die so genannte „Reissner-Ente".[25]

Gleichzeitig bemühten sich Junkers wie auch Reissner um die Einrichtung eines eigenständigen Instituts für Aerodynamik in Aachen. Bereits 1910 schlug Reissner dem Ministerium ein Konzept für die „Ausbildung in theoretischer und technischer Aerodynamik an der Technischen Hochschule Aachen" vor, und beantragte, „die Herren Junkers und Reissner mit den Vorarbeiten für ein aerodynamisches Laboratorium zu betrauen".[26] Reissner hatte Erfolg: Das Laboratorium wurde tatsächlich bewilligt. Die Leitung übertrug man zunächst beiden Professoren gemeinsam, was sich jedoch auf Dauer nicht bewährte – 1912 gab daher Junkers seine Professur in Aachen

[23]Hugo Junkers, 1859 – 1935. Zu Junkers' Leben und Werk vgl. beispielsweise Groehler (1998), Wagner (1996), Erfurth (1994), Schmitt (1991).

[24]Hans J. Reissner, 1874 – 1967, übernahm den Aachener Lehrstuhl für Mechanik von Arnold Sommerfeld, 1868 – 1951, der diese Position seit 1900 besetzt hatte, bevor er auf den Lehrstuhl für Theoretische Physik an der Technischen Universität München wechselte.

[25]Für Details zu der Zusammenarbeit zwischen Reissner und Junkers vgl. z.B. Schmitt (1991), S. 106ff., sowie Wagner (1996), S. 64ff.

[26]Schreiben von Hans Reissner, 15.1.1910, TH Aachen, Aktenzeichen UIT 2442/11. Zitiert nach Schmitt (1991), S. 116.

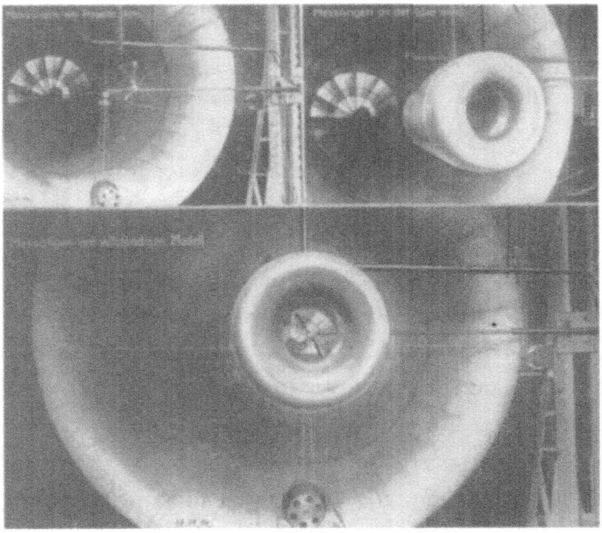

Abbildung II.3: Erste Studien mit einem Düsenpropeller 1914 im Aachener Windkanal. Quelle: Wagner (1996), S. 78.

auf und konzentrierte sich fortan auf den Ausbau seiner Werke in Dessau. Reissner blieb ebenfalls nur noch wenige Monate in Aachen. Als er 1913 einen Ruf nach Berlin annahm, war nicht nur der Aachener Lehrstuhl für Mechanik, sondern auch die Leitung des neu gegründeten Laboratoriums vakant. Die Professur wurde neu besetzt – nunmehr ausdrücklich für das Gebiet Aerodynamik – und man entschied sich für Theodore von Kármán als Nachfolger.

Kármán hatte das Glück, dass Hugo Junkers noch in der Nähe von Aachen wohnte, als er seine Position dort antrat.[27] Kurz nach Kármáns Amtsantritt in Aachen übersiedelte Junkers vollends nach Dessau, wo er 1919 die Junkers-Flugzeugwerke gründete – wäre Kármán nur wenig später nach Aachen gekommen, hätte er Junkers verpasst. So aber freundete Kármán sich schnell mit Junkers an und legte die Grundlagen zu einer lang währenden Partnerschaft zwischen seinem Institut und den Junkers-

[27] Zu Kármáns Leben und Wirken in Aachen vgl. z.B. von Kármán und Edson (1968), Krause (1982), Wattendorf und Malina (1964).

Werken. Kármán beriet Junkers in seinen Konstruktionen und schickte ihm begabte Absolventen. Junkers revanchierte sich mit grosszügigen Provisionen und vermittelte Kármán nützliche Kontakte zur deutschen Flugzeugindustrie: Überlebenswichtige Massnahmen für das neue Institut, das von der deutschen Regierung zunächst keine Förderung im grossen Massstab erwarten konnte. Das Geld war höchst willkommen, denn als nahezu erste Amtshandlung in Aachen liess Kármán den vorhandenen Windkanal nach dem Göttinger Vorbild umbauen: Die in Prandtls Institut entwickelte geschlossene Form hatte sich als sehr viel günstiger erwiesen als die traditionellen offenen Windkanäle. Ab 1914 konnte Kármán den neuen Windkanal in Betrieb nehmen und begann unverzüglich mit ersten Forschungsarbeiten (Abb. II.3, S. 27).

Eines von Kármáns frühen Projekten war die Weiterentwicklung der bestehenden Flügeltheorie im Flugzeugbau. Junkers hatte ihm seine Idee eines Ganzmetallflugzeugs vorgestellt, mit einer Aussenhaut aus Leichtmetall und vergleichsweise dicken, innen versteiften Flügeln – beides Konstruktionselemente, die bis dahin als ungeeignet galten, einen Körper in die Luft zu heben. Kármán war begeistert von dem neuen Ansatz und entwickelte für Junkers eine mathematische Methode zur Konstruktion der erforderlichen Flügel. Diese und andere theoretische Arbeiten von Kármán und seinem Assistenten Erich Trefftz[28] trugen erheblich zur erfolgreichen Entwicklung des ersten Junkers-Flugzeugs J-1 bei: Der weltweit erste frei tragende Eindecker aus Metall, den Junkers 1915 auf den Markt brachte und der noch lange als Vorbild für militärische und zivile Transportflugzeuge diente.[29] Kármán arbeitete auch in späteren Jahren weiterhin als persönlicher Berater von Junkers, stets zu sehr lukrativen Bedingungen für ihn selbst und sein Institut.

Schon 1914 wurde der Aufstieg des neuen Aachener Lehrstuhls jedoch durch den Ersten Weltkrieg unterbrochen: Kármán wurde in die Österreichisch-Ungarische Armee eingezogen. Zunächst diente er als Oberleutnant in der Artillerie, sobald jedoch seine technischen Fähigkeiten bekannt wur-

[28] Erich Trefftz, 1888 – 1937, wurde später als Mathematiker bekannt, u.a. für die Entwicklung eines alternativen Verfahrens zur so genannten Ritz-Methode zur Abschätzung von Irrtümern in Näherungslösungen.

[29] Zur Entwicklung der J-1 vgl. u.a. Schmitt (1991), S. 122, Wagner (1996), S. 79ff; Kármán selbst beschreibt seine Rolle in von Kármán und Edson (1968), S. 94f. sowie S. 134ff.

den, übertrug man ihm die Leitung eines Forschungslabors in der Nähe von Budapest: Er sollte untersuchen, „welche Artillerie im Falle einer russischen Belagerung für die Verteidigung Budapests erforderlich wäre".[30] Dort blieb Kármán jedoch nur etwa ein halbes Jahr: Im Sommer 1915 entschied die deutsche Regierung, neben Luftschiffen auch Flugzeuge als Kriegswaffen einzusetzen. In der Folge wurde Kármán aus Budapest abgezogen und zum neuen Forschungsdirektor der *K.u.K. Militär-Aeronautischen Anstalt* in Fischamend bei Wien ernannt, die auf seinen Vorschlag hin erheblich erweitert und modernisiert wurde. Mit diesem ersten Einsatz begann Kármáns enge Verbindung mit der Luftwaffe, die sein weiteres Leben entscheidend prägte. In Fischamend war Kármán unter anderem an der Entwicklung eines Hubschrauber-Prototypen beteiligt und erarbeitete eine Methode zum Antrieb eines Propeller getriebenen Maschinengewehrs für die österreichischen Flugzeuge – eine Variante des von Fokker in Deutschland entwickelten Prinzips. Im Zuge dieser Arbeiten lernten Kármán und Fokker sich auch persönlich kennen und blieben bis zu Fokkers Tod 1939 in enger Verbindung.

Als 1918 die Niederlage von Österreich-Ungarn bevorstand, durfte Kármán nach Budapest zurückkehren: Sein Vater war 1915 gestorben, und seine Mutter brauchte Hilfe. Dort geriet Kármán in eine Zeit politischer Wirren.[31] Nach dem Zusammenbruch der Doppelmonarchie wurde in Ungarn zunächst eine bürgerlich-demokratische Regierung unter Führung von Mihály Károlyi gebildet. Als Sohn Maurice von Kármáns wurde Theodore gebeten, zum Aufbau des neuen Staates beizutragen. Er sollte das Erziehungsministerium übernehmen und das ungarische Hochschulsystem reformieren. Da es auf absehbare Zeit keine Möglichkeit gab, nach Aachen zurückzukehren – die Alliierten hatten ein Reiseverbot für feindliche Offiziere ausgesprochen – , nahm Kármán dieses Angebot an und wurde ein Mitglied der neuen Regierung. Schon im März 1919 trat jedoch Károlyi zurück, und nach einem kurzen sozialistischen Zwischenspiel übernahm eine kommunistische Führung unter Béla Kun das Regime in Budapest. Kármán blieb auch unter den Kommunisten als Staatssekretär für Hoch-

[30] von Kármán und Edson (1968), S. 99.

[31] Vgl. Gorn (1992), S. 30f., sowie von Kármán und Edson (1968), S. 113ff. Für einen knappen Überblick über die Geschichte Ungarns vgl. beispielsweise Fischer (1999) sowie von Bogyay (1990). Ausgewählte Beiträge zur Geschichte Ungarns in der ersten Hälfte des 20. Jahrhunderts enthält Romsics (1995).

schulbildung politisch aktiv, obwohl er seinen eigenen Angaben zufolge von dem Rätesystem nicht sonderlich beeindruckt war.[32] Die neue Regierung konnte sich jedoch ebenso wenig an der Macht halten wie ihre Vorgänger, und schon im August 1919 flohen Kun und seine Genossen, als rumänische Truppen in Ungarn einmarschierten. Kármán versteckte sich zunächst bei Freunden, da nicht klar war, wie man mit Mitgliedern der ehemaligen Staatsführung verfahren würde; und sobald es ihm möglich war, kehrte er nach Aachen an sein Institut zurück. So kurz dieses Engagement von Kármán als Politiker in einem kommunistischen Regime auch war, sollte es später höchstes Interesse bei den amerikanischen Geheimdiensten wecken.

Kármán erreichte Aachen im November 1919. Die Stadt fand er nahezu unversehrt vom Krieg, sein Institut jedoch seit vier Jahren verlassen und heruntergekommen. Kármán griff zur Selbsthilfe und engagierte für die ersten Renovierungsarbeiten einige junge Soldaten der belgischen Besatzungstruppe, die er als Gegenleistung umsonst in Aeronautik unterrichtete. Schon zwei Jahre später war das Institut wieder in jeder Hinsicht einsatzbereit und entwickelte sich neben Göttingen und Berlin zum dritten deutschen Zentrum auf dem Gebiet der Strömungsmechanik. Kármáns wissenschaftliche und pädagogische Fähigkeiten lockten schon bald Studenten aus aller Welt in sein Institut; zugleich bemühte er sich weiterhin um Zusammenarbeit mit der Industrie, etwa mit Graf von Zeppelin und seinem Werk in Friedrichshafen.[33] Der Schwerpunkt des Aachener Instituts lag auf theoretischen Arbeiten, aber auch die praktische Umsetzung der Ergebnisse war ein zentrales Interesse Kármáns. In den ersten Jahren wurde dies erschwert durch die Auflagen des Versailler Vertrages, denn jede Forschung, die als militärisch nutzbar ausgelegt werden konnte, war verboten – unter anderem auch die Konstruktion von Motorflugzeugen. Der Bau von *Segel*flugzeugen war jedoch erlaubt, und so machte Kármán sein Institut in Aachen zu einem Zentrum für die theoretische Untersuchung und praktische Konstruktion von Segelflugzeugen. Letztlich führten damit die Auflagen des Versailler Vertrags ironischerweise dazu, dass Deutschland sogar schneller als die meisten anderen europäischen Staaten enorme Fortschritte auf den Gebieten der Luftfahrt und Aerodynamik machte – die Erprobung günstiger Flugeigenschaften von Segelfliegern liess sich später

[32]Vgl. von Kármán und Edson (1968), S. 113f.

[33]Ibid., S. 143ff.

Abbildung II.4: Theodore und Joséphine von Kármán in Pose. Quelle: TKC 183-1. Courtesy of The Archives, California Institute of Technology.

ideal auf andere Flugzeugtypen übertragen.[34] Auf der Höhe seines Erfolgs mit Segelflugzeugen versuchte Kármán sich sogar als Unternehmer und begründete mit einem Mitarbeiter eine Segelflugzeugfabrik in Aachen. Das Startkapital erhielt er von einem führenden Aachener Waggon- und Karosseriefabrikanten, Geheimrat Georg Talbot.[35] Das Geschäft endete schon bald in einer Pleite – Talbot hatte dies jedoch erwartet und trug den Verlust mit Fassung.

Während Kármáns Institut bereits früh eine internationale Studentenschaft anlockte, lagen die Forschungskontakte auf höheren Ebenen nach dem Ersten Weltkrieg nahezu brach. Kármán sah sich in Aachen vor die Situation gestellt, dass sein Institut trotz der räumlichen Nähe zu Frankreich,

[34]Vgl. von Kármán und Edson (1968), S. 125f.

[35]Georg Talbot, 1864 – 1948. Vgl. von Kármán und Edson (1968), S. 123f. Die Firma Talbot, begründet 1837, war das älteste Waggonbau-Unternehmen Deutschlands; sie wurde 1995 von Bombardier Transportation übernommen und wird heute in Aachen unter dem Namen Bombardier Transportation/Talbot weitergeführt. 1945 heiratete Georg Talbot Kármáns Freundin aus Aachener Zeiten, Barbara (‚Bärbel') Gegenbaur, geb. Palm. Gegen Ende der 1940er Jahre nahmen Theodore von Kármán und Bärbel Talbot ihre frühere Beziehung wieder auf.

Belgien und Holland wissenschaftlich praktisch isoliert war. Seit 1914 waren viele internationale Verbindungen zwischen führenden Wissenschaftlern und Instituten abgerissen – vor allem Deutschland und Österreich-Ungarn wurden von den anderen Staaten systematisch boykottiert. Unterstützt von seiner Schwester Joséphine, die 1921 mit ihrer Mutter ebenfalls nach Aachen gezogen war, versuchte Kármán nach Kräften, diese Beziehungen auf verschiedenen Ebenen wiederherzustellen. Ein grosser Erfolg in dieser Hinsicht war die Organisation der ersten internationalen Konferenz für Mechanik im Jahr 1922 in Innsbruck, die Kármán und seine Schwester aus eigener Tasche bezahlten. Diese Konferenz wird seitdem regelmässig in verschiedenen Ländern abgehalten.[36]

Gegen Ende der 1920er Jahre war Kármáns Institut in Aachen eines der angesehensten in Deutschland, sein wissenschaftlicher Ruf kam dem von Prandtl nahezu gleich, und durch sein Organisationstalent gelang es ihm, von verschiedensten Seiten Förderungsgelder einzuwerben. Bezeichnend ist etwa folgende Anfrage an Kármán von Ferdinand Springer, der mit seinem Bruder Julius das bekannte Verlagshaus in Berlin führte:

> Lieber Herr von Karman
>
> Ich möchte heute in folgender streng vertraulichen Angelegenheit bei Ihnen anfragen: Der Finanzdirektor eines unserer grössten technischen Konzerne, ein hochverdienter und bedeutender Mann von 60 Jahren, ebenfalls aus dem Ingenieurstand hervorgegangen, würde gern als Anerkennung seiner Verdienste und die Entwicklung seines Riesenbetriebes und damit seines ganzen Industriezweiges durch Verleihung des Dr. Ing. e.h. anerkannt sehen. Der Leiter des ganzen Konzerns, einer unserer ersten Männer in Technik und Wirtschaft, legt seinerseits grossen Wert auf diese Ehrung seines bewährten Finanzdirektors und würde vermutlich bereit sein, der Hochschule, die ihm hierbei behilflich wäre, eine Stiftung zu spenden. Soweit ich unterrichtet bin, würde hier ein Betrag von etwa M 20 000.- in Frage kommen. Die Firma hat übrigens Interesse gerade für das Flugwesen, und es würde wohl möglich sein, dass die genannte Summe Ihrem Institut zufliesst.
>
> Ist dieser Plan durchführbar, und in welcher Weise? Wenn Sie positiv antworten, so würde ich Ihnen sogleich sagen können, um welchen Konzern und um welche Person es sich handelt.[37]

[36] Zu Kármáns Engagement für internationale Zusammenarbeit zwischen Wissenschaftlern vgl. z.B. Dryden (1963).

[37] Ferdinand Springer an Theodore von Kármán, 19.11.1927 (TKC 69.1).

Mit seinem hohen Einfluss hätte Springer sich auch an viele andere Universitäten und Institute wenden können, um dieses Ehrendoktorat zu vermitteln; es ist daher davon auszugehen, dass er Kármán bewusst als ersten Ansprechpartner wählte. Offensichtlich ging Springer davon aus, dass Kármán auf dieses Angebot eingehen würde und durchsetzungsfähig genug war, um die Angelegenheit zu gutem Erfolg zu bringen.

Springer täuschte sich nicht. Kármán antwortete interessiert, und so teilte Springer ihm im nächsten Schreiben mit, es handele sich bei der beteiligten Person um niemand anderen als Carl Friedrich von Siemens, der seinen Finanzdirektor Haller solchermassen ausgezeichnet sehen wolle. „Ich habe Ursache, anzunehmen, dass der letztgenannte [= Siemens] gern bereit wäre, den Ausbau des mathematischen Instituts in ein Institut für Mathematik in der Technik zu fördern (zunächst M 20 000.-, dann 3 Jahre hintereinander je M 10 000.-)", erklärte Springer, setzte jedoch noch hinzu: „Dass die ganze Angelegenheit mit der notwendigen strengen Diskretion behandelt wird, brauche ich Sie wohl nicht zu bitten, da dies ebenso in Ihrem Interesse wie in dem der übrigen Beteiligten und der Sache liegt."[38] Im Juli 1928 wurde die Urkunde ausgestellt, und nur wenig später begründete Siemens eine Stiftung zugunsten des mathematisch-technischen Seminars der Hochschule Aachen, aus der Kármán ein zusätzliches Extraordinariat finanzieren konnte.[39]

4 Das GALCIT

Zu diesem Zeitpunkt war Kármáns Ruhm bis in die Vereinigten Staaten vorgedrungen – gerade als dort die Guggenheim-Stiftung erhebliche Gelder für die Förderung der Aerodynamik und Aeronautik bereitstellte.[40] Bis dahin hatte man diesem Forschungsfeld in den USA kaum Aufmerksamkeit geschenkt; zwar gab es bereits erste Professuren für Aerodynamik, generell war man jedoch mehr an der praktischen Konstruktion von Flugzeugen interessiert als an den zugrunde liegenden theoretischen Prinzipien.[41] Ro-

---

[38]Ferdinand Springer an Theodore von Kármán, 30.12.1927 (TKC 69.1).

[39]Vgl. Kármáns Dank an Direktor Mattern nach Erhalt der letzten Zahlung: Theodore von Kármán an Georg Mattern, 11.12.1931 (TKC 69.1).

[40]Vgl. Hallio (1977) für eine Beschreibung des Beitrags der Guggenheim-Stiftung für die amerikanische Luftfahrt.

[41]Zur Vorgeschichte von Kármáns Ruf an das *CalTech* vgl. insbesondere Hanle (1982). Einen Überblick über die Geschichte der Aeronautik in den USA im 20. Jahrhundert

bert Millikan konnte die Stiftung davon überzeugen, einen Teil der Summe am neu gegründeten *California Institute of Technology* – kurz *CalTech* – zu investieren und schlug Kármán als Direktor des zu gründenden Institutes vor. Millikans Vorstellung nach sollte Kármán Süd-Kalifornien zum neuen Zentrum der Aerodynamik machen, nicht nur in den Vereinigten Staaten, sondern weltweit. Als einzigen ernst zu nehmenden Gegenkandidaten erwog die Guggenheim-Stiftung die Berufung von Prandtl. Millikan konnte sich jedoch durchsetzen und machte Kármán unverzüglich ein entsprechendes Angebot: Er sollte nicht nur den Direktorenposten übernehmen und damit eine der bestbezahltesten Professuren am *CalTech*, verbunden mit modernster Infrastruktur und reicher Ausstattung, sondern ihm wurde zusätzlich die Leitung des Guggenheim-Instituts für Luftschiffe der Akron-Werke (Ohio) in Aussicht gestellt.

Kármán war nicht sofort überzeugt. Deutschland gefiel ihm, sein Aachener Institut hatte sich blendend entwickelt, und gerade in der Zusammenarbeit mit der Industrie boten sich noch viele bisher ungenutzte Möglichkeiten. Andererseits war Millikans Angebot attraktiv. Ohne sich zunächst festzulegen, fuhr Kármán daher ab 1926 wiederholt besuchsweise nach Pasadena, offiziell um das neu zu gründende *Guggenheim Aeronautical Laboratory at the California Institute of Technology* (GALCIT) bei der Konstruktion eines Windkanals zu beraten; faktisch beriet Kármán sich nebenher bereits mit potentiellen Kollegen vor Ort über den Aufbau eines neuen Studiengangs in Aerodynamik und Aeronautik. Erst 1929 entschloss Kármán sich, Millikans Angebot anzunehmen, und übersiedelte mit seiner Mutter und seiner Schwester in die Vereinigten Staaten.[42] Für die ersten Jahre handelte er aus, einen Teil jeden Jahres in Aachen verbringen zu können; für seine Aufenthalte in Pasadena wurde er jeweils von der Aachener Hochschule beurlaubt. Als 1933 Adolf Hitler die Regierung übernahm, teilte man Kármán mit, der Urlaub könne nicht mehr verlängert werden: Er müsse entweder zum

---

bietet z.B. Bilstein (2000). Dort findet sich etwa die Rolle und Bedeutung der NACA erläutert, die hier weitgehend ausgespart bleibt. Für eine Einführung in die Geschichte der Aerodynamik im Allgemeinen und ihren Einfluss auf den Flugzeugbau vgl. insbesondere das Standardwerk Anderson (1997) und die dort angegebene Literatur.

[42] Zu Kármáns Übersiedlung nach Amerika vgl. Hanle (1982), zu seinem Wirken dort z.B. Millikan (1963).

Abbildung II.5: Robert Millikan (in der Mitte) mit den Mitgliedern des GALCIT. Links von ihm Clark Millikan, rechts Theodore von Kármán. Quelle: TKC 10.1-16. Courtesy of The Archives, California Institute of Technology.

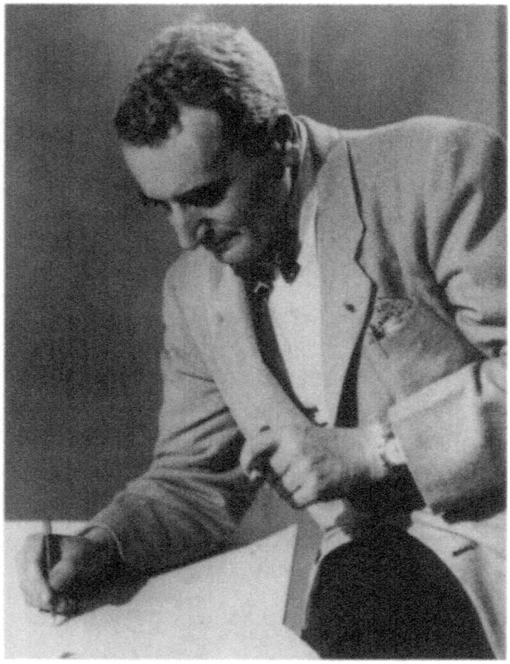

Abbildung II.6: Theodore von Kármán posiert an seinem Schreibtisch. Quelle: TKC 1.17-3. Courtesy of The Archives, California Institute of Technology.

nächsten Semester die volle Tätigkeit in Aachen wieder aufnehmen oder aber endgültig gehen. Kármán entschloss sich zu gehen.[43]

[43]Das amerikanische FBI vermerkt in seinen Akten, Kármán sei erst 1934 offiziell nach Amerika gekommen, also erst *nach* der Regierungsübernahme durch die Nazis und nach dem Gesetz zur „Wiederherstellung des Deutschen Beamtentums", das Juden von öffentlichen Ämtern ausschloss. Faktisch hatte Kármán Deutschland jedoch schon vorher verlassen. Vgl. Theodore von Karman's FBI Files Part 1a, S. 40. Kármáns FBI-Akte ist frei verfügbar und unter DQ 2 einzusehen ist (DQ = Digitale Quelle; Auflistung ab S. 245). Sie ist aufgeteilt in die Teile 1a und 1b (Nummer 40-13556 und 100-37258, Serials X-29) sowie 2a und 2b (Nummer 100-372586 Serials 30-End of File). Angegeben wird immer der jeweilige Teil sowie die Seite in der Zählung dieses Teils (elektronische Zählung). Zur Auswirkung des Gesetzes zur „Wiederherstellung des Deutschen Beamtentums" vgl. unter vielen anderen die Einleitung zu Hentschel (1996), S. xixff, mit einer Fülle weiter führender Literaturverweise.

Ausser seiner Mutter und seiner Schwester übersiedelten mit Kármán auch einige Mitarbeiter und Studenten aus Aachen in die Vereinigten Staaten, unter anderem der junge Frank Wattendorf[44]. Wattendorf hatte sein Studium in Harvard begonnen, wechselte als Graduate Student an das *Massachusetts Institute of Technology* (MIT) und kam 1927 schliesslich nach Aachen, um bei dem in Fachkreisen schon weithin bekannten Kármán seine Ausbildung abzuschliessen. Wattendorf war nicht nur ein begabter Student, sondern wurde von den Kármáns bald als Familienmitglied betrachtet.[45] Er entwickelte sich zu Kármáns engstem Mitarbeiter in Pasadena und begleitete ihn durch alle weiteren Stationen seines Lebens. So war Wattendorf 1945 Gründungsmitglied der von Kármán initiierten *Scientific Advisory Group* der amerikanischen Luftwaffe, er nahm an der so genannten Operation *Lusty* teil, war später Direktor der AGARD, des wissenschaftlichen Beratungsstabes der NATO-Luftwaffe, und mitbestimmend bei vielen weiteren Organisationen, die Kármán im Laufe seines Lebens gründete, anregte oder leitete.

Wie sich schnell herausstellte, hatte Millikan die richtige Wahl getroffen: Schon nach wenigen Jahren war das GALCIT unter Kármáns Leitung weltberühmt. Auch hier nutzte Kármán die Vorteile einer engen Zusammenarbeit mit der Luftfahrt-Industrie, insbesondere mit den Douglas-Flugwerken in Santa Monica, mit Northrop und Lockheed; so wurde beispielsweise das erste profitable Passagierflugzeug, die Douglas DC-3, unter Mitarbeit des GALCIT entwickelt.[46] Auf dem Gebiet der theoretischen Strömungsmechanik erzielte Kármán ebenfalls wichtige Erfolge, zu erwähnen sind insbesondere seine Beiträge zur Entwicklung einer allgemeinen Theorie der Turbulenz. So zog Kármáns Ruf immer mehr Studenten an seinen Lehrstuhl – und wie schon in Aachen wurde auch in Pasadena Kármáns Haus zum Schauplatz legendärer Parties, zu denen er regelmässig auch begabte Studenten einlud: neben Wattendorf beispielsweise William R. Sears, Homer J. Steward, Frank Marble, Frank J. Malina und Hsue-shen Tsien, allesamt in späteren Jahren hochrangige und berühmte Wissenschaftler.

Insbesondere Malina machte grossen Eindruck auf Kármán – so grossen Eindruck, dass Kármán ihm und einigen Gleichgesinnten erlaubte, in

[44]Frank Wattendorf, 1906 – 1986. Ein kurzer Überblick über Wattendorfs Leben und Werk findet sich z.B. auf der Homepage des AEDC, DQ 3.

[45]Vgl. von Kármán und Edson (1968), S. 155f.

[46]Müller (1986), S. 236.

Abbildung II.7: „Hap" Arnold (links) im Jahr 1929. Rechts neben ihm steht Tommy Milling, der gemeinsam mit Arnold Flugunterricht in der Schule der Brüder Wright erhielt. Quelle: AEDC.

den Räumen des GALCIT Raketenforschung zu betreiben: Ein Forschungsgebiet, dass Mitte der 1930er Jahre noch von den meisten Wissenschaftlern als Phantasterei abgetan wurde. Es war eine seltsame Gruppe, die sich zu diesem Zweck zusammengefunden hatte und sich mit einiger Selbstironie als *Suicide Squad* bezeichnete. Der bereits erwähnte Frank Malina war einer der begabtesten Studenten Kármáns, John W. Parsons hatte sich im Selbststudium zum Chemiker gebildet, und Edward Forman schliesslich war ein geschickter Mechaniker des *CalTech* mit einigem Erfindergeist. Schon bald stiessen zwei weitere Interessenten hinzu: Apollo M. O. Smith, genannt Amo, und Hsue-shen Tsien, beides Doktoranden Kármáns, die in der Folgezeit entscheidend zum Fortschritt der Raketentechnik beitrugen. Diese Gruppe von Studenten begann im Jahr 1937 mit mehr Idealismus als Erfahrung, geschweige denn Kapital, ihre Raketen-Experimente, zunächst in Kármáns Institut, nach einigen unfreiwilligen Explosionen dann in einem eigenen Gebäude in der kalifornischen Wüste.[47]

[47]Vgl. zu den ersten Jahren dieses Projektes von Kármán und Edson (1968), S. 282ff., sowie die ersten Kapitel in Koppes (1982).

Kármán nahm regen Anteil an den Bemühungen der jungen Wissenschaftler; da er die Gruppe aus seinem Etat aber nicht wesentlich finanzieren konnte, mussten die Studenten sich mit äusserst bescheidener Ausstattung begnügen, und die Ergebnisse blieben dementsprechend mager. Den entscheidenden Auftrieb erhielt das Projekt aus einer unerwarteten Richtung. Anfang der 1930er Jahre hatte Kármán über Millikan einen aufstrebenden Offizier der Luftwaffe namens Henry H. Arnold[48] kennen gelernt, genannt „Hap" – als Abkürzung für „happy" (Abb. II.7, S. 38).[49] Arnold hatte 1911 in der Flugschule der Brüder Wright fliegen gelernt und sich daraufhin als einer der ersten Militärpiloten der Vereinigten Staaten beworben. Nach dem Ersten Weltkrieg begann sein stetiger Aufstieg in höhere Ränge. 1931 übernahm Arnold die Leitung des Luftwaffenstützpunkts March Field in der Nähe von Los Angeles, der sich unter Arnolds Leitung zu einem der wichtigsten militärischen Zentren der Vereinigten Staaten entwickelte; 1935 wurde er zum Brigadier General befördert und fungierte von nun an als persönlicher Assistent des Stabschefs der Luftwaffe.

March Field und Pasadena waren nicht weit voneinander entfernt, und Arnold wurde bald zum regelmässigen Besucher am GALCIT, wo er sich mit Kármán über die neuesten Ergebnisse des Instituts unterhielt. Arnold selbst hatte keine wissenschaftliche oder technische Ausbildung, er erkannte jedoch früher als die meisten anderen Offiziere die Bedeutung der flugtechnischen Forschung auch für das Militär und bemühte sich, zumindest die Grundlagen von Kármán zu lernen. 1936 wurde Arnold nach Washington D. C. abberufen, und seine Besuche am GALCIT wurden seltener. Als Arnold jedoch 1938 schliesslich zum Stabschef ernannt wurde, erinnerte er sich an Kármán und das GALCIT und stattete ihm erneut einen Besuch ab. Kármán zeigte ihm unter anderem das Versuchsgelände des *Suicide Squad* und erklärte ihm das theoretische Prinzip. Arnold erkannte nahezu sofort die militärische Bedeutung dieser Experimente und lud unverzüglich die ganze Gruppe ein, ihre Forschungen offiziell dem *Committee on Air Corps Research* in Washington zu präsentieren. Sowohl Kármán als auch

[48] General Henry „Hap" Arnold (1886 – 1950) ist einer der bekanntesten US-Militärs – der einzige Kommandant der Luftwaffe, der zum Fünf-Sterne-General aufstieg. Für seine Autobiografie vgl. Arnold (1972); die aktuellste Biografie bietet Daso und Overy (2001), für ältere Werke vgl. Coffey (1972) und Dupre (1972). Vgl. auch DQ 3 für eine kurze Biografie sowie DQ 4 für eine Bibliografie und Linksammlung.

[49] Alle AEDC-Bilder erhielten wir mit freundlicher Genehmigung des *Arnold Engineering Development Center*, Homepage vgl. DQ 3.

Robert Millikan waren Mitglieder dieses Gremiums und empfahlen Malina, einen Plan zur Entwicklung Raketen getriebener Flugzeuge einzureichen – prompt beschloss das *Committee*, dieses Projekt finanziell zu unterstützen. Malina war von der militärischen Wende der Ereignisse zunächst nicht begeistert; unter anderem aus Sorge über den Verlauf der Ereignisse in Europa nahm er Auftrag und Förderung aber dennoch an: Die Situation nach dem Münchner Abkommen 1938 – Hitler drohte mit dem Einmarsch in die Tschechoslowakei – wurde auch in den Vereinigten Staaten mit Besorgnis verfolgt. Wenig später zeigte die Firma *Consolidated Aircraft* (San Diego) erstes Interesse an der weiteren Entwicklung der Startraketen (*Jet Assisted Take-Off* = JATO). Von diesem Zeitpunkt an war die Entwicklung nicht mehr zu stoppen, ungeachtet aller Probleme, die eine kombinierte Zusammenarbeit mit Militär und Industrie mit sich brachte. Schon 1941 konnte die Gruppe unter Leitung von Malina den ersten JATO-Prototyp vorlegen. Der Kriegseintritt der USA nach dem Angriff auf Pearl Harbor im Dezember 1941 beschleunigte die Weiterentwicklung erheblich, und spätestens 1942 war klar, dass das Militär an einer Massenproduktion der JATO-Raketen interessiert war.

Kármán und Malina fragten verschiedene Unternehmen an, ob sie die von ihnen entwickelten Triebwerke produzieren wollten, doch niemand hatte Interesse. Also gründete kurzerhand Kármán mit seiner Gruppe von Raketenforschern eine eigene Firma: Die *Aerojet Engineering Corporation*, mit einem Startkapital von 1 200 Dollar. Ziel der Firma war es vor allem, das Militär mit Raketen zu beliefern. Insbesondere Kármán und Malina erfüllten damit von nun an drei Funktionen, deren Kombination nicht unproblematisch war: Erstens berieten sie die Luftwaffe bei ihren weiteren Forschungsinvestitionen, zweitens führten sie selbst diese Forschung dann aus und waren drittens sogar noch Leiter der Firma, in der die Produkte dieser Forschung produziert und dann an das Militär verkauft wurden. Diese Personalunion stiess zunehmend auf das Missfallen der Luftwaffe, und so musste zumindest Kármán von seinem Direktorenposten der Aerojet schon bald zurücktreten. Danach stand dem Erfolg der Firma nichts mehr im Wege. Bereits im Dezember 1942 zählte die Aerojet 150 Angestellte – in den nächsten zwanzig Jahren sollte sie sich als *Aerojet General Corporation* zum weltweit führenden Hersteller von Raketen und Treibstoffen entwickeln, mit insgesamt 34 000 Angestellten und einem Jahresumsatz von 700 Millionen Dollar.

Kármán zog sich mehr und mehr aus dem täglichen Firmengeschäft zurück, behielt aber als Mitglied des Aufsichtsrates Einfluss auf das weitere Geschehen. So war er auch beteiligt, als 1943 der Schweizer Astrophysiker Fritz Zwicky[50] zum Direktor der Forschungsabteilung ernannt wurde. Kármán hatte Zwicky am *CalTech* kennen und schätzen gelernt; inhaltlich verband sie vor allem das gemeinsame Interesse an einer Optimierung von Triebwerken. Bis 1949 leitete Zwicky die Forschungen der Aerojet, danach war er bis 1961 Mitglied des wissenschaftlichen Beirats.[51] In diesen Funktionen trug Zwicky erheblich zum Erfolg der Firma bei – selbst wenn Kármán zugeben musste, dass „seine Arbeitsweise bei der Behandlung eines Problems nicht immer auf dem schnellstmöglichen Weg zur Lösung führte", wofür die Ingenieure nur wenig Verständnis aufbrachten.[52] Die Firma Aerojet und ihr wirtschaftlicher Erfolg spielen eine massgebliche Rolle für den weiteren Verlauf der Geschichte dieses Buches, wenn auch indirekt. Im Jahr 1945 trennte sich Kármán von einem Grossteil seines Aktienbestandes: Von seinen 236 Aerojet-Aktien verkaufte er 135 zum Preis von 146 Dollar pro Stück. 100 weitere Aktien überschrieb er seiner Schwester Joséphine, die damit – zumindest nominell – über ein beachtliches Vermögen verfügte.[53]

Nicht nur die Aerojet wuchs, sondern auch das ehemals bescheidene Forschungsprojekt des *Suicide Squad* am GALCIT. Mitte 1943 hatten Kármán und Malina bereits mehr als 85 Mitarbeiter auf dem Sektor der Raketenforschung. Die Entwicklung der Strahltriebwerke war nicht nur ein wirtschaftlicher Erfolg, der bei Firmen und Militär auf Interesse stiess, sondern auch ein enormer technischer und wissenschaftlicher Fortschritt, der zahlreiche neue Fragestellungen aufwarf. Die Situation spitzte sich dramatisch zu, als der britische Geheimdienst 1943 von einem deutschen Forschungsprojekt an riesigen Raketen erfuhr, die angeblich eine Reichweite von mehreren hundert Kilometern haben sollten. Obwohl die Berichte sich auf recht zweifelhafte Quellen stützten, waren die Alliierten auf

---

[50] Fritz Zwicky (1898 – 1974) hat sich insbesondere als Astrophysiker einen Namen gemacht; in späteren Jahren widmete er sich zunehmend der Entwicklung einer so genannten „morphologischen" Methode. Zu seinem Leben und Werk vgl. die umfangreiche Biografie Müller (1986).

[51] Zu Fritz Zwickys Beziehungen zur Aerojet vgl. Müller (1986), S. 236ff.

[52] Vgl. von Kármán und Edson (1968), S. 313.

[53] *Aerojet Engineering Corporation* – Corporate Stockholdings of Theodore von Karman, 4.3.1946 (TKC 55.14).

das Äusserste alarmiert. Kármán wurde um Rat gebeten und entwarf mit Malina einen Plan zur Entwicklung von Raketengeschossen, mit denen er den Deutschen zuvorkommen wollte: das *Memorandum on the Possibilities of Long-Range Rocket Projectiles*, datiert auf den 20. November 1943. Keine zwei Monate später wurde ihm ein Vertrag über ein 3-Millionen-Dollar-Projekt angeboten, um diesen Entwicklungsplan umzusetzen, und zwar „so schnell wie möglich".[54] Kármán nahm Vertrag und Herausforderung an und machte sich an eine vollständige Reorganisation seiner Raketenabteilung. Das Ergebnis war ein veritables Forschungsinstitut mit neun Abteilungen und insgesamt 275 Angestellten. Ein solches Unternehmen konnte man schwerlich weiterhin als *Suicide Squad* bezeichnen. Der Name, unter dem diese Institution berühmt wurde, erschien zum ersten Mal unter Kármáns Memorandum vom November 1943: *Jet Propulsion Laboratory*, Direktor: Theodore von Kármán.[55]

5 „Toward New Horizons"

Im Juni 1944 erkrankte Kármán ernsthaft an einem Karzinom in der Bauchhöhle. Er wurde in einer Privatklinik in New York operiert und verbrachte den gesamten Sommer zur Erholung am Lake George – ohne zu ahnen, dass währenddessen Arnold, nunmehr zum General befördert, lange Gespräche mit Millikan über Kármáns Zukunft führte.

Im September 1944 erhielt Kármán einen Anruf von Arnold, ob er sich in der Lage fühle, eine dringende Angelegenheit zu besprechen. Kármán willigte ein, und an ihrem Treffen in La Guardia Airport, New York, eröffnete Arnold ihm Folgendes:

> „Ich habe kein Interesse mehr an diesem Krieg. Wir haben den Krieg gewonnen. [...] Wofür ich mich statt dessen interessiere, ist die Frage, wie der Luftkrieg und die Luftwaffe in fünf Jahren aussehen werden, oder in zehn, oder in fünfundsechzig. Suchen Sie eine Gruppe praktischer Wissenschaftler zusammen für all diese neuen Dinge. Ich will wissen, welchen Einfluss Strahltriebwerke haben werden, Atomenergie, Elektronik. Finden Sie eine solche Gruppe

---

[54] Die Umsetzung sollte „as expeditiously as possible" erfolgen. Zitiert nach Gorn (1992), S. 95.

[55] Die offizielle Gründung des *Jet Propulsion Laboratory* erfolgte 1944. Zur Geschichte des JPL vgl. beispielsweise Koppes (1982).

Abbildung II.8: „Hap" Arnold, der einzige 5-Sterne-General der Luftwaffe. Quelle: AEDC.

> und untersuchen Sie diese Fragen im Pentagon, und dann schreiben Sie mir einen Bericht."[56]

Während des Krieges hatten die Vereinigten Staaten auf die Produktion erprobter, traditioneller Flugzeugtypen gesetzt und waren damit nicht schlecht gefahren; angesichts der enormen Fortschritte in Deutschland und Japan in Hinblick auf Strahltriebwerke, Raketenforschung, Überschallflug und andere Gebiete war jedoch diese Strategie für die Zukunft nicht mehr haltbar. Arnold plante, die Luftwaffe solle grössere Summen in die Forschung investieren als je zuvor, und Kármán sah er als die richtige Person

[56] Zitiert nach Gorn (1992), S. 97: „I am no longer interested in this war. We've won this war. [...] What I am interested in is what will be the shape of the air war, of air power in five years, or ten, or sixty-five. You gather a group of practical scientists for all the new things. I want to know what the impact of jet propulsion is, of atomic energy, of electronics. Get a group and study that in the Pentagon, and make me a report."

dafür, ihn bei diesen Investitionen zu beraten. Kármán schlug ein, und damit nahm sein Leben eine neue Wende.[57]

In weniger als zwei Monaten begründete Kármán in Washington eine neue aeronautische Institution: Die *Army Air Forces Scientific Advisory Group* (SAG), die direkt General Arnold unterstellt wurde.[58] Unter anderem gehörten auch Kármáns ehemalige Studenten Wattendorf und Tsien zu den Mitgliedern. Kármán selbst übernahm die Position des Chairman, sein Stellvertreter wurde Hugh L. Dryden[59], der Direktor des *National Advisory Committee for Aeronautics* (NACA).[60] „Durchstöbern Sie jeden Zweig der Wissenschaft, um Entwicklungen herauszuquetschen, die die Vereinigten Staaten in der Luft unbesiegbar machen könnten", so zitiert Kármán selbst Arnolds Auftrag an dieses Gremium.[61] Dazu gehörte unter anderem die Organisation einer ausgedehnten Reise durch das vom Krieg gebeutelte Europa, um möglichst viele Kenntnisse, Instrumente, geheime Unterlagen etc. für die Vereinigten Staaten – und im Speziellen für die Luftwaffe – zu gewinnen.

Die von der SAG zu diesem Zweck zusammengestellte Gruppe operierte im Rahmen der so genannten Operation *Lusty*, einem gross angelegten Programm der US-Luftwaffe zur Erkundung des Kenntnisstandes auf den Gebieten der Aerodynamik und Aeronautik in Europa und insbesondere in Deutschland. Die militärische Leitung der gesamten Operation lag bei Colonel Donald Putt[62], der 1938 am GALCIT bei Kármán promoviert hatte und auch danach mit Kármán befreundet blieb. Kármán selbst leitete das von der SAG beauftragte Komitee. Um den bestmöglichen Erfolg sei-

---

[57]Zu der engen Zusammenarbeit von General Arnold und Kármán ab 1945 und dem erheblichen Einfluss beider auf die Entwicklung der amerikanischen Luftwaffe vgl. insbesondere Daso (2002).

[58]Seit dem Krieg setzt dieses Gremium seine Arbeit unter dem Namen *Air Force Scientific Advisory Board* (SAB) fort. Zur Geschichte des SAB vgl. unter anderem Sturm (1986), Daso (2002).

[59]Hugh L. Dryden, 1898 – 1965. Für Drydens Leben und Werk vgl. Gorn (1996). Drydens umfangreicher Nachlass ist einzusehen im Archiv der Johns Hopkins University, Baltimore; für den Katalog zur Collection vgl. Smith (1974).

[60]Die NACA war die Vorläuferorganisation der Luft- und Raumfahrtbehörde NASA. Zum wissenschaftlichen Beitrag beider Organisationen vgl. Gorn (2001), für eine allgemeine Orientierung über die Geschichte der NASA vgl. DQ 4.

[61]von Kármán und Edson (1968), S. 324.

[62]Donald Putt (1905 - 1988) war unter anderem während der Entwicklung der Bomber B-24, B-29 und B-36 Chef der Versuchsflugzeug-Abteilung der *Air Force*. Der B-29 sollte 1945 die Atombomben tragen, die auf Hiroshima und Nagasaki abgeworfen wurden.

ner Gruppe zu sichern, forderte Kármán unbeschränkte Reisefreiheit für alle Gruppenmitglieder – auch über Zonengrenzen hinweg –, Zugang zu allen Laboratorien und Fabriken sowie das Recht zu eigener Befragung der europäischen Wissenschaftler: nichts davon war damals selbstverständlich. Arnold gelang es jedoch, diese Ansprüche durchzusetzen, und im Februar 1945 startete die Gruppe von Wissenschaftlern unter Kármáns Führung – mit dabei waren unter anderem Wattendorf, Zwicky, Tsien und Dryden.[63] Geplant war eine Reise von 44 Tagen mit Station in London, Stockholm, Leningrad, Rom, Bern und Paris. Zur Erleichterung der Mission erhielten die Mitglieder militärische Ränge auf Zeit, verliehen von der Luftwaffe. Kármán wurde zum Major ernannt und erhielt zusätzlich ein Begleitschreiben, in dem er persönlich vorgestellt wurde, mit der Anweisung „alle erforderlichen Massnahmen zu ergreifen, um die Mission zu unterstützen und ihn mit aller Höflichkeit zu behandeln".[64]

Erste Schwierigkeiten ergaben sich, als die Gruppe unter Kármán in Grossbritannien auf eine ähnliche Delegation amerikanischer Wissenschaftler traf, die von General Leslie R. Groves[65] beauftragt war, den Stand der Nuklearforschung in Europa – vor allem in Deutschland – zu erkunden: ein Projekt, bekannt als die so genannte *Alsos*-Mission.[66] Nach einiger Verwirrung über die jeweiligen Rechte und Zuständigkeiten beschloss man, weiterhin als zwei unabhängige Missionen zu operieren, einander aber zu unterstützen und gegebenenfalls Informationen auszutauschen. Interessanterweise ist heute zumindest in Europa die *Alsos*-Mission weitaus bekannter als die Operation*Lusty*, die sich auf eine Erkundung der Luftfahrttechnik und Raketenforschung konzentrierte, obwohl letztere weitaus erfolgreicher

---

[63]Das Gesamtprogramm von *Lusty* umfasste weitaus mehr als nur die Reise von Kármáns Gruppe allein; z.B. ist nicht klar, inwieweit Kármán und Zwicky gemeinsam unterwegs waren. Vgl. zu der Operation neben Kármáns Autobiografie unter anderem DQ 3 sowie die Beschreibung von Daso, Hap Arnolds Biografen, in DQ 5. Daso erklärt den Namen *Lusty* als Akronym für *Luftwaffe Secret Technology*. In den ersten Kapiteln von Lasby (1971) findet sich ebenfalls eine knappe Beschreibung des Unternehmens, das nur ein Teil der umfassenden amerikanischen Bestrebungen nach dem Zweiten Weltkrieg war, Wissen und Wissenschaftler aus Europa in die Vereinigten Staaten zu importieren.

[64]Zitiert nach Gorn (1992), S. 104: „To take any steps necessary to see that the [...] mission is facilitated and that he is shown every courtesy."

[65]Groves (1896 – 1970) hatte den Bau der Bomben, die später über Hiroshima und Nagasaki abgeworfen werden sollten, wesentlich voran getrieben.

[66]Vgl. neben vielen anderen Arbeiten zu diesem Projekt beispielsweise Goudsmith (1988), Pash (1969), Groves (1962).

verlief und den wissenschaftlichen Fortschritt der Vereinigten Staaten nach 1945 erheblich beeinflusste.

Der grösste Fund gelang im April 1945 in der Nähe von Braunschweig, wo General Putt bei Völkenrode im Wald versteckt ein riesiges Forschungslabor der Deutschen fand: die so genannte *Luftfahrt-Forschungsanstalt Hermann Göring.*[67] Innerhalb von zehn Tagen war Kármán mit seiner Gruppe von Experten zur Stelle, um das Gelände zu untersuchen. Die mehr als fünfzig Gebäude waren als Bauernhöfe getarnt, enthielten aber in Wirklichkeit modernste Versuchsanlagen und insgesamt fünf Windkanäle. Bereits 1937 hatte Adolf Baeumker[68], Forschungsleiter des Reichsluftfahrtministeriums und ehemaliger Student Kármáns, dieses Institut sorgsam geplant. Unter der Leitung insbesondere von Adolf Busemann und Theodor Zobel[69] hatten hier mehr als 1 200 Angestellte an Fragen der Ballistik und Aerodynamik geforscht und die Entwicklung von Strahltriebwerken erheblich vorangetrieben. Das Niveau der Arbeit machte tiefen Eindruck auf Kármán und seine Mitarbeiter. Die deutsche Forschung war den Amerikanern auf diesen Gebieten um Längen voraus und hätte in der Tat Furcht erregende Waffen produzieren können, wenn die Nazis den wahren Wert der Ergebnisse erkannt hätten. Um die drei Millionen Dokumente – ein Gewicht von 1 500 Tonnen – wurden aus Völkenrode in die Vereinigten Staaten geschafft und dort mit hoher Sorgfalt ausgewertet. Das berühmte Bombenflugzeug Boeing B-47, um nur ein Beispiel zu nennen, wurde letztlich aufgrund der in Braunschweig entwickelten Technik konstruiert.[70]

---

[67]Für Details zur LFA vgl. beispielsweise DQ 6, DQ 7 sowie die Beschreibung in Simon (1947), insbes. S. 12 – 24.

[68]Baeumker (1891 – 1976) versuchte einige Jahre nach dem Zweiten Weltkrieg, den Kontakt zu seinem ehemaligen Lehrer wieder aufzunehmen, indem er ihm einen fünfseitigen Brief schickte, in dem er sich für sein Verhalten während des Zweiten Weltkriegs rechtfertigte. Wie Kármán diesen Brief aufnahm, wissen wir nicht. Jedenfalls hatten die beiden Jahre später wieder vereinzelten Kontakt – Baeumker blieb in der Korrespondenz jedoch stets bei einer sehr unterwürfigen Haltung, die er vor dem Krieg nicht an den Tag gelegt hatte.

[69]Sowohl Busemann als auch Zobel emigrierten nach dem Zweiten Weltkrieg im Rahmen des „Project Paperclip" in die USA.

[70]Die Pfeilflügel-Konstruktion, die für B-47 genutzt wurde, war zwar bereits 1935 von Adolf Busemann an dem berühmten Volta-Kongress zum Überschallflug in Rom vorgestellt worden, erst aufgrund des Materials aus Völkenrode wagte man jedoch in den Vereinigten Staaten die praktische Anwendung dieses Prinzips. Vgl. etwa Anderson (2000), S. 255.

Ein Erlebnis, das ihm lange im Gedächtnis blieb, hatte Kármán in Göttingen. Prandtls Institut war nahezu unversehrt geblieben, da die Alliierten es intakt übernehmen wollten, und viele der Mitarbeiter waren noch vor Ort. Auch in diesem Fall vernahm Kármán gemeinsam mit Wattendorf und Tsien die Wissenschaftler über den Stand ihrer Forschung, unter anderem auch Prandtl selbst, seinen ehemaligen Doktorvater. Das Gespräch verlief äusserst unangenehm – Kármán war seinen eigenen Angaben zufolge über Prandtls Haltung entsetzt: Prandtl behauptete, er habe nichts von den Nazi-Verbrechen oder gar Konzentrationslagern gewusst, auch nicht von dem nahe gelegenen Lager Dora in Nordhausen, das Kármán kurz zuvor besucht hatte. Weiterhin wies Prandtl jede Verantwortung über die Ereignisse der jüngsten Geschichte weit von sich – er sei zwar kein Nazi, aber habe seinem Land die Treue halten müssen. Statt dessen beklagte er sich wiederholt darüber, dass ein amerikanischer Bomber das Dach seines Wohnhauses beschädigt habe; und zu guter Letzt erkundigte er sich sogar, wer in den Vereinigten Staaten in Zukunft seine Forschungsarbeiten finanzieren würde.[71]

Dieser letzte Punkt schien Kármán besonders naiv: Wer in den USA würde schon Wissenschaftlern Geld geben, die nur kurz zuvor einem menschenverachtenden Regime gedient hatten? Schon bald sollte sich jedoch zeigen, dass die amerikanische Regierung nur allzu bereit dazu war. Im Rahmen des so genannten *Project Paperclip* wurden hunderte deutscher Wissenschaftler angeworben, von nun an in den Vereinigten Staaten ihrer Tätigkeit nachzugehen – unter ihnen viele bekannte Grössen des ehemaligen Nazi-Deutschlands. Auf Kármáns Arbeitsgebiet waren es beispielsweise der Raketenforscher Wernher von Braun und sein Mitarbeiterstab, die man unverzüglich in die Vereinigten Staaten holte, darunter auch Arthur Rudolph, einer der Direktoren des Konzentrationslager Mittelbau-Dora bei Nordhausen, in dem die berühmte V-2 produziert wurde.[72] Auch Busemann und Zobel fanden eine neue Arbeitsstätte auf dem Forschungsgelände der US-Luftwaffe in Wright Field – Putt hatte nicht einmal die Zustimmung höherer Stellen abgewartet, bevor er die Mitarbeiter des Instituts Völkenrode einlud, in Zukunft für die Vereinigten Staaten zu arbeiten. Bis 1955 waren

[71] von Kármán und Edson (1968), S. 335f.

[72] Für eine Beschreibung der Verhältnisse im Konzentrationslager Mittelbau-Dora anhand der Berichte einiger Teilnehmer der Operation *Lusty* vgl. beispielsweise Chang (1995), S. 115f.

auf diese und ähnliche Weise mehr als 760 deutsche Wissenschaftler eingebürgert worden, die grossenteils unmittelbar auf führende Positionen gesetzt wurden; für nicht wenige von ihnen hatte der amerikanische Geheimdienst die Lebensläufe eigens umgeschrieben, um die Nazi-Vergangenheit zu verwischen.[73] Ob Kármán davon wusste, ist unklar; auch in Fällen untadeliger Wissenschaftler wandte er sich später jedoch entschieden gegen eine allzu offensive Abwerbepolitik der Vereinigten Staaten, da dies Europas Wiederaufbau massiv behindern würde.

Nach einem Monat intensiver Erkundungsarbeit erhielt Kármán eine Einladung, an den Jubiläumsfeiern zum 220-jährigen Bestehen der Sowjetischen Akademie der Wissenschaften teilzunehmen. Die Festlichkeiten sollten im Juni 1945 in Moskau stattfinden – eine äusserst prekäre Angelegenheit angesichts der Weltlage: Deutschland hatte gerade erst kapituliert, im Pazifik war der Krieg noch in vollem Gange und die Spannung zwischen den Vereinigten Staaten und Russland wuchs zusehends. Kármán fragte bei Arnold an und erhielt die Erlaubnis zum Besuch: „Sehen Sie sich um und erzählen Sie uns, was Sie gesehen haben", antwortete der General laut Kármáns Autobiografie.[74] Und so flog Kármán Mitte Juni von Paris nach Moskau, in derselben Maschine wie das Ehepaar Fréderic und Iréne Joliot-Curie, die ebenfalls eingeladen waren.

Tatsächlich gelang es der sowjetischen Akademie, in diesem Juni eine beachtliche Zahl westlicher Wissenschaftler und politischer Delegierter nach Moskau zu bringen[75] – und zwar nicht für einen Tag oder auch nur ein Wochenende: Kármán verbrachte seinen eigenen Angaben zufolge ganze zehn Tage in Moskau und weitere fünf Tage in Leningrad.[76] Von bedrückender Spannung zwischen Ost und West war offenbar nichts zu spüren; Kármán beschreibt die Atmosphäre im Gegenteil als „froh und beschwingt". Wie er schildert, wurde er sogar eingeladen,

> mit Stalin und seinen Ministern auf der Tribüne zu stehen, um die Siegesparade auf dem Roten Platz zu sehen – eine einzigartige

[73]Zum *Project Paperclip* vgl. insbesondere Lasby (1971) sowie für eine aktuellere Studie unter Einbezug neuer Dokumente (frei gegeben nach dem *Freedom of Information Act*) Hunt (1991).

[74]von Kármán und Edson (1968), S. 339.

[75]Vgl. beispielsweise Lasby (1971), S. 102ff., sowie von Kármán und Edson (1968), S. 352.

[76]von Kármán und Edson (1968), S. 340.

> Schau von Fahnen, Truppenmassen und Panzern, mit darüberhinbrausenden, russischen Düsenjägern.[77]

Neben vielen anderen kam sogar Max Born nach Moskau, der sonst sehr zurückgezogen in Edinburgh lebte (Abb. II.9, S. 50).[78] Born führte detailliert Tagebuch über seinen Aufenthalt in der Sowjetunion, und auch er erwähnt vor allem rauschende Gelage, Besuche in sowjetischen Forschungsinstituten, Vorträge und Festbankette. Welche Gespräche indessen am Rande der Tagung geführt wurden, geht leider aus dem Tagebuch nicht hervor.[79] Dass der Besuch in Moskau nicht unproblematisch war, zeigte jedoch schon die Auswahl der Teilnehmer im Vorfeld, zumindest in Grossbritannien. Am 13. Juni 1945 notierte Born als ersten Eintrag seines Reisetagebuchs:

> Cocktail Party in der R[oyal] S[ociety]. Grosse Überraschung: Allen Physikern in Kriegsarbeiten (Bernal, Dirac, Milne, Darwin, Mott, Rideal, etc.) wurde die Erlaubnis verweigert [nach Moskau] zu reisen. Ich entscheide mich nach einigem Zögern zu fahren. Nur Andrade und ich repräsentieren die Physik.“[80]

In seinen Memoiren schrieb Born später, dass man die übrigen Physiker deswegen nicht nach Russland liess, weil „sie zu viel von der Atombombe wussten“;[81] in dieser Hinsicht wollte man der Sowjetunion gegenüber schon 1945 kein Risiko eingehen.

---

[77] von Kármán und Edson (1968), S. 340.

[78] Vgl. Born (1982a), S. 56f, sowie Max Born: *Journey to Russia, 13.6. - 01.07.1945.* Das ungedruckte Manuskript des Tagebuchs wurde uns in einer Kopie von der *Niels Bohr Library* zur Verfügung gestellt.

[79] Born erwähnt in seinem Tagebuch als Teilnehmende aus dem westlichen Ausland: Adam, Alexander, Andrade, Anger, Borel, Born, Childe, Donnan, Fock, Frechet, Frenkel, Holland, Huxley, Iréne u. Frédéric Joliot-Curie, Jones, Landsberg, Langmuir, MacBaine, MacInnes, Needham, Ogg, Perrin, Pope, Lord Ratnor, Sir Robert Robinson („the representative of the Royal Society and the official leader of the British party“), Saha (Indien), Shapley, Vallarta, Watson, Wooster. An Wissenschaftlern aus der Sowjetunion werden genannt: Bolgumiro, Frumkin, Joffe, Kapitza, Krylow, Alexandrow, Kasarnowski, Tamm, Winogradow, Zelinsky.

[80] *Journey to Russia*, 13.6.1945: „Cocktail party in R. S. Great surprise: All physicists in war work are refused permit to go (Bernal, Dirac, Milne, Darwin, Mott, Rideal, etc.) I decide after some doubt to go. Only Andrade and I represent physics.“

[81] Vgl. Born (1982a), S. 56.

Abbildung II.9: Max Born (1882 – 1970). Quelle: Niedersächsische Staats- und Universitätsbibliothek Göttingen, Sammlung Voit: Max Born, Nr. 10.

Born kannte Kármán noch aus Göttinger Zeiten, wo die beiden als Zimmernachbarn in demselben Haus zur Untermiete wohnten. In diesen Jahren hatten sie sogar einmal eine gemeinsame Forschungsarbeit zur Dynamik der Kristallgitter durchgeführt – jedoch waren Peter Debyes Arbeiten erfolgreicher als ihre.[82] Schon am 15. Juni 1945, dem ersten Tag der Jubiläums-Veranstaltung, trafen sich die beiden in Moskau wieder, und Borns Notizen bestätigen, was Kármán viele Jahre später über seinen Besuch in Göttingen berichtete:

> Es klopft an der Tür: Da steht Kármán, nahezu unverändert. Hatte ihn seit 15 Jahren oder noch länger nicht gesehen. Er ist wissenschaftlicher Berater von General Arnold und hat sein eigenes Flugzeug. Er kam in einem russischen Flugzeug mit den Joliots von Paris und war vor einigen Wochen in Göttingen. Dort sah er Prandtl und andere. Sie verstehen weder die Situation noch ihre eigene Verantwortung und fragten ihn, ob nicht Carnegie oder die Rockefeller Foundation ihre Institute finanzieren könnten! Sie meinen, sie haben

[82]Vgl. von Kármán und Edson (1968), S. 83f.: Eine Schilderung aus der Sicht Max Borns findet sich in Born (1982a), S. 38ff., und Born (1982b), S. 78ff.

> den Krieg verloren, weil die Wissenschaftler nicht richtig eingesetzt wurden![83]

Die nächste Gelegenheit zum Gespräch ergab sich bereits am folgenden Tag, wie Born am 16. Juni notierte:

> Gegen 12 zum Hotel Moskau zu Kármán; er nahm mich mit zum Hotel National, wo er etwas ass. Er erzählte mir von den Nazi-Verbrechen. Ein junger französischer Wissenschaftler, der Zwangsarbeit in einer deutschen Fabrik unter Tage leistete, wurde vom Direktor (Prof. Braun?) in der Öffentlichkeit als „Herr Kollege" angesprochen, nach dem Dienst aber heimlich von SS-Männern verprügelt. All die Deutschen – sagte Kármán – hielten sich persönlich an die Umgangsformen, kümmerten sich aber nicht um die Grausamkeiten, die von den Nazis begangen wurden.[84]

Born war von 1921 bis 1933 ordentlicher Professor in Göttingen, bis er wegen seiner jüdischen Abstammung aus dem Universitätsdienst beurlaubt wurde. Noch im gleichen Jahr emigrierte er nach Cambridge, später wechselte er nach Edinburgh. Born blieb jedoch seiner ehemaligen Heimat verbunden und war daher sehr interessiert an den Neuigkeiten, die Kármán aus Göttingen brachte.[85] Die von ihm erwähnte „Fabrik unter Tage" ("underground factory") war vermutlich die Produktionsanlage der V-2, die in einem ehemaligen Salzbergwerk bei Nordhausen versteckt war.

Nach 15 Tagen sowjetischer Festlichkeit bekam Kármán seinen eigenen Angaben zufolge „das plötzliche Verlangen"[86], seinen Bruder Miklós in Bu-

[83] *Journey to Russia*, 15.6.1945: „Knock at the door: there is Karman, quite unchanged. Had not seen him for 15 years or more. He is scientific adviser to General Arnold and has his on plane. He came in a Russian plane from Paris, with the Joliots and was some weeks ago in Göttingen. There he saw Prandtl and others. They do not understand the situation and their own responsibility and asked him whether Carnegie or Rockefeller Foundation could not finance their institutes! They think they lost the war because the scientists were not properly made use of!"

[84] Ibid.: „About 12 to Moscow Hotel to Karman; he took me to National Hotel where he had a meal. He told me about Nazi crimes. A young French scientist while doing forced labour in a German underground factory was addressed by the director (Prof. Braun?) publicly as ‚Herr Kollege', but after shift secretly flogged by S.S. men. All the Germans – Karman said – personally observed the forms, but did not care about cruelties committed by the Nazis."

[85] Nach seiner Emeritierung 1953 kehrte Max Born mit seiner Frau nach Deutschland zurück und lebte bis zu seinem Tod zurückgezogen in Bad Pyrmont.

[86] von Kármán und Edson (1968), S. 342.

dapest zu besuchen, den er jahrelang nicht mehr gesehen hatte. Miklós war das einzige noch lebende Familienmitglied der von Kármáns in Ungarn: Der älteste Bruder Elemer war bereits 1925 gestorben, Feri ebenfalls noch vor Kriegsbeginn, 1939. Kármán hatte sie beide lange nicht mehr gesehen und erfuhr nur über Miklós von ihrem Tod. Seinen verbliebenen jüngeren Bruder Miklós hatte Kármán im April 1945 über die Militärverwaltung der Alliierten in Ungarn suchen lassen und am 10. Mai die Nachricht erhalten, sein Bruder sei wohlauf.[87] Möglicherweise um sich davon mit eigenen Augen zu überzeugen, beschloss Kármán nun, Miklós von Moskau aus einen Besuch abzustatten.

Budapest war zu dieser Zeit in sowjetischer Hand, was die Reise dorthin für Kármán als amerikanischer Major – wenn auch nur auf Zeit – höchst problematisch machte; doch liess er sich nicht von seinem Vorhaben abbringen. In seiner Autobiografie beschreibt Kármán, wie er ohne Pass und offizielle Erlaubnis zum Moskauer Flughafen fuhr, sich dort nach einer Maschine nach Ungarn umschaute und dabei rein zufällig Albert Szent-Györgyi traf, einen ungarischen Biochemiker, den Kármán noch aus Ungarn kannte. Szent-Györgyi, der vermutlich auch am Jubiläum der Akademie teilgenommen hatte, war im Begriff, mit einer Militärmaschine nach Budapest zu fliegen; Kármán nutzte die Chance und bat ihn um einen Platz im Flugzeug. Nach ihrer Ankunft in Budapest gelang es Szent-Györgyi, Kármán an den russischen Kontrollen vorbei mit einem offiziellen Postwagen in die Stadt zu schleusen. Dem russischen Offizier gegenüber, der den Wagen fuhr, behauptete Kármán, er sei ungarischer Staatsbürger und lebe seit Jahren in Budapest. Einmal angekommen, liess er sich von seinem Bruder Miklós in einem Café abholen und blieb einige Tage in Budapest.

Wie viel von dieser abenteuerlichen Geschichte zu glauben ist, sei dahin gestellt. Bei zweiter Überlegung scheint es eine ganze Reihe sehr unwahrscheinlicher Zufälle zu sein, die Kármán ohne Pass, ohne Visum, ohne Erlaubnis seines militärischen Vorgesetzten und an allen Kontrollen vorbei nach Budapest führte. Auf welche Weise auch immer: Entgegen aller Wahrscheinlichkeit gelang es Kármán, sich aus Moskau abzusetzen. Sein plötzliches Verschwinden muss die amerikanische Luftwaffe in Angst und

[87]Frank Gillespie an Theodore von Kármán, 10.5.1945 (TKC 144.10): „In response to your letter of April 14, 1945, requesting news of your brother, I am very happy to inform you that I have been able to locate your brother and that he appears to be in very good health."

Schrecken versetzt haben – sie sahen den strategischen Planer ihrer Rüstungsforschung womöglich schon nach Sibirien verschleppt oder im Kreuzverhör in Moskaus Kellern, und man setzte alle Hebel in Bewegung, um Kármán aufzuspüren. Ein Colonel der Operation *Lusty* war schliesslich erfolgreich und konnte Kármáns Spuren bis Budapest verfolgen. Kármán selbst berichtet, er habe einen Anruf der amerikanischen Militärmission in Budapest erhalten, vermutlich mit der Aufforderung, sich bis auf weiteres nicht aus dem Haus seines Bruders zu bewegen. Einige Tage später traf der besagte Colonel in Budapest ein, um den verloren geglaubten Major auf Zeit persönlich abzuholen. Mit der nächsten Maschine wurde Kármán wieder zurück in den Westen geschafft.[88]

Nach diesen Ereignissen im Juli 1945 traf sich Kármán in Paris mit Arnold, um die ersten Ergebnisse seiner Mission zu besprechen. Arnold war auf dem Weg nach Potsdam, wo er Präsident Truman dabei unterstützte, mit den übrigen Siegermächten über Deutschlands Zukunft zu beraten; er hatte also wenig Zeit und bat Kármán, die Ergebnisse seiner Gruppe in vorläufiger Form zusammenzustellen. Dies tat Kármán, und am 22. August hielt Arnold den Zwischenbericht der Mission in Händen, unter dem Namen *Where We Stand*.[89] Kármáns ernüchterndes Fazit besagte, dass Deutschland den Vereinigten Staaten auf vielen Bereichen weit überlegen war, und zwar seiner Meinung nach nicht deswegen, weil Deutschland die besseren Wissenschaftler hatte, sondern weil die Forschungslaboratorien unvergleichlich viel besser ausgestattet waren, insbesondere in Hinblick auf Überschall-Windkanäle und Raketenforschung, lange bevor man sich in den USA für dieses Thema überhaupt zu interessieren begann.

Der Bericht stiess auf grösstes Interesse – und vermutlich reiste Kármán nicht zufällig bereits im September 1945 wieder nach Europa, dieses Mal nach Zürich, das damals führend war auf dem Gebiet des Überschallfluges. In Kármáns Autobiografie heisst es zu dieser Nachrecherche:

> Ich brauchte mehr Daten aus Deutschland. Ausserdem wollte ich gerne meinen alten Kollegen Professor Jakob Ackeret aus Zürich wiedersehen, eine der führenden Persönlichkeiten im Hoch-

[88] Für Kármáns Version der Geschichte vgl. von Kármán und Edson (1968), S. 442ff.

[89] Theodore von Kármán, *Where We Stand*: First Report to General of the Army H. H. Arnold on Long Range Research Problems of the Air Forces with a Review of German Plans and Developments, 22 August 1945. Vgl. Daso (2002), worin der gesamte Bericht im Anhang abgedruckt ist.

> geschwindigkeitsflug, um zu erfahren, was er auf dem Gebiet des Überschalls tat. Ich hatte ihn nur einmal gesehen, seit der [Hochgeschwindigkeits-]Voltakonferenz von 1935, und das war vor dem Krieg. Ich hoffte auch, nach Japan reisen zu können, wo angeblich gute Arbeiten über Hochgeschwindigkeits-Aerodynamik gemacht wurden. Also unternahm ich im September eine weitere Reise nach Europa.[90]

In Japan hatte Kármán 1927 die Konstruktion eines hochmodernen Windkanals begleitet – ironischerweise waren es gerade die dort entwickelten japanischen Flugzeuge, die den ersten Angriff auf die Vereinigten Staaten flogen. Den geplanten Abstecher nach Japan musste Kármán jedoch streichen: Da Arnold für das Jahr 1946 erhebliche Kürzungen des Militärhaushalts erwartete, drängte er Kármán und dessen Stab zunehmend, den endgültigen Report bis zum 15. Dezember 1945 fertig zu stellen. Um Zeit zu sparen, schickte daher Kármán an seiner Stelle Wattendorf mit Zwicky und anderen nach Japan,[91] während er selbst sich in ein Hotel in Paris zurückzog und fieberhaft seine Erkenntnisse und Visionen ausarbeitete. Der Bericht sollte sich nicht nur mit „dem technischen Charakter des Zweiten Weltkrieges" befassen, sondern auch „mit dem entscheidenden Beitrag der ‚organisierten Wissenschaft' zur Schaffung wirksamer Waffen".[92]

Mitte Dezember 1945 lag tatsächlich der erste Band des bestellten Berichtes auf Arnolds Schreibtisch: *Toward New Horizons* war der Titel, auf den die Gruppe um Kármán sich schliesslich geeinigt hatte (Abb. II.10, S. 55). Kármán selbst verfasste den einleitenden ersten Band des Berichts mit dem Titel *Science, the Key to Air Supremacy*; es folgten 11 weitere Bände, verfasst von insgesamt 25 erstklassigen Wissenschaftlern, die detaillierte Information zu Einzelthemen enthielten. Nicht nur Arnold war begeistert: Das Ergebnis übertraf alle Erwartungen. Dieser Bericht, der erste seiner Art, sollte die weitere Forschung und Entwicklung der US-Luftwaffe massgeblich beeinflussen. Für Kármán selbst war es der Einstieg in die strategische Rüstungsplanung auf höchster Ebene – eine Position, die er nicht so schnell bereit war, wieder aufzugeben.

---

[90] von Kármán und Edson (1968), S. 346.

[91] Neben der Erkundung japanischer Überschalltechnik sollte Zwicky – auf seinen eigenen Vorschlag hin – die Folgen des Atombombenabwurfs in Hiroshima und Nagasaki untersuchen. Vgl. Müller (1986), S. 263ff.

[92] von Kármán und Edson (1968), S. 349.

Abbildung II.10: „Toward New Horizons", der für General Arnold abgefasste Bericht. Quelle: AEDC.

Kapitel III

DIE NACHKRIEGSZEIT

1 Im Beratungsstab der US-Luftwaffe

Die Luftwaffe der Vereinigten Staaten war nach dem Zweiten Weltkrieg so mächtig wie noch nie: 1939 zählte das damalige *Air Corps* noch 20 000 Mitarbeiter und 2400 Flugzeuge – bis 1944 stiegen diese Zahlen auf 2.4 Millionen Mitarbeiter und 80 000 Flugzeuge.[1] Weder das Heer noch die Marine hatte vergleichbaren Zuwachs zu verzeichnen; Kampfflugzeuge und Luftangriffe hatten diesen Krieg massgeblich bestimmt. Parallel zur ungeheuren Erweiterung der Luftwaffe erfuhr sie einschneidende Veränderungen in ihrer Organisation. Sie blieb zwar während des Krieges als *Army Air Force* offiziell der Armee untergeordnet; General Hap Arnold gelang es jedoch mit der wachsenden Bedeutung des Luftkrieges, eine zunehmende Unabhängigkeit für sich und seine Truppe auszuhandeln, so dass er schliesslich gleichberechtigt mit den Repräsentanten von *Army* und *Navy* über die strategische Kriegsplanung der Vereinigten Staaten entschied.[2]

Diese starke Position der Luftwaffe direkt nach dem Krieg wollte Arnold ausnutzen, bevor die Demobilisierung einsetzte. Bereits nach Kármáns Zwischenbericht im August 1945 („*Where We Stand*") versuchte Arnold, möglichst viele der darin ausgesprochenen Empfehlungen auf den Weg zu bringen. Dazu gehörte unter anderem der Ausbau eines Entwicklungsprogramms für ballistische Flugkörper: Theodore von Kármán war zu dem Schluss gekommen, dass bereits mit den damaligen technischen Möglichkeiten Flugkörper mit einer Reichweite von 10 000 Kilometern gebaut werden konnten, die es erlaubten, jedes Land von jedem Punkt der Welt aus zu beschiessen. Die Entwicklung solcher Interkontinental-Raketen (ICBM = *Intercontinental Ballistic Missiles*) sollte daher in Zukunft seiner Meinung nach – neben dem Überschallflug – einen wesentlichen Forschungsschwerpunkt der Luftwaffe bilden. Diesem Rat folgend entwarf Arnold noch in

[1]Die Zahlen entstammen der Eigendarstellung des *Air Force History Support Office*, vgl. DQ 8.

[2]Offiziell wurde die Luftwaffe erst 1947 mit dem *National Security Act* als *United States Air Force* (USAF) von der Armee unabhängig.

den letzten Monaten seines Amtes einen ehrgeizigen Plan, nach dem die Luftwaffe im Jahr darauf 34 Millionen Dollar in achtundzwanzig verschiedene Forschungsprojekte auf dem Gebiet der Raketenforschung investieren sollte.[3]

Die Mittel dafür möglichst frühzeitig zu beantragen, war eine sehr bewusste Strategie. Jede der drei militärischen Einheiten – *Army*, *Navy* und *Air Force* – unterhielt bisher ihre eigenen Projekte zur Entwicklung von Flugkörpern. Die Meinungen darüber, wie realistisch die Vorstellung einer Interkontinental-Rakete in absehbarer Zukunft war, gingen auseinander; dennoch war keiner freiwillig bereit, auf diesem lukrativen Forschungsgebiet zurückzustecken. Die Luftwaffe begründete ihren Anspruch damit, dass Flugkörper nur eine andere Form von Flugzeug seien und daher Teil ihrer Zuständigkeit – in ihren Berichten und Stellungnahmen vermieden Angehörige der Luftwaffe daher auch den Ausdruck „Flugkörper" („missiles"), sondern sprachen lieber von „unbemannten Flugzeugen" („pilotless aircraft").[4] Die Armee hingegen sah Flugkörper als eine Weiterentwicklung ihrer Artillerie-Technik – und auch die Marine glaubte ein Anrecht auf diesen Forschungszweig zu haben. Bisher hatte der Staat das Geld zwischen den verschiedenen Programmen verteilt,[5] doch war absehbar, dass sich dies in Zukunft ändern würde. Arnold wollte sich daher so schnell wie möglich einen grossen Anteil des verfügbaren Geldes sichern, und dies gelang ihm mit beachtlichem Erfolg. Erst ab 1947 wurde auch der Haushalt der *Air Force* so stark beschnitten, dass zehn der angeschobenen Projekte vorläufig gestoppt werden mussten – unter diesen auch das Projekt MX-774, aus dem bei seiner Wiederaufnahme 1951 die erste der berühmten Atlas-Raketen hervorging.[6]

Bereits Ende 1945 sah Kármán also die ersten Empfehlungen aus seinem strategischen Bericht in die Tat umgesetzt. Um weitere Taten folgen zu lassen, war es unabdingbar, sich den einmal gewonnenen Einfluss auf die Führung der Luftwaffe auch in Zukunft zu sichern: Wohl nicht zufällig

[3]Vgl. z.B. Daso (2002), S. 157.

[4]Vgl. dazu und zu dem Streit zwischen den Verantwortlichen für die verschiedenen Waffengattungen u.a. Stever (2002), S. 65ff.

[5]Stevers Darstellung zufolge war man dabei nach dem salomonischen Prinzip verfahren, dass die Luftwaffe für Flugkörper zuständig war, die aus der Luft abgeschossen wurden, die Armee hingegen für diejenigen, die vom Land aus gefeuert wurden. Vgl. Stever (2002), S. 66.

[6]Zur Geschichte der Atlas- und anderen berühmten Trägerraketen vgl. z.B. DQ 9.

betonte Kármán in seinem einleitenden Band zum Abschlussbericht der SAG (= *Scientific Advisory Group*) die Bedeutung eines kompetenten Beirats auch für die zukünftige Luftwaffe. Nur fünf Tage nach Abgabe des Berichts im Dezember 1945 bekräftigte Kármán diesen Punkt erneut in einem persönlichen Schreiben an Arnold:

> Es ist meine feste Überzeugung, dass wissenschaftliche Beratung in Zukunft häufig notwendig sein wird und dass der befehlshabende General eine ständige Gruppe von hoch angesehenen, wissenschaftlichen Beratern zur Verfügung haben sollte, die mit den Bedürfnissen der AAF [=*Army Air Force*] vertraut sind, aber deren hauptsächlichen Aktivitäten ausserhalb der AAF liegen. [...] Diese Gruppe würde sich nicht mit den laufenden Forschungsprojekten befassen, sondern den befehlshabenden General über zukünftige Tendenzen und weit reichende Möglichkeiten informieren und beraten.[7]

Das von Kármán anvisierte Gremium sollte demnach wie die bisherige SAG eine massgebliche Position an höchster Stelle einnehmen – in diesem Brief wie auch in späteren Memoranden spricht Kármán stets davon, die fragliche Gruppe solle direkt dem „befehlshabenden General" zur Seite stehen, nicht etwa der Luftwaffe im Allgemeinen.

Kármán brauchte nicht lange, um Arnold von diesem Plan zu überzeugen. Zwar wurde die SAG nach Abschluss ihres Auftrags zunächst aufgelöst – eine von Arnolds letzten Amtshandlungen vor seiner Pensionierung im Februar 1946; hinter den Kulissen liefen jedoch schon intensive Verhandlungen für einen neuen, ständigen Beratungsstab der Luftwaffe. Nur eine Woche nach Auflösung der SAG wurde der Plan zum zukünftigen *Scientific Advisory Board* der Luftwaffe, dem SAB, offiziell verabschiedet.[8] Kurz darauf wurde Marie D. Roddenbery als Verwaltungsassistentin eingestellt und bezog als erste (und bislang einzige) Mitarbeiterin des SAB

[7]Theodore von Kármán an Henry H. Arnold, 20.12.1945. Zitiert nach Daso (2002), S. 157: „It is my strong belief that the necessity for scientific advice will come up frequently in the future and that the Commanding General should have available a permanent group of scientific advisors of high standing, who are familiar with the needs of the AAF, but whose main activities are outside the AAF. [...] [Such a group] would not be concerned with any of the current research projects, but would give the Commanding General information and advice on future trends and long-range possibilities."

[8]Vgl. Daso (2002), S. 158ff., sowie die ersten Kapitel in Sturm (1986).

Abbildung III.1: General Arnold verleiht Kármán bei Auflösung der SAG im Februar 1946 die *Meritorious Civilian Service Medal.* Quelle: TKC 1.17-25. Courtesy of The Archives, California Institute of Technology.

die neuen Räume im Pentagon. Roddenbery hatte bereits das Sekretariat für die SAG geführt und sich dabei bestens mit Kármán verstanden. In den nächsten Jahren hielt sie während seiner Reisen zuverlässig die Stellung in Washington, später auch in Pasadena, und wurde Kármán zunehmend unentbehrlich – bei seiner Arbeit und später auch privat.

Die nächsten Monate vergingen für Kármán damit, geeignete Mitglieder für das SAB zu finden: Dreissig Wissenschaftler ersten Ranges aus allen relevanten Gebieten der Forschung und Entwicklung sollte das Gremium umfassen. Im Juni 1946 kam die Gruppe erstmals in Wright Field zusammen, und wie zu erwarten wurde Theodore von Kármán zum Chairman ernannt.[9] Man einigte sich darauf, Ausschüsse zur Bearbeitung von Einzelthemen zu begründen; an halbjährlich stattfindenden Gesamttreffen sollten diese Ausschüsse ihre Ergebnisse vorstellen und von Vertretern des Militärs über anstehende Fragen und Probleme der Luftwaffe informiert werden. Motiviert zur Mitarbeit beim Aufbau einer neuen, wissenschaftlich orientierten Luftwaffe, kehrten die Mitglieder an ihre Heimatorte zurück.

Keiner dieser Ausschüsse trat jedoch in den nächsten Jahren in Aktion, aus dem einfachen Grund, dass von Seiten der Luftwaffe keinerlei Anfrage erfolgte. Obwohl auch Arnolds Nachfolger General Carl A. Spaatz[10] und sein Offiziersstab die Einrichtung des SAB befürwortet hatten, zeigte niemand von ihnen Interesse an Beratung, und die Mitglieder des SAB fühlten sich zunehmend überflüssig und hintergangen. Im Herbst 1947 gab es sogar ernsthafte Bestrebungen der Luftwaffe, das Gremium aufzulösen. Kármán blieb jedoch zumindest äusserlich gelassen, wie er Roddenbery schrieb: „Was die Situation des *Board* betrifft, mache ich mir niemals Sorgen um die Zukunft. Im Allgemeinen laufen die Dinge dann schon, wenn man ein wenig abwartet, bis die Leute einen brauchen."[11] Wie sich herausstellte, sollte er Recht behalten.

Parallel zur Einrichtung des ständigen Beratungsstabes verfolgte Kármán die Umsetzung weiterer Empfehlungen des SAG-Berichtes – vor allem die Gründung eines neuen, reich ausgestatteten Forschungszentrums der Luftwaffe, worin insbesondere Strahltriebwerke, Überschallflugzeuge und ballistische Flugkörper entwickelt werden sollten. Einen Plan in diese Richtung hatte Frank Wattendorf bereits im Juni 1945 in dem so genannten *Trans-Atlantic-Memorandum* ausgearbeitet. Wattendorf verglich darin die unzureichenden Anlagen der Vereinigten Staaten mit den Windkanälen und Forschungseinrichtungen, die er in Europa gesehen hatte, und gab zu bedenken, dass die USA im Begriff seien, auf diesem Gebiet den Anschluss zu verlieren. Wattendorf empfahl weiterhin, so schnell wie möglich die besten Anlagen aus Deutschland in die Vereinigten Staaten zu überführen, um sie

---

[9] Eine genaue Aufstellung der Mitglieder des SAB in den Jahren 1946 bis 1964 findet sich in Sturm (1986), S. 136ff (Appendix C).

[10] Carl A. Spaatz (1891 – 1974) hatte in den letzten Monaten den Luftkrieg in Ostasien geleitet – er gab u.a. auch den Befehl zum Abwurf der Atombomben – und übernahm 1946 Arnolds Posten als Stabschef der Luftwaffe.

[11] Theodore von Kármán an Marie Roddenbery, 7.10.1947 (TKC 25.9): „Concerning the situation of the Board, I am never worried about the future. Things are working out in general alright if you wait a little till the people need you."

später in diesem Zentrum verwenden zu können. Dieser zweite Vorschlag leuchtete dem amerikanischen Militär sofort ein, und im Oktober 1945 begann der Abtransport. Zunächst wurden die Hauptbestandteile des riesigen Windkanals im Ötztal verschifft, dann der Überschallkanal aus Kochel, in dem Teile der V-2 entwickelt worden waren, und schliesslich eine Anlage zum Test von Düsenmotoren der Firma BMW in München.[12]

Für das Forschungszentrum selbst standen die Chancen in den Jahren nach 1945 jedoch schlecht; nach dem gerade erst siegreich beendeten Krieg sahen die Vereinigten Staaten keine Notwendigkeit für eine Fortsetzung der horrenden Militärausgaben. Auf wenig Verständnis stiess es zudem, in teure Forschungsprojekte mit ungewissem Ausgang zu investieren – noch 1949 machte Vannevar Bush[13] sich darüber lustig, dass einige Wissenschaftler und Militärs von Langstreckenraketen träumten und darüber die eigentlichen Notwendigkeiten aus dem Blick verloren.[14] Zwar gestaltete sich das Verhältnis zur Sowjetunion zunehmend frostig, der Kalte Krieg mit dem sich überschlagenden Rüstungswettlauf war aber noch nicht in Sicht. Kármán selbst gehörte von Anfang an zu den Wissenschaftlern, die sich schon direkt nach dem Krieg für die Entwicklung neuer Waffen und Militär-Technologien stark machten; jedoch zählte er damit im Amerika der Nachkriegszeit zur Minderheit – in seiner Autobiografie beschreibt Kármán die USA in dieser Zeit abschätzig als einen „Staat, der sich fröhlich dem Frieden hingab und sich hinter seiner atomaren Stärke sicher fühlte“.[15]

Dennoch begann Kármán bereits 1946 mit der Suche nach einem geeigneten Standort für die Forschungsanlagen – und tatsächlich genehmigte der Kongress im November 1949 eine Summe von hundert Millionen Dollar für die Einrichtung des beantragten Zentrums in Camp Forrest, Tennessee. Es entstand ein mit modernster Technik ausgestattetes Versuchslabor zur Erforschung von Überschallflug und Raketen: das heute be-

---

[12]Vgl. DQ 3. In anderen Darstellungen heisst es indessen, die LFM-Anlage aus dem Ötztal sei in Frankreich wieder aufgebaut worden und dort zur Entwicklung der Mirage- und Concorde-Maschinen verwendet worden.

[13]Bush (1890 – 1974) koordinierte als Direktor des *Office of Scientific Research and Development* die Aktivitäten von etwa sechstausend führenden amerikanischen Wissenschaftlern in der Anwendung der Wissenschaft für die Kriegsführung.

[14]Vgl. beispielsweise die Aussagen in seinem programmatischen Werk Bush (1949), insbesondere Kapitel VIII *The Guided Missile*.

[15]von Kármán und Edson (1968), S. 356.

rühmte *Arnold Engineering Development Center* (AEDC).[16] Dieser Stimmungsumschwung kam nicht von ungefähr. Am 29. August 1949 zündete die Sowjetunion ihre erste eigene Atombombe, nur vier Jahre nach der Zerstörung von Hiroshima und Nagasaki durch amerikanische Bomben. Amerika war entsetzt. Bis zu diesem Zeitpunkt hatten die meisten Amerikaner sich die Russen als „Bauern mit langen Bärten, denen die Hemdzipfel aus der Hose hängen" vorgestellt;[17] und selbst diejenigen, die den Stand der Dinge in der Sowjetunion realistischer eingeschätzt hatten, waren überrascht, wie schnell die gegnerische Seite mit den Vereinigten Staaten gleich zog. Der Militärhaushalt schoss nahezu sofort wieder in die Höhe, das SAB erhielt dringende Anfragen zur Entwicklung eines Abwehr- oder zumindest Frühwarn-Systems vor feindlichen Flugkörpern, und beinahe gleichzeitig wurde das SAB nun offiziell als Beratungsstab auf die gleiche Stufe gestellt wie die Führung der Einsatzverbände. Kármán hatte nunmehr die Mitsprachekompetenz erreicht, die er von Anfang an für das SAB wollte.

Die Position Kármáns und des SAB insgesamt wurde zusätzlich gestärkt durch den Ausbruch des Korea-Krieges im Juni 1950. Die Angriffe der hochleistungsfähigen MiG-Kampfflugzeuge führten den Vereinigten Staaten erneut vor Augen, dass die Sowjetunion durchaus in der Lage war, effiziente Technologien zu entwickeln. Nur ein einziges Flugzeug der US-Luftwaffe war diesen Maschinen annähernd gewachsen – der North American F-86 Sabre Jet, auch dies keine amerikanische Konstruktion, sondern mit gepfeilten Flügeln nach deutschem Design. Innerhalb kürzester Zeit hatten sich so viele Anfragen an das SAB angesammelt, dass Kármán das Gremium im Herbst 1950 für eine ganze Woche zusammenrief. Kármáns grosse Zeit schien gekommen. Nach dem Abflauen des öffentlichen Interesses an seinen Vorschlägen nach 1945 war nun die Situation so günstig wie noch nie, selbst die kühnsten Visionen umzusetzen. 1950 erhielt die Luftwaffe insgesamt 238 Millionen Dollar für ihre Forschungsprojekte – 1951 stieg dieser Betrag erneut auf insgesamt rund 523 Millionen.[18] Aber Kármán selbst hatte inzwischen andere Pläne.

[16]Vgl. u.a. DQ 3, DQ 4. Das Zentrum wurde unter dem Namen *Air Engineering and Development Center* begründet und erst 1950, nach Arnolds Tod, ihm zu Ehren umbenannt.

[17]So schilderte es zumindest James Doolittle in einem Interview vom Juni 1965, zitiert nach Sturm (1986), S. 38: Die Leute waren der Ansicht, die Russen seien „agrarians with long beards who went about with their shirttails hanging out their trousers".

[18]Es handelte sich um 522 Millionen und 900 000 Dollar. Nach Daso (2002), S. 169.

Kármáns Rückzug aus den Vereinigten Staaten geschah allmählich und ohne eigentlichen Bruch. Angefangen mit seiner Reise nach Europa 1945 verbrachte er mehr und mehr Zeit ausserhalb der Vereinigten Staaten. Selbst in den gerade beschriebenen Jahren bis 1949, in denen Kármán sich zähen Verhandlungen auf allen Ebenen stellte, um seine Pläne für die wissenschaftliche Erneuerung der US-Luftwaffe in die Tat umzusetzen, hielt er sich die meiste Zeit in Europa auf.[19] Den grössten Teil der Jahre 1945-49 verbrachte Theodore von Kármán mit seiner Schwester Joséphine in Paris, unterbrochen von unregelmässigen Aufenthalten anderenorts. Verschiedene Dinge hielten ihn in Europa beschäftigt. So waren er und Joséphine daran beteiligt, den Internationalen Kongress für theoretische und angewandte Mechanik wieder zu beleben, dessen erstes Treffen nach dem Krieg im September 1946 in Paris stattfand;[20] an diesem Kongress wurde zudem die *International Union of Theoretical and Applied Mechanics* (IUTAM) gegründet, woran Kármán wiederum erheblichen Anteil hatte.[21] Weiterhin hielt er verschiedene Vorlesungsreihen, beispielsweise an der Sorbonne und in Madrid, dann wieder wurde er eingeladen, an Veranstaltungen teilzunehmen oder ein Ehrendoktorat zu empfangen. Ein anderes Mal berichtete Kármán Roddenbery, er habe Angelegenheiten für die *Air Force* in Marseille zu erledigen, wiederholt besuchte er auch den Stützpunkt der US-Luftwaffe in Wiesbaden. Dennoch waren die meisten dieser Anfragen, Aufträge und Verpflichtungen derart, dass Kármán sie leicht hätte ablehnen können, wenn er lieber in den Vereinigten Staaten geblieben wäre, wo vermutlich nicht weniger Einladungen zu Vorlesungen und Kongressen auf ihn warteten. Für die Treffen des SAB kam er weiterhin regelmässig nach Washington, machte zuweilen auch einen Abstecher nach Pasadena; der Schwerpunkt seines Lebens hatte sich aber deutlich auf den Alten Kontinent verlagert.

Sowohl Kármán als auch seiner Schwester gefiel es sehr gut in Europa, speziell in Paris, wo sie sich hauptsächlich aufhielten. Ein zusätzlicher An-

[19] Dies wird besonders deutlich, wenn man etwa Kármáns Korrespondenz in diesen Jahren mit Marie Roddenbery verfolgt, zu der er engen Kontakt hielt und die stets über seinen Aufenthaltsort informiert war, um ihm die Post nachsenden zu können. Vgl. die entsprechenden Korrespondenz-Ordner im Nachlass, TKC 25.9-26.8.

[20] von Kármán und Edson (1968), S. 351.

[21] Vgl. DQ 10.

ziehungspunkt auf privater Ebene mag die Wiederaufnahme einer früheren Liebesbeziehung gewesen sein; nachdem der Kontakt zwischen Kármán und Bärbel Talbot über die Nazi-Zeit hinweg abgebrochen war, wurde das Verhältnis nun zunehmend intensiver. Sie schrieben sich häufig, und Kármán besuchte Bärbel regelmässig in Aachen.[22] Daneben bot Europa in der Nachkriegszeit ein ideales Betätigungsfeld, um neue Einflusssphären zu erschliessen. Die US-Luftwaffe dagegen unternahm in diesen Jahren alles, um die Mitsprache ziviler Wissenschaftler zurückzudrängen, und die Rückkehr ans GALCIT reizte Kármán zu diesem Zeitpunkt nicht, zumal keiner seiner ehemals engsten Mitarbeiter sich noch dort aufhielt. 1949 entschied sich der inzwischen 68-jährige Kármán endgültig, seine Position als Direktor des GALCIT und Chairman im Beirat des JPL an den jüngeren Clark Millikan zu übergeben.

Paris wurde Kármáns neuer Standort. Von hier aus unternahm er mit seiner Schwester zahlreiche Reisen halb privaten und halb beruflichen Charakters – häufig beispielsweise nach Madrid. An einem Kongress in London hatte Kármán 1947 den spanischen Mathematiker und Ingenieur Esteban Terradas kennen und schätzen gelernt. Terradas lud Kármán ein, in Madrid eine Serie von Vorlesungen zur Aeronautik zu halten, und trotz der gespannten Beziehungen zwischen den Vereinigten Staaten und Spanien – damals fest in Francos Händen – reiste Kármán 1948 zum ersten Mal nach Madrid.[23] Spanien war zu dieser Zeit aus politischen Gründen nahezu isoliert; die Vereinigten Staaten unterhielten nicht einmal eine eigene Botschaft in Madrid. Dennoch war es ein wichtiger europäischer Staat, und als Bollwerk gegen den Kommunismus war Francos Regime mittelfristig auch für die Amerikaner höchst interessant.

Kármán wusste diese Situation zu nutzen. Es gelang ihm, die US-Luftwaffe davon zu überzeugen, einige ihrer Forschungsprojekte an der Universität von Madrid durchführen zu lassen. Über ihre Mitarbeit in diesen Projekten konnten spanische Studenten sich während des Studiums ihren Lebensunterhalt verdienen. Die Vereinigten Staaten ihrerseits – insbesondere die Luftwaffe – profitierte erheblich von diesem direkten Zugriff auf begabte Studenten. Mit weiterer Unterstützung der US-Luftwaffe wurde schliesslich sogar ein eigenes Institut für Aerotechnik in Madrid begründet, das *Instituto Nacional de Técnica Aeroespacial* (INTA). Auch daran war Kármán

[22]Vgl. die Korrespondenz im Nachlass, TKC 29.23-30.

[23]von Kármán und Edson (1968), S. 404f.

massgeblich beteiligt und blieb dem Institut über die weiteren Jahre hinweg eng verbunden. Insbesondere mit einem der Professoren, Colonel Antonio Pérez-Marín, hatte er ein sehr freundschaftliches Verhältnis; auch Joséphine verstand sich sehr gut mit Pérez-Marín und seiner Frau. Über Pérez-Marín und andere Angehörige des Militärs war das neu gegründete Institut eng mit dem spanischen Luftministerium verknüpft, zu dem bald auch Kármán beste Beziehungen pflegte – der Name von Francos erstem Luftminister nach dem Krieg, General Gallarza, findet sich mehrmals auf Gästelisten, die Kármán für geplante Dinner-Einladungen in Madrid zusammenstellte, und Gallarza liess Kármán auch über Pérez-Marín mehrfach herzlich grüssen.[24] Über diese Kontakte lernte Kármán weiterhin Colonel Felipe Lafita kennen, Mitinhaber einer Firma in Bilbao, mit dem er ab 1951 eine mögliche Zusammenarbeit mit der Aerojet verhandelte.[25]

Neben Madrid war in diesen Jahren Turin das häufigste Reiseziel von Theodore und Joséphine, wo Giuseppe Gabrielli lebte und wirkte, ein ehemaliger Doktorand von Kármán, der ihn zeit seines Lebens verehrte. Gabrielli war 1925 nach Aachen gekommen, um bei Kármán zu promovieren.[26] Bereits am Ende des nächsten Jahres, 1926, hielt Gabrielli sein Doktordiplom in Händen und kehrte nach Italien zurück – man hatte ihm eine Stelle als Dozent für Flugzeugdesign am Polytechnischen Institut von Turin angeboten. Zusätzlich nahm Gabrielli eine Stelle als Chef-Designer bei Piaggio in Genua an, damals Italiens führende Firma im Flugzeugbau.

[24]Vgl. unter anderem die Liste ausgestellt am 4.12.1956 (TKC 22.42).

[25]Theodore von Kármán an Felipe Lafita, 5.2.1951 (TKC 17.23): „Dear Friend, this is to introduce Mr. Nathan Scudder who is a representative of the Aerojet Engineering Corporation at Azusa, California. You remember, we talked about possibilities of rocket manufacture in Spain. Mr. Scudder's mission is to study this situation, especially from the technical point of view, for further action." Vgl. weiterhin Antonio Pérez-Marín an Theodore von Kármán, 25.3.1953 (TKC 22.40): „Felipe Lafita has a great interest that I contact you on the following matter: Felipe is one of the proprietors of the work-shops of the Sociedad Beltran y Casado at Bilbao, which are very well equipped, and he thinks that with a slight extension they would be in perfect conditions for the manufacture of rockets. This weapon is already today manufactured by Sociedad Manufacturas Metálicas Madrilenas under licence Oerlikon. As it is probable that the relations between U.S.A. and Spain will become closer and that it will be possible to manufacture war material here, Felipe would like to have the possibility of manufacturing the JATO at Bilbao."

[26]Biografische Angaben zu Giuseppe Gabrielli (1903 – 1987) finden sich u.a. in Hoff (1991) sowie DQ 11. Für Gabriellis Autobiografie vgl. Gabrielli (1982); die Häufigkeit, mit der darin auf Kármán und dessen Leistungen und Talente verwiesen wird, sagt viel über Gabriellis Verhältnis zu Kármán.

Gabrielli hatte nicht umsonst bei Kármán studiert: Noch in demselben Jahr wurde bei Piaggio ein moderner Windkanal eingerichtet,[27] und schon wenig später konstruierte Gabrielli in diesem Windkanal das erste funktionstüchtige Ganzmetallflugzeug Italiens – Kármáns einstige Verbindung zu den Junkers-Flugzeugwerken und sein Beitrag an der legendären J-1 zeigten hier unerwartete Folgen.

Schon 1931 erhielt Gabrielli jedoch ein Angebot von der Konkurrenz, das er nicht ausschlagen konnte: Mit nur 28 Jahren wurde Gabrielli Leiter der Entwicklungsabteilung für Flugwesen von FIAT Aviazione, Turin. Gabrielli blieb bis 1954 in dieser Stellung, dann übernahm er die Leitung der gesamten FIAT Aviazione, und noch 1982 wählte man ihn zum Chairman der Nachfolgegesellschaft, FIAT AVIO.[28] Im Laufe seines Lebens entwickelte Gabrielli für FIAT nicht weniger als 142 Flugzeugtypen: 63 davon wurden gebaut, 17 sogar in Massenproduktion gefertigt. International berühmt wurde er insbesondere für seinen G-18 aus dem Jahr 1935, das erste Transportflugzeug Italiens, und für die Kampfflugzeuge G-50 und G-55.[29] Das „G" in diesen und anderen FIAT-Typenbezeichnungen verweist dabei auf Gabrielli selbst, den Konstrukteur.

Kármán und Gabrielli blieben in stetem Kontakt, mit Ausnahme der Kriegsjahre.[30] Gabrielli kam wiederholt nach Pasadena, und nach dem Krieg besuchte Kármán seinerseits regelmässig ihn und das FIAT-Werk in Turin, zuweilen auch in Begleitung von Hugh Dryden.[31] Einerseits verband Kármán und Gabrielli eine persönliche Freundschaft, andererseits teilten sie fachliche Interessen – neben seiner Tätigkeit für FIAT war Gabrielli nach wie vor wissenschaftlich aktiv und wurde 1949 auf eine ordentliche Professur am Polytechnikum von Turin berufen. Die Von-Kármán-Gabrielli-

---

[27]Vgl. die knappe Firmengeschichte von *Piaggio Aero* in DQ 12.

[28]Für Untersuchungen zur Geschichte des Unternehmens FIAT, mit der Gabriellis Leben untrennbar verwoben ist, vgl. insbesondere die umfassende Abhandlung Castronovo (1999) sowie spezifischere Werke zu einzelnen Aspekten, wie etwa Berta (1998).

[29]Die G-50-Flieger wurden erstmals 1937 von italienischen Flugverbänden im Spanischen Bürgerkrieg eingesetzt, einige Wochen bevor die Republikanischen Truppen kapitulierten; später wurden sie von italienischen Truppen im zweiten Weltkrieg genutzt.

[30]Zum persönlichen Verhältnis zwischen Kármán und Gabrielli vgl. z.B. Gabrielli (1963/64), Atti Accad. Sci. Torino Cl. Sci. Fis. Mat. Natur. 1963/64.

[31]Vgl. etwa Marie Roddenbery an Theodore von Kármán, 31.5.1952 (TKC 25.16): „I spent most of Thursday and Friday running films. [...] Today, I am sending you three more reels: [...] Fiat – Modane: I sent this along as there is a good shot of you and Dryden (and I believe Crawford) on steps of a building in early part of film."

Abbildung III.2: Giuseppe Gabrielli (1903 – 1987). Quelle: DQ 13 (mit freundlicher Genehmigung von *Securo Engineering*, Turin).

Diagramme zur Bestimmung der möglichen Geschwindigkeit von Körpern in Bewegung sind das herausragendste Ergebnis dieser Zusammenarbeit; gemeinsam schlugen sie 1950 den spezifischen Widerstand als Massstab für die Effizienz einer Bewegung vor.[32]

Darüber hinaus war Kármán daran gelegen, über Gabrielli mit FIAT in Verbindung zu bleiben, und auch Gabrielli profitierte von der geschäftlichen Ebene ihrer Freundschaft. Kármán war offiziell als wissenschaftlicher Berater für FIAT engagiert[33] – insbesondere für Gabriellis Konstruktionen – was ihm unter anderem ein jährliches Zusatzeinkommen von 2 500 US-Dollar einbrachte.[34] Weiterhin planten sie mögliche Kooperationen zwischen FIAT und Aerojet und andere Projekte.[35] Insbesondere in der Zeit

[32]Vgl. Gabrielli und von Kármán (1950).

[33]Vgl. TKC 59.12 - 59.16.

[34]TKC 59.12, 59.15.

[35]Vgl. etwa Theodore von Kármán an Giuseppe Gabrielli, 25.1.1949 (TKC 10.14): „The Spanish plans are yet going on, but nothing positive realized till now." Oder Theodore von

nach 1945, als die italienische Luftfahrtindustrie nahezu zum Erliegen kam, unterstützte Kármán seinen Freund und Kollegen durch die Vermittlung offizieller Aufträge aus den Vereinigten Staaten – vielleicht nicht ohne den Hintergedanken, dass solche Gesten sich später auszahlen könnten.[36] Einer dieser Aufträge betraf die Weiterentwicklung der berühmten Douglas DC-3; Kármán schrieb dazu:

> Letzte Woche gab es eine sehr interessante Entwicklung in der Zusammenarbeit zwischen Fiat und der amerikanischen Industrie. Ich weiss nicht, ob Sie in der Presse gelesen haben, dass die Douglas Aircraft Company beabsichtigt, ihr DC-3-Flugzeug in einen neuen Typ umzubauen, der Super DC-3 heissen soll. Die Idee dabei ist, die Geschwindigkeit und die Passagier-Kapazität zu steigern. Sie wollen den Rumpf und das Flügelzentrum so belassen, wie es jetzt ist, aber einen neuen Aussenflügel-Abschnitt konstruieren und auch die Stabilitätsoberflächen vergrössern. Sie werden zudem stärkere Motoren einbauen. [...]
>
> Etwa vor einer Woche, am 27. Januar, fragte Herr Douglas Herrn Heiman und mich, als wir die Firma Douglas besuchten, ob wir einen europäischen Konzern vorschlagen könnten, um die neuen Teile zu bauen und den Umbau in die neue DC-3 für den europäischen Markt durchzuführen. Sie wissen, dass die meisten europäischen Fluggesellschaften und andere Flugzeug-Anwender es vorziehen würden, ein neues Flugzeug zu kaufen oder für den Umbau existierender Flugzeuge zu bezahlen, wenn die Arbeit in Europa durchgeführt wurde.[37]

Kármán an Giuseppe Gabrielli, 2.3.1951 (TKC 10.14): „I am very glad that the negotiations concerning the cooperation between Fiat, Aerojet and Stacchini lead to an agreement, and I hope that Italjet will have a bright future."

[36] Theodore von Kármán an Giuseppe Gabrielli, 25.1.1949 (TKC 10.14): „I met Professor Valletta in New York and we went at the same time to Washington. There I brought him together with General Donald Putt, Director of Research and Development in the United States Air Force, and a number of officers who are working on the planning of European defense: They are all very sympathetic to the idea that American equipment should be manufactured under license in Italy, and they all indicated, however, that the State Department has the decisive word. General Putt indicated to me the persons and officers in the State Department who are responsible for the matter, and with his permission I transmitted this information to Mr. Sossi in New York." Vittorio Valletta (1883 – 1967) war der langjährige General Manager von FIAT; Luigi Sossi vertrat die Firma in den Vereinigten Staaten.

[37] Theodore von Kármán an Giuseppe Gabrielli, 3.2.1949 (TKC 59.13): „In the last week a very interesting development occurred concerning cooperation between Fiat and the

Der erwähnte Eric Heiman war Besitzer und Herausgeber der Zeitschrift Interavia mit Sitz in Genf; auch Kármán veröffentlichte einige seiner Artikel in dieser Zeitschrift.[38] Die Interavia bildete zu dieser Zeit ein wichtiges Bindeglied zwischen Industrie und Wissenschaft, und Heiman war mit seinen vielfältigen Kontakten eine bedeutende Mittlerfigur im Hintergrund. Kármán war mit Eric Heiman und seiner Frau Claire persönlich befreundet und hielt grosse Stücke auf Heimans Einschätzungen. In diesem Fall waren die beiden sich schnell darüber einig, dass FIAT die von Douglas gewünschte Rolle spielen sollte. Douglas war dies sehr recht, und er liess bitten, ein Vertreter der Firma solle doch demnächst nach Santa Monica kommen, um Details zu besprechen – Kármán empfahl ihm ohne Zögern die kombinierte Fach- und Geschäftskenntnis von Gabrielli. „Das ganze Projekt würde innerhalb des Marshallplans durchgeführt werden“, fügte Kármán in seinem Schreiben an Gabrielli hinzu, was die Sache organisatorisch erheblich erleichtern würde;[39] den Besuch des FIAT-Geschäftsführers Valletta bei der Konkurrenzfirma Lockheed solle Gabrielli bei dieser Gelegenheit jedoch nicht erwähnen.

3 Anfänge der AGARD

Diese Einzelprojekte, in die Kármán nach 1945 verwickelt war – der Aufbau eines aeronautischen Instituts in Madrid oder die Vermittlung neuer Geschäftsbeziehungen zwischen FIAT und den Vereinigten Staaten – hielten ihn beschäftigt, boten jedoch langfristig keine echte Herausforderung. Kármán verfolgte nebenher weitaus ehrgeizigere Pläne, für die er nur noch

American Industry. I do not know whether or not you read in the Press that the Douglas Aircraft Company intends to transform their DC-3 airplane into a new type, to be called the Super DC-3. The idea is to increase the speed and passenger capacity. They intend to leave the fuselage and the centre of the wing as it is now, and construct a new outer wing section and also enlarge the stability surfaces. They will also install more powerful engines. [...] About a week ago, on January 27th, Mr. Douglas asked Mr. Heiman and me, when we visited the Douglas Company whether we would propose an European concern to build the new parts and carry out the transformation to the new DC-3 for the European market. They are aware that most European airlines and other aircraft users would prefer to buy the new airplane, or pay for the transformation of existing aircraft if the work was carried out in Europe.“

[38] Später fusionierte Interavia mit Aerospace World und wurde zu Interavia – Aerospace World (vgl. DQ 14).

[39] Theodore von Kármán an Giuseppe Gabrielli, 3.2.1949 (TKC 59.13): „The whole project would be carried out within the Marshall Plan.“

einen geeigneten Geldgeber suchte: Nicht mehr nur in den USA, sondern auf internationalem Parkett wollte er Wissenschaft planen und nach seinen Vorstellungen lenken. 1946 schrieb er etwa an Henri Laugier, Sekretär des Sozialrates der neu gegründeten UNO, folgenden Brief:

> Wie Sie wissen, habe ich während des Krieges an Waffen gearbeitet, und ich glaube, das war notwendig, denn wir mussten diesen Krieg unter allen Umständen gewinnen. Trotzdem glaube ich, dass in Friedenszeiten wahre Wissenschaftler ihr Bestreben darauf konzentrieren sollten, die Wissenschaft so frei und international wie nur möglich zu machen. Ich komme zu dem Schluss, dass beispielsweise die Unterstützung von internationalen Forschungseinrichtungen eine der wichtigsten Aufgaben für die heutige Wissenschaft ist.
>
> Zuweilen glaube ich, dass die Wissenschaftler intellektuell und psychologisch eine Phase erreicht haben, in der sie sehen, dass sie zumindest einen Teil ihrer Zeit auf internationale Wissenschaftsangelegenheiten verwenden sollten. Bisher habe ich selbst keine solchen Verbindungen gesucht, doch ich habe das Gefühl, in Zukunft sollte dies anders sein. Ich kenne Julian Huxley von Moskau, aber ich habe niemals mit ihm über diese Fragen gesprochen. Meinen Sie, ich sollte ihm einen Besuch abstatten, wenn er aus den Staaten zurückkehrt, oder was würden Sie mir raten zu tun, wenn ich für das *International Scientific Department* von Nutzen sein wollte?[40]

Julian Huxley[41] war nicht nur einer der führenden Zoologen der damaligen Zeit, sondern von 1946 bis 1948 der erste Generaldirektor der *United Nations Educational, Scientific, and Cultural Organization* – kurz: UNESCO. Ob

[40]Theodore von Kármán an Henri Laugier, nach dem Pariser Kongress für Mechanik 1946, vor dem 25. November (TKC 17.40): „You know I worked during the war on weapons and I believe this was necessary since we had to win this war under any circumstance. However, I believe that in peace time real scientists should concentrate their efforts to make science as free and international as possible. I come to the conclusion that, for example, the maintaining of International Research Institutions is one of the most important tasks for our present day science. Sometimes I believe that scientists have reached the intellectual and psychological stage of seeing that they should give at least a part of their time to international scientific affairs. Until now I didn't seek such connections, but I have a feeling that in the future it should be different. I know Julian Huxley from Moscow, but I never talked with him on these questions. Do you think I should visit him if he returns from the States or what would you advise on the lines to be followed if I want to be of some use to the International Scientific Department."

[41]Zu Julian Huxleys (1887 – 1975) Leben und Werk vgl. z.B. seine Biografie Dronamraju (1993), die auch ausgewählte Korrespondenz enthält.

Kármán tatsächlich mit Huxley Kontakt aufnahm, ist unklar. Laugier zumindest ging auf Kármáns Anliegen nicht weiter ein, und so verlief dieser erste Anlauf zu einem Wechsel seines Wirkungsfeldes im Sande. Auf eine viel versprechende Alternative stiess Kármán seinen eigenen Angaben zufolge etwa drei Jahre später:

> Dann las ich im April 1949 in den Zeitungen von der Gründung der NATO (North Atlantic Treaty Organization) als Verteidigungsbündnis gegen die Expansion der Sowjetunion. Hier hatten wir eine kleine und einfach verwaltete Gruppe von Staaten, die durch ein gemeinsames Verteidigungsbedürfnis aneinander gebunden waren. Für meine Zwecke erschien sie ideal. Warum konnte man die NATO nicht als „Versuchsanlage" zur Erprobung meiner Idee für internationale wissenschaftliche Zusammenarbeit benutzen? [...] Warum konnte man nicht für die NATO einen wissenschaftlichen Beirat bilden, ähnlich dem *Scientific Advisory Board* der US-Luftwaffe. Ein solcher Ausschuss würde den NATO-Staaten garantieren, dass ihnen stets die beste Technik zur Verfügung stände.[42]

Ob Kármán mit seinen erstklassigen Beziehungen zur amerikanischen Luftwaffe tatsächlich aus der Zeitung von der Gründung der NATO erfuhr, sei dahin gestellt. Die Gründung dieser Organisation schien jedoch die beste Gelegenheit, sich ein neues Wirkungsfeld zu schaffen, mit einer deutlich grösseren Einflusssphäre als bisher. Kármán kehrte also mit dem Plan eines internationalen Wissenschaftler-Stabes zu seinem bewährten Partner zurück: zum Militär. Er verfasste ein erstes Memorandum und schickte es an Robert A. Lovett[43], damals stellvertretender Verteidigungsminister der USA. Nicht abgeneigt von dem Vorschlag, verwies Lovett ihn unverzüglich an General Gruenther, den Obersten Befehlshaber der alliierten Streitkräfte in Europa, der sich zu diesem Zeitpunkt in Paris aufhielt. Gruenther gefiel der Plan, jedoch riet er Kármán, sich zunächst auf ein Gremium auf dem Gebiet der Aeronautik zu beschränken, statt gleich die gesamte Wissenschaft einbeziehen zu wollen.

Solchermassen ermutigt unternahm Kármán im Sommer 1950 eine ausgedehnte Reise durch Europa, um einen Eindruck vom Stand der Aeronautik und Aerodynamik in den NATO-Mitgliedsstaaten zu gewinnen. Nach

[42] von Kármán und Edson (1968), S. 386f.

[43] Robert A. Lovett (1895 – 1986) war von 1951 bis 1953 Verteidigungsminister der USA unter Truman.

seiner Rückkehr schilderte er seine Befunde General Donald Putt, zu diesem Zeitpunkt stellvertretender Leiter der Forschungsabteilung der US-Luftwaffe:

> Ich bin zu dem Schluss gekommen, dass die Mobilisierung der Wissenschaft für Forschungen, die der Verteidigung nützen, sich in den meisten Staaten noch in einem rudimentären Stadium befindet. Anscheinend kann die Mobilisierung der wissenschaftlichen Bemühungen in Kontinentaleuropa nur dann wirksam sein, wenn die Länder eng miteinander zusammenarbeiten.[44]

In demselben Memorandum an Putt empfahl Kármán, das SAB solle die Leiter von Forschungsinstitutionen auf den Gebieten der Aeronautik und Aerodynamik aus den NATO-Staaten für das Frühjahr 1951 zu einer Konferenz in die Vereinigten Staaten einladen, zum unverbindlichen Meinungsaustausch. Das Anliegen wurde an General Hoyt Vandenberg weitergeleitet, den neuen Stabschef der US-Luftwaffe, der den Plan seinerseits der so genannten *Standing Group* der NATO vorlegte: ein Gremium aus höchsten Militärs aus den Vereinigten Staaten, Grossbritannien und Frankreich, das zu dieser Zeit den NATO-Generalstab bildete. Man nahm den Vorschlag an und kam überein, dass die US-Luftwaffe die besagte Konferenz organisieren sollte. Kármán und der Rest des wissenschaftlichen Beirats machten sich an die Arbeit, und im Februar 1951 luden sie die zwölf NATO-Mitgliedsstaaten zu einer Konferenz im Pentagon ein. Vertreter von acht Nationen erschienen, wie Kármán selbst berichtete:

> Auf der Konferenz erklärte ich den Zweck des wissenschaftlichen Beirats, und wir arbeiteten zusammen eine Empfehlung für das Oberkommando der NATO aus. Im Wesentlichen sollte die *Advisory Group for Aeronautical Research and Development* (AGARD), wie wir den NATO-Beirat nannten, die Fortschritte in der Luftfahrtwissenschaft beobachten, wichtige Informationen austauschen und Empfehlungen geben, wie die wissenschaftlichen Talente innerhalb der NATO am besten eingesetzt werden konnten, um die technischen Möglichkeiten zur Lösung gemeinsamer Verteidigungsprobleme zu

[44] Zitiert nach DQ 10: „I came to the conclusion that the mobilization of science for research useful for defense is yet in a very rudimentary stage in most countries. It appears that the mobilization of scientific effort in Continental Europe can be effective only if the countries work in close collaboration with one another."

> verbessern. [...] Als wir an jenem Abend auseinander gingen, waren wir voll Befriedigung über die erfolgreiche Einrichtung einer neuen und aufregenden internationalen Organisation.[45]

Aber zunächst geschah nichts. Die Vorschläge wurden zwar an die *Standing Group* weiter geleitet, blieben jedoch ohne Antwort – sogar in den Vereinigten Staaten selbst. Kármán zufolge blockierte ein Admiral der Marine die Annahme des Planes, der angeblich befand: „Wenn die AGARD sich als Versager erweist, warum dann Geld und Zeit verschwenden? Wenn sie ein Erfolg wird, ist sie zu schade für die Luftwaffe. Die Marine sollte sie haben."[46] Nachdem dieser Querschläger neutralisiert war, wurden eine Woche später zumindest in den Vereinigten Staaten die Empfehlungen zur Gründung der AGARD angenommen. Bedingung war, dass sich die AGARD zunächst nur mit öffentlich zugänglichem Material befassen durfte; in diesem Fall würde die US-Luftwaffe das Gremium für zwei Jahre probeweise finanzieren, danach sollte die NATO sie übernehmen.

Dennoch dauerte es noch bis Februar 1952, bevor auch die anderen Mitgliedsstaaten der Einrichtung der AGARD zustimmten. Kármán wurde einstimmig zum Vorsitzenden des Gremiums bestimmt. Gemeinsam mit dem allgegenwärtigen Frank Wattendorf, zwei Colonels der US-Luftwaffe[47] und June Merker, seiner persönlichen Assistentin, richtete Kármán die erste Dienststelle des Beratungsstabes ein – in Paris, wie er es sich vorgestellt hatte, und dort an bester Adresse: im Palais de Chaîllot. Hier sollte Kármán in den kommenden Jahren einen Grossteil seiner Zeit verbringen, in die Vereinigten Staaten fuhr er nur noch sporadisch.

Am 21. Mai 1952 wurde die erste Vollversammlung der AGARD einberufen, an der Vertreter von elf Ländern anwesend waren – unter anderem, dank Kármáns Vermittlung, auch Giuseppe Gabrielli als Vertreter für Italien.[48] Das Tätigkeitsfeld der AGARD war äusserst breit. Wie

[45]von Kármán und Edson (1968), S. 387f.

[46]Ibid., S. 388.

[47]Colonel Paul Dane und Colonel John J. Driscoll. Vgl. von Kármán und Edson (1968), S. 391.

[48]Vgl. beispielsweise Theodore von Kármán an Giuseppe Gabrielli, 2.3.1949 (TKC 10.14): „In the first days of February we had a meeting in Washington about coordination in aeronautical research between the Countries adhering to the NATO Treaty. There was some confusion about the representation on Italy. Since there is no office in Italy corresponding to the ONERA in France who are the NACA in the U.S. I gave the address of the Italian

im SAB sollten verschiedene Ausschüsse sich mit den zunehmend spezifischeren Sachfragen beschäftigen und ihre Ergebnisse an Gesamttreffen zusammentragen. Anders als beim SAB waren dazu jedoch bei der AGARD Aktivitäten in einer Vielzahl verschiedener Staaten zu koordinieren, was die Entscheidungsprozesse schwerfälliger machte. Dennoch bewährte sich auch dieses Gremium, nicht zuletzt durch Kármáns persönlichen Ruf, den er geschickt nutzte, um Wissenschaftler wie Regierungen für seine Ziele zu gewinnen. Nach der vereinbarten Probezeit von zwei Jahren erhielt die AGARD volle Anerkennung als dauerhafter Bestandteil des NATO-Stabes. Erst als sich nach dem Zusammenbruch der Sowjetunion im Jahr 1989 die Weltlage änderte, wurde schliesslich die AGARD in die übergreifende NATO-*Research and Technology Organization* (RTO) integriert.

Kármáns Arbeit für die AGARD beschränkte sich durchaus nicht auf die Erörterung wissenschaftlicher Sachfragen. Wie er selbst schreibt, fand er es „bald notwendig", sich in „einige Angelegenheiten der Dachorganisation, der NATO, einzumischen".[49] Insbesondere drängte er darauf, in den europäischen Staaten eine eigene militärische Forschung und Produktion aufzubauen, statt sie nur Fertigprodukte aus den Vereinigten Staaten importieren zu lassen. Als 1952 eine Erweiterung der Marshallplan-Hilfe um mehrere Milliarden Dollar diskutiert wurde, gedacht für den Wiederaufbau in Europa, schlug er vor, einen Teil dieser Summe zur Förderung von Forschung und Lehre aufzuwenden – das Ergebnis war die Einrichtung des *Mutual Weapons Development Team*, eine Organisation, die den Aufbau der eigenen Verteidigung Europas finanziell förderte. Bei diesen Aktivitäten vergass Kármán nie, auch seine alten Freunde zu bedenken. Von den Aufträgen, die im Rahmen dieser Förderung an FIAT erteilt wurden – und damit an Gabrielli – , war bereits die Rede.

Die bereits erwähnten Wettbewerbe der NATO zur Entwicklung neuer Flugzeuge wurden ebenfalls von der AGARD organisiert. 1956 wurde erneut ein solcher Wettbewerb ausgeschrieben, diesmal zur Konstruktion eines leichten Jagdflugzeugs, das sich für Nachtangriffe oder Aufklärung im Tiefflug eignete. Drei Firmen reichten Vorschläge ein: Die Firma Dassault aus Frankreich, Louis Breguet, ebenfalls aus Frankreich, und – FIAT Avia-

National Research Council and, at the same time, I wrote Colonel Hanley to suggest that Colonnetti recommends an aerodynamicist to be sent to the meeting. I gave him your name. He was very much in agreement with this suggestion."

[49] von Kármán und Edson (1968), S. 392.

zione aus Italien, geleitet, bekanntermassen, von Giuseppe Gabrielli. Gabriellis Entwurf, der so genannte G-91, erhielt den Zuschlag. In seiner Autobiografie begründet Kármán dies mit der Einfachheit der Konstruktion dieses Fliegers und mit seinem geringen Gewicht aufgrund besonders leichter Triebwerke;[50] ob dies wirklich die einzigen Gründe waren, sei dahin gestellt. Der G-91 wurde ein grosser Erfolg innerhalb der NATO, und 1975 wurde Gabrielli unter anderem für diese Konstruktion die Von-Kármán-Medaille der NATO verliehen.

4 Theodore unter Beobachtung

1941 zogen Theodore von Kármán und seine Schwester zum ersten Mal das Interesse des amerikanischen Geheimdienstes auf sich. Am 28. November vermerkte das FBI als ersten Eintrag seiner Akten zu Kármán:

> Es wurde im Mai 1941 berichtet, dass von Kármáns Schwester, die bei ihm wohnt, sich selbst bei vielen Gelegenheiten als Nazi-Sympathisantin bezeichnet hat und keinen Hehl daraus macht, dass sie die Nazi-Sache unterstützt.[51]

Auf welchen seltsamen Quellen dieser Verdacht beruhte, bleibt unklar. Joséphine hatte nie die geringste Sympathie für die Nazis gezeigt – für sie als Jüdin wäre dies auch sehr ungewöhnlich gewesen. Der Geheimdienst befand die Information jedoch als hinreichend zuverlässig, um eine umfassende Untersuchung einzuleiten – und bald tauchten weitere Verdachtsmomente auf. Ein Informant meinte, Fotografien gesehen zu haben, auf denen Kármán in einem Mantel mit Hakenkreuz abgebildet war. Der japanische Chauffeur und Gärtner der Kármáns erregte ebenfalls Misstrauen, zumal er im Haus ein und aus ging und zuweilen Unterlagen für Kármán transportierte. Besorgt wurde überprüft, ob zumindest der Windkanal des GALCIT hinreichend gegen mögliche Spionage geschützt war. Keine dieser Bemühungen führte jedoch zu Beweisen gegen Kármán oder seine Schwester. Im Gegenteil notierte der Geheimdienst am 1. August 1941:

> Ein vertraulicher Informant der Nationalen Verteidigung weist darauf hin, dass Subjekt VON KARMAN ein ungarischer Jude ist und

[50] von Kármán und Edson (1968), S. 394.

[51] Theodore von Karman's FBI Files Part 1a, S. 6: „It was reported in May, 1941, that von Karman's sister, who lives with him, has declared herself to be a Nazi sympathizer on many occasions, and does not try to hide the fact that she is in favor of the Nazi cause".

> als einer der weltweit führenden Experten auf dem Gebiet der Aeronautik anerkannt ist. Als VON KARMAN ein Angebot aus Deutschland erhielt, zu militärischen Zwecken nach Deutschland zurückzukehren, fragte VON KARMAN im Scherz den vertraulichen Informanten der Nationalen Verteidigung, ob er ihnen nicht ein Foto von sich im Profil schicken sollte.[52]

Im Dezember 1941 wurde schliesslich empfohlen, die Akte zu schliessen.[53] Dennoch behielt das FBI weiterhin ein Auge auf Kármán; erst war es erneut der japanische Gärtner, dessen Identität man überprüfte, ein anderes Mal verdächtigte man Kármán allzu persönlicher Kontakte mit einem seiner Kollegen am *CalTech*, Alexander Goetz, der ebenfalls unter dem Verdacht stand, Nazi-Anhänger zu sein.

Nach dem Krieg bekam der „Fall Kármán" eine ganz neue Brisanz: Anfang der 1950er Jahre waren es nicht mehr die Nazis, von denen man das Schlimmste befürchtete, sondern die Kommunisten. Am 11. Oktober 1950 wurde das FBI zum ersten Mal darauf aufmerksam, dass Kármán unter Béla Kuns kommunistischem Regime in Ungarn eine Rolle gespielt hatte – ein Informant wollte sogar wissen, Kármán sei 1918 in die ungarische KP eingetreten und habe nach Béla Kuns Sturz diese Mitgliedschaft auf die deutsche KP übertragen. Das war noch nicht alles; nur etwa drei Wochen später, am 30. Oktober, vermerkte das FBI Folgendes in Kármáns Akte:

> Man beachte den Bericht des Spezialagenten [—] in Cleveland, datiert auf den 27. September 1950, in dem Fall mit der Überschrift

[52]Theodore von Karman's FBI Files Part 1a, S. 5., 1.8.1941: „Confidential National Defense Informant advises that subject VON KARMAN is a Hungarian Jew, and recognized as one of the leading aeronautical experts in the world. When VON KARMAN received an offer from Germany requesting his return to Germany for military purposes, VON KARMAN jokingly asked Confidential National Defense Informant if he shouldn't send them a picture of his profile." Wie man auf Fotografien sieht, hatte Kármán eine ausgeprägt „jüdische" Nase.

[53]Theodore von Karman's FBI Files Part 1a, S. 31, 16.12.1941: „It is respectfully suggested that subject VON KARMAN's name be deleted from the Custodial Detention Lists, inasmuch as a review of subject's file reflects no information whatsoever to the effect that he is engaged in activities inimical to the interests of the United States or has ever made statements showing sympathy to any foreign government. On the contrary, the results of the investigation of subject VON KARMAN reflects that he is very anti-Nazi and pro-American. Subject VON KARMAN is an Hungarian Jew. – Very truly yours, R.B. Hood – Special Agent in charge."

> „William Perl, alias William Mutterperl; Spionage – R“. Auf den Seiten 40, 45, 46, 47, 50 und 52 dieses Berichts wird ein Dr. von Kármán erwähnt. Dieses Individuum könnte identisch sein mit dem Subjekt des Memorandums.[54]

Das genügte, um den Geheimdienst in helle Aufregung zu versetzen. Kommunistische Infiltration und Spionage war zu dieser Zeit die grösste Angst in den Vereinigten Staaten, und nun war womöglich einer der einflussreichsten Ratgeber der US-Luftwaffe in diese Machenschaften verstrickt.

William Perl hatte Kármán im Dezember 1946 angefragt, ob er derzeit Studenten zur Arbeit an aeronautischen Fragestellungen akzeptiere. Perl stellte sich selbst als langjährigen Mitarbeiter der NACA vor. Er sei seit 1939 dort beschäftigt und derzeit für ein Jahr beurlaubt, um an der *Columbia University* seine Dissertation zu schreiben.[55] Da Kármán zu diesem Zeitpunkt eine Vorlesungsreihe an eben dieser Universität plante, war er wohl recht erfreut über die Anfrage und beschäftigte Perl für einige Monate als Assistenten, der für ihn Recherchen und andere Aufträge erledigte. In ähnlicher Weise war Perl 1948 ein weiteres Mal kurzfristig für Kármán tätig; in diesem Fall ging es vor allem darum, Referenzen und bibliografische Angaben für zwei Publikationen herauszusuchen.

Zur gleichen Zeit untersuchte das FBI einen anderen Fall vermeintlicher Spionage, der sich als deutlich ergiebiger erwies als der Fall Kármán. 1948 fand sich in den so genannten Venona-Telegrammen – abgefangene Dokumente des sowjetischen Geheimdienstes – ein Bericht aus dem Jahr 1944 über den Verlauf der Forschung an der Atombombe, verfasst von einem wichtigen Mitarbeiter am *Manhattan Project*: Klaus Fuchs.[56] Ein Jahr später war erwiesen, dass Fuchs nicht nur diesen Bericht bewusst für die Sowjetunion verfasst, sondern schon seit Kriegsbeginn geheime Informationen über die Atomforschung in Grossbritannien und den USA

---

[54]Theodore von Karman's FBI Files Part 1a, S. 49, 30.10.1950: „Attention is called to the report of Special Agent [—] dated September 27, 1950, at Cleveland in the case captioned „William Perl, aka. William Mutterperl; Espionage – R.“ On pages 40, 45, 46, 47, 50 and 52 of that report a Dr. von Karman is mentioned. That individual may be identical with the subject of this memorandum.“

[55]William Perl an Theodore von Kármán, 26.12.1946 (TKC 23.3).

[56]Für zwei Monografien zu Fuchs' Leben und Werk vgl. Moss (1987) sowie Williams (1987). Zu den Venona-Dokumenten, die in den 1990er Jahren frei gegeben wurden, vgl. u.a. West (1999) und Haynes (1999).

weitergegeben hatte – kurz darauf explodierte am 29. August 1949 die erste sowjetische Atombombe. Im Februar 1950 wurde Fuchs zu vierzehn Jahren Gefängnis wegen feindlicher Spionage verurteilt. Nicht nur die Öffentlichkeit war schockiert, auch für die amerikanischen Wissenschaftler war dies der erste Fall einer folgenreichen Spionage aus den eigenen Reihen. Die Berichte über Frank Oppenheimer, dessen kommunistische Vergangenheit seit Juni 1949 die Zeitungen beschäftigte, erhielten plötzlich eine ganz neue Brisanz. Fast niemand glaubte daran, dass Fuchs ein Einzelfall war, selbst wenn keine substantiellen Belege gegen „verdächtige" Personen vorlagen; und verdächtig waren viele. Im Juni 1949 wurde etwa das von Ernest Lawrence eingerichtete *Radiation Laboratory* in Berkeley auf kommunistische Unterwanderung überprüft, für die es angebliche Hinweise gab. Zugleich wagte die Verwaltung der *University of California* einen noch kühneren Vorstoss: Ab Sommer 1949 wurde allen Mitarbeitern der so genannte „Loyalitätsschwur" (*loyalty oath*) abverlangt, mit dem die betreffenden Personen nicht nur Loyalität der Verfassung gegenüber schwören sollten, sondern auch, dass sie weder Mitglied einer Organisation waren, die sich gegen die amerikanische Regierung richtet – insbesondere kommunistische Organisationen –, noch solche Organisationen in irgendeiner Weise unterstützten. Als im Sommer 1950 zahlreiche Professoren, Studenten und andere Angestellte diesen Schwur verweigerten, wurden 31 Professoren und weitere Mitarbeiter entlassen, darunter international angesehene Grössen. Gegen keinen von ihnen lagen konkrete Verdachtsmomente vor, die Verweigerung allein war der Verwaltung Grund genug.[57]

Zur gleichen Zeit hörte Kármán erneut von William Perl: Im Juli 1950 wurde dieser vor Gericht beschuldigt, mit dem kommunistischen Spion Julius Rosenberg und weiteren Personen aus diesem Kreise in Verbindung zu stehen.[58] Perl bestritt diese Vorwürfe und wurde vorläufig wieder entlassen – was jedoch nicht hiess, dass man ihn aus dem Blick verloren hätte. An demselben 30. Oktober 1950, als das FBI die oben zitierte Notiz unter Kármáns Namen abheftete, erhielt Kármán einen Brief von Marie Roddenbery:

---

[57]Vgl. u.a. die offizielle Seite der *University of California History Digital Archives*, DQ 15.

[58]Quelle: u.a. DQ 16. Die Haupt-Angeklagten waren Julius und Ethel Rosenberg sowie Morton Sobell. William Perl, Aleksandr Feklisov und Klaus Fuchs waren ebenfalls in den Fall verwickelt.

Lieber Boss:

Ich habe den Freitag Nachmittag mit Jack Buscher vom FBI verbracht. Sie arbeiten immer noch an dem Perl-Fall, und ich habe den Eindruck, dass dies bereits sehr viel länger läuft als uns bewusst war. [...] Sie scheinen sich für Umfang und Art der geheimen Dokumente zu interessieren, zu denen er Zugang hatte. Sie haben die Sache bei der NACA abgeklärt und herausgefunden, dass er für etwa 250 Dokumente in Ihrem Namen unterschrieben hat.

Obwohl sie es nicht so gesagt haben, glaube ich, sie versuchen diese Dokumente zu identifizieren und zu überprüfen, ob sie sich in Ihren Akten in Columbia finden. Natürlich befürchten sie auch, er habe Auszüge angefertigt und sie den kommunistischen Individuen übermittelt, mit denen er angeblich verkehrte. Obwohl nichts definitiv ausgesprochen wurde, hatte ich das Gefühl, dass sie eine Theorie verfolgen, wonach er bestimmte Problemstellungen erhielt und für diese Probleme von hiesigen Wissenschaftlern Lösungen beschaffen sollte, unter dem Deckmantel dessen, dass er die Probleme als etwas präsentierte, woran er selbst gerade arbeitet. Das technische Ziel dieses Unternehmens geht weit über mein Verständnis hinaus. Vielleicht ist es nur ein Hirngespinst von mir, aber ist es irgendwie möglich, dass Perl einige der Leute um Fuchs kannte? [...] Das FBI ist natürlich nicht an Ihnen interessiert, ausser als Möglichkeit, um herauszufinden, was Perl erhalten hat und wozu er die Information, die er hatte, möglicherweise nutzte.[59]

[59] Marie Roddenbery an Theodore von Kármán, 30.10.1950 (TKC 25.11): „Dear Boss: // I spent Friday afternoon with Jack Buscher of the FBI. They are still working on the Perl case, and I gather that this has been going on for longer than we have realized. [...] Their interest seems to be in the amount and kind of classified documents that he has had access to. They checked with NACA and found that he had signed for about 250 documents in your name.// Although they didn't say, I think they are trying to track down these documents and see if they are in your file at Columbia. Of course, they also feel that he could have made extracts and given them to the communist individuals he was alleged do have consorted with. Although nothing was definitely stated as such, I got the feeling that they were working on the theory that he was given certain problems to obtain the answers to from scientific persons here, under the guise of presenting the problems as something he was personally working on. The technical end of this business is way beyond me. Maybe it is just a brain-wave of mine, but is it at all possible that Perl may have known some of the Fuchs associates?// [...] The FBI, of course, are not concerned with you except as a means of determining what Perl may have obtained and what use he may possibly have made of the information he had."

Kármán war von all dem wenig beeindruckt. Am 8. November antwortete er, Perl geniesse sein volles Vertrauen; er habe die fraglichen Dokumente vermutlich im Rahmen seiner Rechercheaufträge für Kármán eingesehen, und überhaupt: „Alle diese Dinge sind vollkommen uninteressant für irgend jemand anders".[60] Im März 1951 wurde Perl erneut festgenommen, und wiederum wurde geprüft, zu welchen Unterlagen er im Rahmen seiner Arbeit für Kármán Zugang hatte. Im November 1951 wollte der Geheimdienst zusätzlich Nachweise über alle Zahlungen, die Perl erhalten hatte – auch von Kármán, wie Roddenbery ihm schrieb:

> Bevor ich nach London fuhr, habe ich anderthalb Stunden mit den FBI-Verbindungsmännern an der Botschaft verbracht. Sie sind immer noch hinter Bill Perl her. Wie Du Dich erinnern wirst, ist er gegen Kaution frei gelassen. Sie sind aber nicht an der Meineid-Geschichte interessiert, für die er angeklagt wurde, weil der Meineid lediglich darin besteht, dass er bestritt, einen von den Atom-Spionen zu kennen, während sich später herausstellte, dass er einmal an einem Abendessen teilnahm, wo dieser Mann auch war. Sie sagten mir, ihrer Meinung nach sei dies eine sehr schwache Grundlage für ihren Fall. Auf der anderen Seite sind sie felsenfest davon überzeugt, dass er ein Spion war. [...] Zunächst wollen sie die finanzielle Situation in den Jahren zwischen 1945 und jetzt untersuchen, und aus diesem Grund wollen sie jede Zahlung kennen, die Perl ausgestellt wurde.[61]

Letztlich konnte Perl nicht der Spionage überführt werden – die Evidenz war zu schwach. Statt dessen verurteilte man ihn im Mai 1953 wegen Meineids vor Gericht, wie Roddenbery bereits in ihrem Brief erwähnte. Perl habe fälschlicherweise seine Verbindungen zu den übrigen Angeklagten geleugnet, hiess es im Urteil. Die Strafe für dieses vergleichsweise harmlose Vergehen war drakonisch: Perl wurde zu zweimal fünf Jahren Gefängnis

---

[60] Theodore von Kármán an Marie Roddenbery, 8.11.1950 (TKC 25.11).

[61] Marie Roddenbery an Theodore von Kármán, 19.11.1951 (TKC 25.14): „Before I went to London I spent an hour and a half with the FBI Liaison men at the Embassy. They are still after Bill Perl. As you will remember he is out on bail. However, they are not interested in the perjury affair for which he is indicted because the perjury consists only in the fact that he denied knowing one of the atomic spies and later it turned out that once he was present at a dinner where this man was also present. They told me they feel that this is a very weak case for them. On the other hand they are stubbornly convinced that he was a spy. [...] First they want to investigate the financial situation during the years 1945 and now and for this reason they want to know of every payment which was made to Pearl."

verurteilt. Die seit den 1990er Jahren frei gegebenen Venona-Telegramme haben inzwischen ergeben, dass Perl tatsächlich für die Sowjetunion spionierte.[62] Ein Telegramm vom 16. Juni 1944 berichtet beispielsweise, Perl habe dem KGB wichtige Informationen zum Bau neuer Flugzeugtypen geliefert, wofür er eine Zahlung von 500 Dollar erhielt. Die betreffenden Daten ermöglichten den Sowjets unter anderem die Konstruktion eines verbesserten MiG-Kampffliegers, der in Korea eingesetzt wurde.

Marie Roddenbery war bei weitem zu gutgläubig, als sie schrieb, das FBI würde sich für Kármán nur am Rande interessieren. Kármáns Verwicklung in die Perl-Affäre war vielmehr Wasser auf die Mühlen des FBI – nun begann man erst recht mit ausgedehnten Recherchen über ihn und seine Vergangenheit. Zu allem Überfluss erhielten sie in dieser Zeit noch folgenden Hinweis:

> Gegen Kriegsende hatte [—] ein persönliches Treffen mit VON KARMAN, und an diesem Treffen soll VON KARMAN ihn nach einer Atombombe gefragt haben, die über dem Ozean explodiert sei. [—] warf die Frage auf, ob VON KARMAN in seiner Eigenschaft am *CalTech* Zugang zu solchen Informationen über die Atombombe haben sollte, obwohl diese Information über Atombomben erst anderthalb Jahre später der Öffentlichkeit mitgeteilt wurde. [...]
>
> [—] weist darauf hin, er kenne niemanden in den Vereinigten Staaten, der umfassenderen Zugang zu geheimen Unterlagen über Flugkörper und Raketen hat als THEODORE VON KARMAN, und er ist der Meinung, dass VON KARMAN immer noch als hochrangiger Berater in aeronautischen Fragen bei der U.S. Air Force beschäftigt ist.[63]

Als obendrein ein unbekannter Ungar vor seinem Haus in Pasadena abgefangen wurde, der behauptete, Kármán noch aus alten Zeiten zu ken-

---

[62]Quelle: DQ 16.

[63]Theodore von Karman's FBI Files Part 1b, S. 14, 17.12.1950: „Towards the end of the war, [—] had held a private meeting with VON KARMAN and that at this meeting VON KARMAN questioned him in regards to an Atomic Bomb having been exploded in the ocean. [—] brought up the question as to whether VON KARMAN in his capacity at Cal. Tech. should have had access to this information about the Atomic Bomb even though it was approximately one and one-half years before information regarding the Atomic Bomb had been revealed to the public. [...] // [—] advised that he knows of no one in the United States who has greater access to restricted material on guided missiles and rockets than what THEODORE VON KARMAN has and believes VON KARMAN to be still employed as a top aeronautical adviser in the U.S. Air Force."

nen, beschloss man, einen Leibwächter für Kármán abzustellen, der das Haus beobachten sollte – es ist jedoch zu vermuten, dass dieser weniger Kármáns Leib und Leben schützen sollte als vielmehr die Luftwaffe und den Rest der Vereinigten Staaten vor Kármán. Kármáns Post wurde von diesem Tag an ebenfalls überwacht; gleichzeitig forschte man intensiv an seiner angeblichen Verbindung zu ungarischen Kommunisten. Die Hinweise verdichteten sich, dass Kármán tatsächlich eine politische Funktion im kommunistischen Regime Béla Kuns hatte, doch welcher Art diese war, blieb höchst unklar. Die Ergebnisse der Recherche waren widersprüchlich und stützten sich lediglich auf vage Erinnerungen: Ein Informant versicherte, Kármán sei keinesfalls in der Regierung von Béla Kun aktiv gewesen, denn deren Mitglieder seien ihm sämtlich bekannt; ein anderer hingegen erinnerte sich genau an Kármáns KP-Mitgliedschaft in Ungarn schon vor 1918 und glaubte zu wissen, Kármán sei auch in Deutschland Parteimitglied gewesen – auf einer Fotografie konnte er Kármán indessen nicht wieder erkennen; ein dritter Informant schliesslich war Kármán nach dessen Besuch in Budapest 1945 in Paris begegnet und zeigte sich betroffen darüber, dass Kármán dort alles in bester Ordnung fand und sich generell prokommunistisch äusserte – an Kármáns Aussagen im Einzelnen konnte er sich jedoch nicht mehr erinnern.

Der Fall erhielt nunmehr höchste Priorität.[64] Eine breit angelegte Suche nach Büchern von und über Béla Kun lief an, parallel wurden alle Veröffentlichungen von Kármán selbst überprüft. Weiterhin wurden sämtliche Abschlussarbeiten an Universitäten der Vereinigten Staaten seit 1903 untersucht, um herauszufinden, ob sich eine von ihnen mit dem Regime von Béla Kun beschäftigte und allenfalls noch neue Informationen enthielt – vergeblich. Schliesslich wurde sogar empfohlen, alle russischen und ungarischen Zeitungen der Zeit um 1919 durchzusehen, in der Hoffnung, hierin etwas zu Kármáns zwielichtiger Vergangenheit zu finden. Dieser Vorschlag ging jedoch selbst Edgar Hoover, dem Leiter des Geheimdienstes, zu weit:

> Angesichts der Tatsache, dass OSI [= *Office of Scientific Intelligence*] Subjekts Beteiligung unter Béla Kun bestätigt hat, und angesichts des ungeheuren Aufwands, den eine Durchsicht der russischen und

[64] Vgl. z.B. folgende Bemerkung in Theodore von Karman's FBI Files Part 1b, S. 35, 9.4.1951: „The investigation of subject in Europe by OSI is continuing. It is desired that New York conduct the investigation requested herein in an expeditious manner."

ungarischen Zeitungen aus dem Jahr 1919 erfordern würde, wird diese Spur gegenwärtig nicht verfolgt.[65]

Die geschäftige Recherche des Geheimdienstes blieb Kármán nicht lange verborgen. Während das FBI nach Abschlussarbeiten über Béla Kun fahndete, informierte ihn der Darmstädter Professor Franz N. Scheubel – ein ehemaliger Student Kármáns aus Aachener Zeiten – , er sei von unbekannten Herren über Kármáns etwaige Verwicklung mit Kommunisten befragt worden. Den Rest konnte Kármán sich denken, und so schnell es ihm möglich war, flog er von Paris zurück in die Vereinigten Staaten, um die Angelegenheit zu klären. Wie kurz darauf in den FBI-Akten vermerkt wurde, meldete Kármán sich unverzüglich mit diesem Problem bei seinen Freunden von der Luftwaffe:

> OSI wies darauf hin [...], dass Subjekt nach der Rückkehr von einer Europareise ins Pentagon am 14. Mai 1951 den stellvertretenden Stabschef der Luftwaffe kontaktiert habe und ihm berichtete, er habe während seines Aufenthalts in Europa herausgefunden, dass er vom OSI überprüft wird. Subjekt wies die Luftwaffe auch darauf hin, er sei kein Mitglied der Kommunistischen Partei Deutschlands gewesen, aber gab keine weiteren Informationen über seine Verbindung mit dem Béla Kun Regime in Ungarn.[66]

Da Kármán nun ohnehin von seiner Überwachung wusste, wurde ein direktes Verhör mit ihm für den 23. Mai desselben Jahres 1951 vereinbart. In dieser Befragung gab Kármán ausführlichen Bericht über seine „kommunistischen“ Aktivitäten als Staatssekretär unter Béla Kun; er versicherte, er sei niemals in der KP gewesen, sondern habe lediglich versucht, das Bildungssystem vor dem vollständigen Zusammenbruch zu bewahren. Mit Béla Kun selbst habe er damals nie zu tun gehabt. Der Geheimdienst nahm

[65] „Note“ zu einem Brief von Edgar Hoover in Theodore von Karman's FBI Files Part 2b, S. 19, 7.5.1951: „In view of the fact that OSI has verified subject's participation under Bela Kun, and in view of the tremendous work involved in reviewing Russian and Hungarian newspapers for the year 1919, this lead is not being set out at the present time.“

[66] Theodore von Karman's FBI Files Part 2b, S. 41, 25.5.1951: „OSI has advised [...] that subject, after returning to the Pentagon from a European trip on May 14, 1951, contacted the Vice Chief of Staff of the Air Force and advised him that while in Europe, he had determined that he was being investigated by OSI. Subject also advised the Air Force that he had not belonged to the Communist Party in Germany but did not volunteer any information concerning his connection with the Bela Kun regime in Hungary.“

alles zur Kenntnis und vermerkte abschliessend: „Es wurde beobachtet, dass Subjekt sich sehr kooperativ verhielt, aber den Wunsch ausdrückte, jegliche Peinlichkeit ihm oder der U. S. Luftwaffe gegenüber durch öffentliche Zeitungsmeldungen über diese Auskunft zu vermeiden.“[67] Kármán hatte zwar mächtige Freunde, aber selbst für ihn hätte es 1951 höchst unangenehm werden können, wenn Zeitungen seine frühere Tätigkeit als Staatssekretär unter Kommunisten als Sensationsmeldung ausgeschlachtet hätten. Der spektakuläre Höhepunkt um die Affäre Robert Oppenheimer war zwar noch nicht erreicht – erst 1954 wurde ihm endgültig die Sicherheitsgarantie aberkannt – doch an diesem und anderen Beispielen war für alle ersichtlich, wie weit die Macht des FBI und der öffentlichen Meinung reichte. Offenbar hielt sich das FBI an Kármáns „Wunsch“.

Das Protokoll des Verhörs unterschrieb Kármán „zunächst“ nicht, mit der Begründung, er sei sich derzeit nicht im Klaren darüber, welche juristischen Konsequenzen dies haben könne. Trotzdem beschloss der Geheimdienst mit Blick auf Kármáns kooperatives Verhalten, die Untersuchung nicht weiter zu intensivieren. Doch sollte seiner Akte in demselben Jahr 1951 noch einiges hinzugefügt werden, worauf später zurückzukommen ist.

5 Zur gleichen Zeit in Ungarn

Als 1939 der Krieg ausbrach, war die Haltung Ungarns zunächst gespalten. Erst mit dem Beitritt zum Dreimächtepakt im Jahr 1940 schlug die ungarische Regierung sich endgültig auf die Seite der Faschisten und wurde ab 1941 von den Alliierten als Feindstaat betrachtet. Noch im gleichen Jahr erklärte Ungarn der Sowjetunion den Krieg, und als der deutsche Vormarsch durch Russland zum Stillstand kam, schickte Ungarn erhebliche Truppenverbände zur Unterstützung – zu einem hohen Preis: Fast 300 000 ungarische Soldaten fielen im Januar 1943 in der Schlacht am Don. Als die ungarische Regierung sich ab 1944 mehr und mehr gegen deutsche Befehlsgewalt auflehnte, wurde das Land von deutschen Truppen besetzt.

[67] Theodore von Karman's FBI Files Part 2b, S. 55, 25.5.1951: „It is observed that subject was very cooperative but expressed a desire that any embarrassment to him or the U.S. Airforce by Newspaper publicity by this disclosure be avoided.“

Die Folgen waren katastrophal: Bis zur Kapitulation wurde mehr als die Hälfte aller ungarischen Juden umgebracht.[68]

Budapest fiel schliesslich nach einer langen und aufreibenden Belagerung durch sowjetische Truppen im Frühjahr 1945. Zu diesem Zeitpunkt war in Ungarn die Regierung zerschlagen, die Wirtschaft weitgehend zerstört, das Land ausgeplündert und lahm gelegt. Was den Kriegsjahren nicht zum Opfer gefallen war, hatten die sowjetischen Truppen bei ihrem Einmarsch erledigt: Ungarn stand vor dem Bankrott. Diese Situation sollte sich nur zögerlich bessern. Ungarn war Teil der sowjetischen Einflusssphäre und profitierte damit nicht vom Wiederaufbauprogamm des Marshallplans – im Gegenteil: hohe Reparationszahlungen an die Sowjetunion schwächten das Land noch zusätzlich. Die politischen Verhältnisse dagegen änderten sich schlagartig. Die russische Besatzungsmacht hatte in dem seit 1919 demokratischen Ungarn erneut eine kommunistische Regierung eingesetzt, nahezu sofort begann der Umbau des Landes in einen kommunistischen Parteistaat, und am 20. August 1949 erhielt Ungarn schliesslich eine volksdemokratische Verfassung.

Als Theodore im Juni 1945 seinen Bruder Miklós in Budapest wieder sah, war dieser „abgehärmt und blass“[69] – Miklós hatte die letzten sechs Monate in einem Keller verbracht, um sich vor den Bombenangriffen sowjetischer Kampfflieger zu schützen. Anders als sein älterer Bruder hatte Miklós kein Interesse an Naturwissenschaften gezeigt, sondern in Budapest Pädagogik und Philosophie studiert.[70] Nach seiner Promotion in Philosophie arbeitete Miklós bis 1914 als Beamter beim ungarischen Landesschulinspektorat, dann wurde er als Oberstleutnant für die Österreichisch-Ungarische Armee zum Kriegsdienst eingezogen. Nach seiner Rückkehr wollte

[68]Einen knappen Überblick über die Geschichte Ungarns bieten z.B. von Bogyay (1990), Fischer (1999), Hoensch (1984), Hoensch (1991). Eine persönliche Schilderung des Schicksals Budapester Juden in dieser Zeit findet sich in Teller und Shollery (2001), S. 199ff.

[69]von Kármán und Edson (1968), S. 344.

[70]Die Angaben zu Miklós' Leben vor der kommunistischen Reform in Ungarn wurden grossenteils den in Bern abgefassten Lebensläufen von ihm und seiner Frau Margarethe entnommen: Miklós bzw. Margarethe von Kármán: Lebenslauf. Bern, ca. 1955 (PB). Die Lebensläufe wurden vermutlich zu dem Zweck abgefasst, der Schweizer Regierung einen untadeligen Lebenswandel nachzuweisen; somit kann man sich nicht auf jedes Detail aus dieser Zeitperiode verlassen. Miklós' Aussagen in seinem Lebenslauf über die Zeit nach 1951 decken sich jedoch mit den Informationen aus dem regelmässigen Briefwechsel zwischen Miklós und Theodore von Kármán. Die Briefe sind nahezu vollständig erhalten, vgl. TKC 144.12-145.2.

Miklós als Lehrer arbeiten, doch die kommunistische Regierung unter Béla Kun entliess ihn 1919 aus dem Staatsdienst. Statt dessen nahm Miklós eine Stelle als Direktionssekretär bei der Ungarisch-Böhmischen Industrialbank an und arbeitete sich Stufe für Stufe die Karriereleiter hinauf, bis er schliesslich selbst Direktor wurde.

Seit der deutschen Besetzung 1944 hatte Miklós als Jude um sein Leben fürchten müssen; nach dem Krieg sah er sich einer neuen Form der Unterdrückung ausgesetzt: Das kommunistische Regime diskriminierte ihn zum einen, weil er aus einer geadelten Bürgerfamilie stammte; zum anderen misstraute man ihm, weil sein Bruder Theodore in einem kapitalistischen Staat politisch aktiv war und dort in hoher Position für die Rüstungsindustrie und die amerikanische Luftwaffe arbeitete. Miklós' grösste Sorge zu dieser Zeit war jedoch die Bewältigung des Alltags und der Not nach 1945. In einem Brief an Theodore vom 14. März 1946 schilderte Miklós ihm seine Situation in Budapest:

> Ich bin sicher, du weisst über die hiesigen Geschehnisse und Umstände Bescheid. Nach einem sehr harten Winter gehen wir jetzt in den Frühling und alle hoffen, dass dieser einige Erleichterung bringen wird. Den Winter über waren die schieren Notwendigkeiten, Essen und Brennstoff, furchtbar schwer zu bekommen und sehr teuer – Todor hat gesehen, das uns alles geraubt wurde, was wir hatten. [...] Wir müssen uns mit dem einfachsten Essen zufrieden geben und mussten oft im kalten Zimmer sitzen. In solchen Momenten ist der einzige Trost, der uns etwas Kraft gibt, dass es während der Verfolgungsjahre noch viel schlimmer war.[71]

Trotz aller Härten hatte Miklós also den Winter überlebt, ohne ernsthaft zu erkranken – abgesehen von einigen Frostbeulen an Händen und Füssen und den Folgen der Mangelernährung. Über die Zukunft machte er sich jedoch grosse Sorgen, denn keine Besserung der Situation war in Sicht:

---

[71] Miklós an Theodore von Kármán, 14.3.1946 (TKC 144.10): „I am sure you are acquainted with local happenings and conditions. After a very hard winter we are going into spring and everyone hopes that this will bring some relief. During the winter the bare necessities – Todor saw how everything we had had been looted [...] – food, fuel, were terrible hard to get and very expensive. We have to be satisfied with the most simple food and often had to be in a cold room. At such times our only consolation, which gives us some strength, is the fact that during the persecution it was much worse."

> Die Lebenshaltungskosten sowie die Einkommensmöglichkeiten verschlechtern sich rapide, und dies fortwährend, ohne dass ein Ende abzusehen ist. Die Inflation scheint hundert Mal schlimmer zu sein als nach dem ersten Weltkrieg, mit dem einzigen Unterschied, dass zusätzlich Geld und Rechnungen knapp sind. Das Einkommen von meiner Arbeit bringt nur ein Bruchteil dessen, was man für die blossen Notwendigkeiten braucht – etwa $\frac{1}{5}$ davon; die Möglichkeiten für zusätzliche Einkünfte sind geschwunden, die Preise steigen sprunghaft und die Kluft zwischen Einkommen und Preisen wird ständig tiefer. Unter diesen Umständen ist die Sicherheitsreserve schon dahin geschmolzen und schmilzt immer weiter, allein um die täglichen Bedürfnisse zu erfüllen und ohne auch nur daran zu denken, gestohlene Kleider oder Haushaltsgegenstände zu ersetzen.[72]

Zwei Jahre nach ihrer ersten Begegnung nach dem Krieg im Sommer 1945 trafen die Brüder sich das nächste Mal: 1947 heiratete Miklós die Witwe eines Budapester Anwalts, Margarethe Dukesz, und kurz darauf wurden die beiden von Theodore und Joséphine eingeladen, einige Zeit mit ihnen in Turin zu verbringen.[73] Anschliessend trennten sich wieder die Wege; Miklós und Margarethe verbrachten noch ein paar Tage in Italien und fuhren dann zurück nach Budapest. Im Rückblick erzählten sie Pipö und Theodore von diesem Abstecher, der in scharfem Gegensatz zu ihrem sonstigen Leben in Budapest standen:

> Der Rest unserer Reise war auch schön und angenehm. Es war schön, Venedig mit den Tauben wiederzusehen. Das Wetter war grossartig. Es war wunderschön in der Herbstsonne. Sehr wenige

[72]Miklós an Theodore von Kármán, 14.3.1946 (TKC 144.10): „The cost of living and the opportunities for income are deteriorating rapidly and will continue to do so indefinitely. The inflation seems to be a hundred times as bad as that after the first World War, the only difference being that in addition there is a shortage of money and bills. The income from my jobs constitutes but a trifling of the amount necessary for the bare necessities – about $\frac{1}{5}$ of it – the possibilities for other income have shrunk, the prices increase by leaps and bounds and the chasm between income and prices deepens. Under these circumstances the security reserve has dwindled and is constantly dwindling only to supply everyday necessities without even thinking of replacing any stolen clothes or household effects.“

[73]Ursprünglich hatte Theodore geplant, Miklós erneut in Budapest zu besuchen, entschied sich dann jedoch dagegen und lud statt dessen Bruder und Schwägerin ein, nach Italien zu kommen. Vgl. Theodore von Kármán an Mathias Lani, 23.09.1947 (TKC 17.30): „I talked with my brother on the telephone and decided not to go to Hungary but meet him in Italy.“

> Leute, Frieden und Ruhe. Und nach dem unfassbaren Verkehr in Mailand war die Gemächlichkeit der Gondeln sehr merkwürdig. Abends setzten wir dann unsere Reise fort. [...] Stell dir vor, wir verliessen Venedig um 8 Uhr abends und fuhren die ganze Nacht, den ganzen Tag, die ganze Nacht und kamen um 12 Uhr mittags des nächsten Tages an. [...]
>
> Der Zug fuhr am Südbahnhof ein. Es regnete und kein Taxi weit und breit. Es war ein trostloser Anblick nach dem geschäftigen Italien. Schliesslich, nach einer langen, langen Wartezeit haben wir es geschafft, nach Hause zu kommen. Dort entschädigte uns unser kleines Zuhause für den düsteren Empfang. Wir hatten eine sehr angenehme Überraschung, denn die Zentralheizung funktionierte.[74]

Miklós und Margarethe hatten zu diesem Zeitpunkt kaum noch Besitz. Dass sie zumindest mit dem Nötigsten versorgt waren, lag auch an der Unterstützung Theodores mit Geldsendungen und Hilfspaketen, die Miklós dankbar entgegen nahm.[75] Der Postverkehr nach Ungarn war jedoch sehr schlecht, so dass manche Sendungen gar nicht erst am Zielort ankamen,[76] und je mehr sich die Fronten zwischen Ost und West verhärteten, desto eingeschränkter wurden Theodores Möglichkeiten zur Hilfe. Im Oktober 1953 schrieb er an Roddenbery in Pasadena:

> Bisher konnte ich meinem Bruder in Budapest Geld schicken, jedoch scheint es, als würde dies in Zukunft schwieriger werden. Mein Bruder schreibt, dass viele Leute aus den Vereinigten Staaten

[74]Margarethe an Theodore von Kármán, undatiert, nach ihrer Italien-Reise im Herbst 1947 (TKC 145.4): „The rest of our trip was also good and pleasant. It was good to see Venice with the pigeons again. The weather was grand. It was beautiful in the autumn sunshine. Very few people, peace and quiet. And after the incomprehensible traffic in Milan the slowness of the gondolas was very strange. Then in the evening we continued our trip. [...] Imagine, we left Venice at 8 P.M. and travelled all night, all day, all night and arrived at noon the next day. [...] Our train arrived at the South Station. It was raining and not a taxi in sight. It was a bleak picture after busy Italy. Finally after a long, long wait we succeeded in getting home. Then our little home compensated for the bleak reception. We had such a pleasant surprise because the central heating was working."

[75]Vgl. beispielsweise Miklós' Brief vom 1.9.1946 (TKC 144.10): „We did not know where you are so we could not thank you for the package which arrived – a little damaged – at the beginning of August. Not only its contents but the thought behind made us very happy."

[76]Vgl. z.B. Miklós an Theodore von Kármán, 14.3.1946 (TKC 144.10): „First of all, as I said in my telegram, we are very concerned about your health. God forbid that this be the reason we have received no news from you at all."

> gebrauchte Kleider beziehen, die noch in gutem Zustand sind. Solche Pakete können ohne jede Schwierigkeit gesendet werden, jedoch muss der Ausfuhrzoll in Dollar in den Staaten bezahlt werden. Ich erinnere mich, dass ich noch eine Menge Kleider in verschiedenen Farben habe. Ich würde sie gerne alle meinem Bruder schicken. Unglücklicherweise habe ich in den letzten zwei Jahren am Bauch zugenommen, so dass sogar die Anzüge, die ich vor zwei Jahren bestellte, eng werden. Somit glaube ich, dass ich nie mehr die Gelegenheit haben werde, sie zu tragen, und mein Bruder kann sie vielleicht gebrauchen oder hat die Möglichkeit, sie zu verkaufen. [...] Der Weg, Lebensmittelpakete zu senden, ist immer noch offen. Mein Bruder sagt jedoch, dass sie nicht nützlich sind. Sie können all den Kaffee, Reis, Tee usw. nicht gebrauchen, und andererseits können sie keine Leute finden, die Geld haben, um den Überschuss zu kaufen.[77]

Die Unterstützung der ungarischen Verwandten durch Naturalien war demzufolge auch keine Lösung, da niemand aus Miklós' und Margarethes Bekanntenkreis genug Geld hatte, um ihnen die Waren abzukaufen. Das Problem der Bargeldbeschaffung war in Ungarn so aktuell, dass sich auch Roddenbery Alternativen für Miklós überlegte; Kármán sah jedoch keine Notwendigkeit dafür, wie er im November 1953 antwortete:

> Was die Belange meines Bruders angeht, bin ich im Moment nicht an einem neuen Weg interessiert, Geld nach Ungarn zu senden. Ich hatte die Möglichkeit, ihm eine ausreichend grosse Summe durch die Schweiz zu schicken, die ihn durch den Februar bringen

[77]Theodore von Kármán an Marie Roddenbery, 18.10.1953 (TKC 144.15): „Until now I was able to send money to my brother in Budapest, it appears, however, that it will be more difficult in the future. My brother writes that many people obtained from the United States worn clothes but still in good shape, such packages can be sent without any difficulty, however, the duty must be paid in Dollars in the States. As I remember having quite a number of clothes in different colors, I would like to send all these to my brother. Unfortunately my waist line increased in the last two years so that even the suits I ordered two years ago begin to be tight. Thus I think I will never have the opportunity to wear them again and maybe my brother can use them or will be able to sell them. [...] The way to send food packages is still open. However, my brother says that they are not advantageous. They cannot use all the coffee, tea, rice, etc. and, on the other hand they cannot find people with money to buy the excedent."

> wird. Danach kann ich vielleicht den Weg benutzen, den Du vorgeschlagen hast. [78]

In diesem Brief erwähnte Kármán zum ersten Mal, auf welche Weise er Miklós Geld schicken konnte: über Schweizer Banken. Kármán hatte in Bern seit Jahren mehrere Konten, über die er noch so manche Transaktion für Miklós abwickeln sollte.

Nach dem gemeinsamen Urlaub in Turin verschlechterte sich die Situation des Ehepaars Kármán. 1949 musste Miklós von Kármán die Ungarisch-Böhmische Industrialbank aus politischen Gründen verlassen, womit er nicht nur seinen Beruf und seine soziale Stellung, sondern auch sein Einkommen verlor: Miklós erhielt von nun an lediglich eine monatliche Pension von umgerechnet etwa sechzig Schweizer Franken. Seine Frau und er wurden zudem regelmässigen Kontrollen unterzogen. Die ungarische Regierung liess ihren Haushalt überprüfen und die Personen, mit denen sie verkehrten. Zudem wurden fremde Personen in ihrer Wohnung einquartiert, bis Miklós und Margarethe selbst nur noch ein einziges Zimmer zur Verfügung hatten; dennoch mussten sie weiterhin den vollen Mietzins zahlen. Gleichzeitig verboten die ungarischen Behörden Miklós fortan jeglichen Kontakt zu seinem Bruder, so dass Kármán und Miklós ihre Briefe von nun an heimlich schicken mussten. Miklós nutzte dabei die 1947 entstandene Bekanntschaft mit Giuseppe Gabrielli und schickte seine Briefe nach Turin, von wo aus Gabrielli sie an Kármán weiterleitete.[79] Wie der Transport der Briefe von Budapest nach Turin genau erfolgte, wird aus der Korrespondenz nicht deutlich; es ist denkbar, dass FIAT mit Zulieferfirmen aus Ungarn zusammenarbeitete und dass Miklós' Briefe bei diesen Lieferungen mitgenommen wurden. Theodore konnte diese Verbindung nicht nutzen, so dass davon auszugehen ist, dass der Weg über Turin nur in eine Richtung verlief; es fanden sich jedoch Alternativen, so dass der Kontakt zwischen den Brüdern nie gänzlich abriss.

---

[78] Theodore von Kármán an Marie Roddenbery, 23.11.1953 (TKC 144.15): „Concerning my brother's affairs, I am not interested at present in a new way to send money to Hungary since I had the opportunity of sending him a sufficiently large sum through Switzerland which will carry him through February. Then maybe I can use the way you suggested. "

[79] Von Miklós' Briefen an Theodore zwischen 1951 und 1954 sind 24 erhalten; vgl. TKC 144.11-145.2. Seine Begleitschreiben an Gabrielli sind sehr persönlich abgefasst – Miklós bat Gabrielli jeweils, die beigefügten Briefe an Theodore weiterzuleiten und liess jedes Mal auch Grüsse an Gabriellis Gattin ausrichten.

Im Mai und Juni 1951 wurden rund 38 000 Bürgerinnen und Bürger aus Budapest vertrieben, grossenteils Angehörige der früheren Oberschicht oder Intellektuelle, darunter etwa 14 000 Menschen jüdischer Abstammung – auch Margit und Miklós.[80] Ihr Besitz wurde beschlagnahmt, und die Regierung wies ihnen eine kleine Ortschaft im Norden Ungarns als neuen Wohnort zu.[81] 1952 wurden schliesslich die Liegenschaften des Ehepaars Kármán zwangsenteignet, zudem wurde Miklós seine ohnehin schon karge Rente gestrichen.[82] Ähnliche Nöte wie die Kármáns erlebten auch andere Einwohner Budapests; nicht wenige zogen daraus Konsequenzen und kehrten der Heimat den Rücken. So schrieb Miklós im Jahr 1951 über gemeinsame Bekannte Folgendes:

> Mátyas und seine Familie hat uns besucht. [...] Sie haben vor ein paar Wochen ihr Gesuch um einen Pass eingereicht, aber noch keine Nachricht über den Entscheid erhalten. Sie haben erzählt, dass sie die notwendigen Vorbereitungen treffen und alles liquidieren, was sie müssen und können. Es ist heute natürlich sehr schwierig, z.B. Einrichtungsgegenstände, Bilder, ein Klavier usw. zu verkaufen. In ihrer Naivität haben sie gedacht, wir könnten etwas kaufen.[83]

Weiterhin berichtete Miklós über einen privaten Kummer dieser Bekannten:

> Wahrscheinlich wisst Ihr, dass auch sie einen harten Schicksalsschlag erlitten haben mit dem plötzlichen Tod ihrer Schwester. Es ist sehr schwer mit einem solchen Bewusstsein weiterzuleben. Dass jemand, der sein ganzes Leben dafür geopfert hat, anderen Leuten Gutes zu tun und sie aufzumuntern, plötzlich nicht mehr da ist. Wie es auch bei uns der Fall ist: dies ist der erste und einzige Kummer und Schmerz, den sie jemals verursacht hat. [84]

[80]Vgl. Hoensch (1991), S. 117.

[81]Miklós von Kármán: Lebenslauf. Bern, ca. 1955 (PB). Diese Zwangsumsiedelungen dauerten an bis ca. 1954, insgesamt schätzt man die Zahl der Betroffenen auf etwa 70 000. Auch z.B. Edward Tellers Schwester wurde aus Budapest vertrieben und dazu gezwungen, sich in einem Dorf der ungarischen Provinz niederzulassen. Vgl. Teller und Shollery (2001), S. 326.

[82]Vgl. Miklós an Theodore von Kármán, 7.3.1952 (TKC 144.12).

[83]Brief von Miklós von Kármán an unbekannten Empfänger (möglicherweise Theodore), 4.10.1951 (TKC 144.11).

[84]Ibid. (TKC 144.11).

Der Schicksalsschlag der Kármáns, auf den Miklós hier anspielt, war der Tod von Joséphine: Am 2. Juli 1951 starb sie in Pasadena an einem Herzinfarkt. Der Tod seiner Schwester, die ihm sehr nahe gestanden hatte, war für Theodore von Kármán ein schwerer Schlag, den er nur mühsam überwand. Zu dem Schmerz um den persönlichen Verlust kamen zudem Sorgen ganz anderer Art, wie Kármán in seiner Autobiografie berichtete:

> Es gab da ausserdem noch etwas, was zu meiner schwierigen Lage beitrug. Mein Bruder Miklós, der damals in Budapest wohnte, war noch ungarischer Staatsbürger. Da meine Schwester ohne Testament gestorben war, konnte Ungarn über meinen Bruder einen Teil ihres Vermögens beanspruchen. Vorausgesetzt, dass das Gesetz von internationalen Gerichten anerkannt würde, wäre eine beträchtliche Zahl von Geschäftsanteilen eines der grössten Rüstungsbetriebe der freien Welt in die Schatztruhen eines kommunistischen Regimes gewandert.[85]

Wie erwähnt hatte Kármán seiner Schwester 1945 einen grossen Teil seiner Aerojet-Aktien überschrieben. Aerojet hatte seither einen enormen Aufschwung erfahren – unter anderem durch den Ausbruch des Korea-Krieges 1950 – und der Aktienwert betrug nun ein Vielfaches von 1945. Da kein Testament vorlag, erbten Kármán und Miklós als die nächsten verbliebenen Verwandten je die Hälfte von Joséphines Vermögen. Die Hälfte der Aerojet-Aktien hätte also Miklós erhalten – und damit das kommunistische Regime in Ungarn, das sämtliches Privatvermögen für sich beanspruchte.[86] Dies wollte Kármán um jeden Preis verhindern; Joséphines Tod und die Sorge um das Geld gaben den Ausschlag dafür, dass er die Ausreise seines Bruders zu planen begann. Womit er jedoch nicht gerechnet hatte: Miklós selbst war bereits aktiv geworden war.

[85] Vgl. von Kármán und Edson (1968), S. 379.

[86] TKC 144.12.

Kapitel IV

VERMITTLUNGSVERSUCHE

1 Der Neffe aus Chile

Im Herbst 1951, nach ihrer Vertreibung aus Budapest, beschlossen Miklós und Margarethe von Kármán, das Land zu verlassen. Sie waren alt und krank, fühlten sich schlecht behandelt und sahen keinerlei Aussicht auf eine Verbesserung ihrer Lage im neuen kommunistischen System. Voll Hoffnung beantragte Miklós für sich und Margit eine Ausreisegenehmigung und Pässe – und fiel aus allen Wolken, als dieses Gesuch abgelehnt wurde. Empört berichtete er seinem Bruder im Oktober 1951 den Stand der Dinge:

> Am 15. September haben wir unser Gesuch für die Pässe eingereicht und jetzt, vier Wochen später, haben wir die Nachricht erhalten, dass unser Wunsch nicht genehmigt werden kann. Wir haben sofort eine Überprüfung beantragt. Wir wissen nicht, ob die Ablehnung allgemeiner oder persönlicher Art ist. Im Gesuch haben wir aufgeführt, dass ich 68 Jahre alt bin und dass ich wegen meiner Gesundheit und wegen meines Alters seit Ende 1949 im Ruhestand bin. Ich wollte Lehrer werden, aber 1919 hat man mich aus dem Staatsdienst entlassen, und ich war gezwungen, als Bankangestellter zu arbeiten. Mein ganzes Leben habe ich da gearbeitet und habe es zu nichts gebracht. Heute bin ich arbeitsunfähig, ein ärztliches Zeugnis bestätigt, dass mich mein Herzleiden, meine Aderverkalkung und meine 75-prozentige Schwerhörigkeit arbeitsunfähig machen.[1]

Dass Miklós es als Bankangestellter zu „nichts“ gebracht hatte, war eine recht freie Auslegung der Tatsachen – immerhin war er am Ende seiner Karriere Bankdirektor geworden. Statt dessen unterstrich Miklós seinen ursprünglichen Wunsch, als Lehrer und Staatsdiener zu arbeiten, der ihm seiner Aussage zufolge jedoch versagt blieb. Weiterhin schien Miklós darauf zu setzen, dass seine Arbeitsunfähigkeit ihn für den ungarischen Staat verzichtbar erscheinen liess.

[1] Miklós an Theodore von Kármán, 20.10.1951 (TKC 144.11). Übersetzung LH.

Wie Miklós seinem Bruder berichtete, plante er eine Emigration nach Chile, wo ein Neffe seiner Frau lebte, der ihn und Margit unterstützen würde:

> Von meiner Rente kann ich nicht leben, aber meine Verwandten in Chile wären bereit für mich zu sorgen, namentlich mein Neffe Emerico Frank, Santiago, der sich dort mit Export und Import befasst und 1939 ordnungsgemäss vor den Faschisten geflohen ist. Weiter haben wir aufgeführt, wessen Sohn ich bin, dass Vater ein Bahnbrecher der fortschrittlichen, ungarischen Wissenschaft war sowie ein Vorkämpfer im Kampf gegen die Reaktion usw. Im Falle unserer Auswanderung hat Margit ihr Haus dem Staat angeboten, wir würden auch auf unsere Wohnung und auf unsere Rente verzichten.[2]

Miklós versuchte also durchaus den Ton des neuen Regimes zu treffen: Nicht nur verschwieg er seine eigene Karriere als Bankdirektor, er brachte auch einen Neffen ins Spiel, der zu Beginn des Zweiten Weltkriegs „ordnungsgemäss" vor den Faschisten geflohen war; und schliesslich stilisierte er gar noch seinen Vater zum Bahnbrecher im Kampf gegen die Reaktion – den kleinen Nebenerwerb Maurice von Kármáns für Kaiser Franz Josef unterschlug er dabei. Dass gewisse Gegenleistungen für Ausreisegenehmigungen erwartet wurden, war Miklós auch klar, und so bot er Haus, Wohnung und Rente im Austausch gegen Pässe an. Wie naiv dieser Plan war, wurde Miklós wohl nicht bewusst. Das Bild, das er von sich selbst zeichnete, als verhinderter Staatsdiener, der nur gezwungenermassen Bankdirektor wurde, war wenig überzeugend. Kämpfer gegen die Reaktion wurden im Kaiserreich nicht in den Erbadel erhoben; und Haus, Wohnung und Rente nahm sich die kommunistische Regierung kurz darauf ohnehin, ohne dafür irgendwelche Pässe in Aussicht zu stellen.[3]

Bereits zu diesem Zeitpunkt spielte Miklós mit dem Gedanken, dass sein berühmter Bruder ihm helfen könnte. In demselben Brief an Kármán schrieb er wenig später: „Man hat uns geraten, mit Deinem Einfluss ausländische Unterstützung zu suchen. Ob dies möglich ist, kannst nur Du

---

[2] Miklós an Theodore von Kármán, 20.10.1951 (TKC 144.11). Übersetzung LH.

[3] Vgl. Miklós an Theodore von Kármán, 7.3.1952 (TKC 144.11): „Die Häuser wurden während der letzten Wochen verstaatlicht, auch Margits Haus ist unter ihnen. Gleichzeitig hat man mir meine kleine Rente genommen. Ich habe zwar Berufung eingelegt, aber nur mit sehr wenig Hoffnung." Übersetzung LH.

beurteilen.“[4] Als Miklós einen Monat später erfuhr, dass sein Ausreisegesuch auch im zweiten Anlauf abgelehnt worden war, kam er im November auf diese Anfrage zurück. Diesmal äusserte er konkret den Vorschlag, Kármáns Namen bei der ungarischen Akademie der Wissenschaften ins Spiel zu bringen, damit sie sich für ihn und Margit einsetze. In demselben Brief kam Miklós nun auch auf die Erbschaft zu sprechen, von der bisher noch keine Rede war:

> Was das Erbe betrifft, hat sich die Nationalbank erkundigt, weshalb ich es nicht gemeldet habe. Ich habe erklärt, dass ich keine Nachricht darüber habe, ob es ein Erbe gibt und wenn ja, ob es aktiv oder passiv ist, ob es ein Testament gibt und ob ich überhaupt einen Anspruch habe. Sobald ich dies erfahren hätte, würde ich es melden.
>
> Danach musste ich zum Gericht gehen, um eine allgemeine Vollmacht für den Hauptkonsul von Cleveland zu unterzeichnen. Hier habe ich vorgetragen, dass ich keine Kenntnis darüber habe, ob mir ein Erbe zusteht, und wenn ja, ob es nicht unter eine Sperre kommt usw., ich hingegen nur eine Rente erhalte und ich mir davon keine Kosten leisten kann, ich nur unter der Klausel unterschreiben kann, dass alle eventuellen Kosten von der mir zustehenden Summe gedeckt werden können. Jetzt geht es darum, ob sie dies akzeptieren. Aber wenn ja, muss ich unterschreiben. Die Sache wird hier auf Bitte des Aussenministeriums und im Auftrag des Finanzministeriums von der „Hungarian's World Federation“ geleitet.[5]

Wie Miklós sehr wohl wusste, war diese Vollmacht an den ungarischen Konsul von Cleveland, zu der man ihn nötigte, höchst problematisch. Miklós ermächtigte den Konsul damit, seinen Anspruch auf das Erbe von Joséphine in Kalifornien geltend zu machen und allenfalls das Geld einzuziehen – ohne Garantie, wie viel von dieser eingezogenen Summe Miklós selbst jemals erhalten würde. Um diesen Schritt so lange wie möglich hinauszuzögern – möglichst so lange, bis Miklós und Margit im sicheren Ausland waren – hatte Miklós zunächst bestritten, offiziell von dem Erbe zu wissen, geschweige denn von der Erbsumme; als das nicht weiterhalf, hatte

[4] Miklós an Theodore von Kármán, 20.10.1951 (TKC 144.11). Übersetzung LH.

[5] Miklós an Theodore von Kármán, 29.11.1951 (TKC 144.11). Übersetzung LH. Die *World Federation of Hungarians* wurde 1938 gegründet, um den Kontakt zwischen Exil-Ungarn aufrecht zu erhalten.

er versucht, das Erbe unattraktiv zu machen, indem er darauf bestand, dass sämtliche Gerichtskosten von der Erbsumme abgezogen werden müssten. Miklós war sich aber darüber im Klaren, dass er die Vollmacht unterschreiben musste, sofern diese Bedingungen gewährt wurden – was sein Bestreben um eine Ausreise umso dringlicher machte.

Wie aus diesem Brief hervorgeht, kam die ungarische Nationalbank von sich aus auf Miklós zu, noch bevor er offiziell etwas von einem Erbe hatte verlauten lassen. Kármáns Anwalt in Pasadena, William Donahue, hatte ebenfalls niemanden in Ungarn über die Erbschaft informiert, wie er versicherte; vielmehr waren es, wie ein Freund von Theodore sich ausdrückte, „die Super-Schnüffler der ungarischen Regierung, die die rechtlichen Ankündigungen verfolgen und unverzüglich einschreiten, um die Rechte ihrer Bürger zu ‚beschützen'".[6] Denn nicht nur die Nationalbank war bestens über die Erbschaft informiert – auch das Aussen- und Finanzministerium waren bereits eingeschaltet, wie Miklós berichtete, und hatten mit der *World Federation of Hungarians*, der inoffiziellen Vertretung der Auslands-Ungarn, Kontakt aufgenommen, um die erforderlichen Schritte durchzuführen. Angesichts dessen kann es nicht verwundern, dass Miklós' Ausreisegesuch prompt und wiederholt abgelehnt wurde: Die Aussicht auf das Erbe Joséphines war Grund genug, dafür zu sorgen, dass die Kármáns im Lande blieben – zumindest so lange, bis das Geld an der rechten Stelle war, d.h. nach Möglichkeit in der Staatskasse.

Was Kármán von der Idee hielt, Miklós und Margit nach Chile zu schicken, bleibt unklar; zumindest in der Form, wie Miklós es vorschlug, schien das Ganze noch nicht sehr überzeugend. Dennoch verfolgte Theodore diese Möglichkeit weiter, jedoch auf seine eigene Weise. Auf die Kompetenz von Margits Neffen schien Theodore nicht viel zu setzen, sondern wandte sich an einflussreichere Freunde: Über Vertreter der Luftwaffe im Pentagon gelang es ihm, Kontakt mit dem chilenischen Botschafter in Washington aufzunehmen und auf diese Weise ein Visum samt Niederlassungsbewilligung für seinen Bruder und dessen Frau zu erwirken.[7] Die Verbindungen

[6] Mathias Lani an Theodore von Kármán, 28.12.1951 (TKC 17.30): „I had a conference with Donahue jointly and I found that it was not Donahue who reported the case to the authorities in Hungary. It was the super-snoopers of the Hungarian Government who watch the legal announcements and they step in immediately to ‚protect' the rights of their citizens."

[7] Vgl. folgenden Brief Kármáns in Theodore von Karman's FBI Files Part 2a, S. 54: „June 6th 1952; 14, rue de la Cure; Paris, 16e, France; [—]; Department of the Air Force;

zwischen der chilenischen Luftwaffe und den USA waren in dieser Zeit sehr eng – Chile bezog fast alle Kampfflugzeuge aus den Vereinigten Staaten –, so dass die chilenische Regierung durchaus ein Interesse hatte, der amerikanischen Luftwaffe den einen oder anderen Gefallen zu tun, sofern es nicht allzu viel Mühe bereitete. Die Formalitäten vor Ort erledigte ein gewisser Frank Zsigmond, der bereits in den 1930er Jahren von Ungarn nach Chile emigriert war. Zsigmond, auch Zsiga genannt, war ein Bekannter von Miklós, den Kármán vor einigen Jahren persönlich in Paris getroffen hatte.[8] Nun fehlte nur noch die Ausreisebewilligung von Seiten Ungarns – doch diese liess auf sich warten.

2 FRIEDMANN, DONAHUE & CO.

Unterdessen fanden noch weitere Personen Interesse an Miklós' Erbe. Im Januar 1952, kurz nachdem das zweite Ausreisegesuch von Miklós und Margit abgewiesen worden war, erhielt Kármán einen Brief von einem New Yorker Anwalt namens Andrew Friedmann. Dieser Anwalt stellte sich vor als ein Neffe der Mathematikerin Hilda von Mises, Frau des Mathematikers Richard von Mises, mit dem Kármán gut bekannt war.[9] Wie Friedmann erklärte, sei er früher in Budapest als Anwalt tätig gewesen, dann in die Vereinigten Staaten emigriert und arbeite jetzt in einem Anwaltsbüro in New York. Kármán kenne möglicherweise seinen Grossvater, Simon Gold,

Office of the Chief Air Staff; Pentagon; Washington, D.C. Dear [—]. You will remember that about a year ago you kindly helped me to get into contact with the Ambassador of Chile in order to obtain a visa for my brother and his wife. Later [—] was also kind enough to write a letter of recommendation to the Ambassador of the Chilenian Government and the Government of Chile granted two visas."

[8]Vgl. Miklós an Theodore von Kármán, 28.5.1948 (TKC 144.10): „In den nächsten Tagen wird Zsigmond Frank auf seinem Weg von Chile nach Hause in Paris ankommen. Das ist der Herr, von dem ich euch schon in Torino erzählt habe. Er ist der Holzverkäufer, mit dem ich schon über zwei Jahre arbeite. Ausserdem ist er ein wirklich ehrlicher und ehrenhafter, guter Freund. Ich habe ihm geschrieben, er soll euch, falls es ihm seine Zeit erlaubt, in Paris aufsuchen. Ich bitte euch sehr, obwohl dies bei eurer Freundlichkeit überflüssig ist, ihn herzlich zu empfangen. Ich denke, dass dieses Gespräch auch im Hinblick auf die Zukunft interessant sein dürfte. Ihr könnt ihm auch jede Nachrichten anvertrauen."

[9]Hilda von Mises, geborene Geiringer, war berühmt als die erste Privatdozentin Berlins für Mathematik. Gemeinsam mit ihrem früheren Lehrer und späteren Ehemann Richard von Mises emigrierte sie 1939 in die Vereinigten Staaten. Vgl. zu Hilda von Mises u.a. Vogt (1994), zu Richard von Mises beispielsweise Bernhardt (1979).

oder seinen Vater, Ignac Friedmann, beide ebenfalls zu ihrer Zeit Anwälte in Budapest.

Friedmanns eigentliches Anliegen betraf Miklós und das Erbe, an dem die ungarische Regierung erhebliches Interesse habe, wie er betonte. Hinsichtlich dieser Angelegenheit hätte ihm kürzlich sein Schwager – wiederum Anwalt in Budapest – auf dunklen Pfaden über Salzburg einen Brief geschickt, den er in Kopie beilege. Friedmanns Schwager habe Miklós über Jahre hinweg in Rechtsfragen beraten, und auch Friedmann selbst beschrieb sich als gut mit Miklós befreundet. Das Problem, so Friedmann, sei Folgendes:

> Gemäss ungarischer Beschlüsse, die kürzlich in Kraft getreten sind, dürfen ungarische Staatsbürger nur dann Vollmachten zur Verwendung im Ausland erteilen, wenn die ungarischen Behörden dem zugestimmt haben. Wann immer Einwohner Ungarns ferner in Erbverfahren verwickelt sind, die im Ausland rechtshängig stehen, muss von der betroffenen, in Ungarn ansässigen Person eine Vollmacht dem zuständigen ungarischen Konsulat erteilt werden. Der Zweck dieser Bestimmung ist es, die Überweisung des betreffenden ausländischen Kapitals auf die ungarische Nationalbank zu beschleunigen.
>
> Wie Sie dem beigefügten Brief entnehmen können, war auch Ihr Bruder gezwungen, dem zuständigen ungarischen Konsulat eine solche Vollmacht zu erteilen. Auf der anderen Seite scheint es seine klare Absicht zu sein, dass das betreffende Kapital nicht nach Ungarn überwiesen wird. Denn wenn das Geld nach Ungarn überwiesen wird, wird es ihm zweifellos zu dem offiziellen Tauschkurs ausgezahlt werden, der etwa $\frac{1}{5}$ des freien Marktwertes des Dollars beträgt, und sogar dieses Geld, das ihm dann ausgezahlt wird, unterliegt noch beträchtlichen Steuern. Seine Absicht scheint es daher zu sein, das Kapital im Ausland zu halten, trotz der Vollmacht, die er dem Konsulat erteilt hat. Ob er beabsichtigt, das Kapital definitiv im Ausland zu halten, oder ob er es insgesamt oder in Teilen nach Ungarn transferiert haben möchte, sobald es gerettet ist, z.B. in Form von Geschenkpaketen, die ihm einen sehr viel günstigeren Kurs gewähren würden, braucht zu diesem Zeitpunkt vermutlich nicht diskutiert zu werden.[10]

[10] Andrew Friedmann an Theodore von Kármán, 15.1.1952 (TKC 144.12): „According to recently enacted Hungarian decrees, powers-of-attorney to be used abroad may be given by Hungarian citizens solely if the Hungarian authorities have consented thereto. Moreover, whenever residents of Hungary are involved in succession proceedings pending abroad,

Miklós steckte also in einem Dilemma: Wenn er überhaupt seinen Anspruch an dem Erbe geltend machen wollte, musste er das zuständige Konsulat per Vollmacht dazu ermächtigen, das Geld für ihn einzufordern – in Miklós' Fall war dies das Konsulat von Cleveland, wie er Theodore bereits mitgeteilt hatte. Die Vollmacht barg aber die Gefahr, dass nunmehr zwar die Erbschaft in Kraft treten könnte, zugleich für Miklós selbst aber verloren war. Friedmann vermutete, der Konsul werde dafür sorgen, dass die Devisen unverzüglich der ungarischen Nationalbank überwiesen werden. Der Erbe selbst – d.h. Miklós – erhalte dann die entsprechende Summe zum offiziellen Kurs in ungarischer Währung ausgezahlt, was einen Wertverlust von vier Fünftel des Vermögens bedeutete. Nach Abzug der Erbschaftssteuern von dem verbleibenden Fünftel falle letztlich nur ein Bruchteil der Gesamtsumme an den Erben selbst, das meiste hingegen an den ungarischen Staat. Viel günstiger wäre es daher, wenn das Geld trotz erteilter Vollmacht im Ausland bliebe – entweder für immer oder für eine Übergangsfrist, nach Ablauf derer Miklós sein Erbe in Naturalien oder als Dollarsendungen in Paketen erhalten könnte. Friedmann hatte nun einen Vorschlag, wie sich dies bewirken liesse:

> Der folgende Vorschlag wurde von ihm [=Miklós] gemacht, um seinen Anteil zu sichern: Sie, lieber Professor von Kármán, sollen einen Anspruch auf die Erbschaft erheben für „Barauslagen, die sie über viele Jahre zur Unterstützung Ihrer Schwester bezahlt haben." Wenn der Anspruch, so von Ihnen geltend gemacht, einen Betrag beinhalten würde, der zweimal so gross ist wie Miklós' Erbe, würde

---

powers-of-attorney must be given by the party in interest, residing in Hungary, to the proper Hungarian Consulate. The purpose of such provision is to expedite the remittance of the foreign funds involved to the Hungarian National Bank. As you may see from the letter enclosed, your brother, too, was obligated to give such a power-of-attorney to the proper Hungarian Consulate. On the other hand, his clear intention appears to be that the funds involved should not be remitted to Hungary. Undoubtedly, if these funds are remitted to the Hungary, they will be paid out to his at the official rate, which is about $\frac{1}{5}$ of the free market value of the dollar, and even these funds, thus paid out to him, would be subject to heavy taxes. His intention, therefore, appears to be to keep the funds abroad, in spite of the power-of-attorney given by him to the consulate. Whether he intends to keep the funds definitely abroad, or whether, after having saved them, he intends them to be transferred, in whole or in part, to Hungary, e.g. in gift parcels granting a much more favorable rate of exchange for him, need probably not be discussed at this time."

> sein ganzer Anteil gerettet werden. Die Idee wäre dabei, dass Sie beide diese Kosten für ihren Unterhalt tragen, $\frac{1}{2} : \frac{1}{2}$.[11]

Kármán sollte also offiziell Miklós' gesamten Erbanteil als Rückzahlung für die Unterhaltskosten beanspruchen, die er seiner Schwester im Laufe ihres Lebens gezahlt habe. Anschliessend könnte er dann die betreffende Summe seinem Bruder auf inoffiziellem Wege zukommen lassen. Falls Kármán sich dazu entschliessen könnte, so Friedmann, müsste das Ganze sehr schnell über die Bühne gehen, denn solche Erbansprüche könnten nur innerhalb einer Frist von sechs Monaten angefochten werden. Im vorliegenden Fall sei diese Frist in zwei Monaten, d.h. im März 1952 abgelaufen. Jedoch wäre Kármán natürlich „vollständig davon entlastet, sich mit den rechtlichen Form-Angelegenheiten eines solchen Verfahrens zu beschäftigen", beruhigte ihn Friedmann, denn all dies würde er selbst erledigen, sofern Kármán ihm die nötigen Details gebe – beispielsweise die Netto-Summe des Vermögens.[12] Die Erfolgschancen für ein solches Verfahren seien gut, meinte Friedmann, der beigefügte Brief von seinem Schwager verweise auf einige Referenzfälle, die von den beiden in ähnlicher Weise gehandhabt wurden. Nur eine Kleinigkeit sei dann noch ausstehend: Für Friedmanns Einsatz habe Miklós ihm ein Anteilshonorar von zehn Prozent der geretteten Geldsumme versprochen. Und schliesslich bat Friedmann noch darum, dass Theodore von Kármán sich „aus offensichtlichen Gründen" keinesfalls an seinen Bruder wenden solle in dieser Angelegenheit, und verblieb mit besten Grüssen.

Der angeblich beigefügte Brief von Friedmanns Schwager ist leider nicht erhalten; doch berichtete Theodore von Kármán seinem Anwalt Donahue, an den er sich unverzüglich mit diesem Problem wandte, der Brief enthalte unter anderem einen Absatz in der Handschrift von Friedmann, jedoch unterzeichnet von Miklós und Margit, der lautete:

[11] Andrew Friedmann an Theodore von Kármán, 15.1.1952 (TKC 144.12): „The following suggestion is made by him [Miklós], in order to save his portion: you, dear Professor von Karman, should file a claim against the estate for the ‚cash outlays you disbursed through many years by having supported your sister.' If the claim filed thus by you would involve an amount twice as large as Miklos' share, his whole portion would be saved, the idea being that both of you bear these costs of her support, $\frac{1}{2} : \frac{1}{2}$."

[12] Ibid. (TKC 144.12): „Of course, you would be entirely relieved from dealing with the legal technicalities of such proceedings which would be dealt with by me."

> Das Problem kann nur in der [von Friedmann] vorgeschlagenen Weise gelöst werden. Du kannst Vertrauen zu Mr. Friedmann haben, dem auch wir vollkommen trauen. Er wird uns über die Entwicklung informieren.[13]

Wie sehr auch immer Miklós dieser Budapester Anwaltsfamilie zu vertrauen schien: Kármán war keineswegs geneigt, das Problem „in der vorgeschlagenen Weise" zu lösen – vor allem war er nicht geneigt, ein Honorar von zehn Prozent des geretteten Erbes an einen ihm unbekannten Anwalt in New York zu zahlen. Für ihn war Friedmann vor allem deswegen interessant, weil er ihm einen „Kanal" zu seinem Bruder verschaffte.[14] Wie Kármán überlegte, könnte „der Gerichtshof [...] dem [Einspruch] stattgeben, um die Aktien davor zu bewahren, an die ungarische Regierung zu fallen, die glücklicherweise momentan einen sehr schlechten Ruf hat in den Staaten".[15] Doch für eine genauere Einschätzung wartete er auf die Meinung seines Anwalts. Kármán versicherte Donahue in diesem Brief weiterhin, er sei durchaus bereit, das Geld fair zu verteilen und Miklós den Anteil zu überlassen, der ihm rechtmässig zustehe,[16] doch wolle er mit allen Mitteln

[13]Theodore von Kármán an William Donahue, 24.1.1952 (TKC 144.12): „The problem can only be solved ion the suggested way. You can have confidence in Mr. Friedmann whom we also completely trust. He will notify us of the development."

[14]Ibid. (TKC 144.12): „As far as I can see the situation, the value of Mr. Friedmann is that we can have a channel to my brother. Frankly, I believe that you will be able to prevent that the inheritance goes to the Hungarian Government and to have it blocked by the American Government without paying 10% of the inheritance due to my brother. However, his advice may be of value."

[15]Ibid. (TKC 144.12): „The Court might do it in order to save the shares from going to the Hungarian Government which, fortunately, at the present time, has a very bad reputation in the States."

[16]Dies war möglicherweise nicht immer der Fall gewesen. Mysteriös bleiben die Hintergründe für folgenden Brief, der sich in Theodore von Kármáns Nachlass findet, geschrieben am 11. Dezember 1951 von einem gewissen „Feri" an einen „Enci" (TKC 144.11) – keine der beiden Personen konnte identifiziert werden: „Jozefin, die Schwester von Tódor Kármán, wohnhaft in 1501, South Marengo Avenue, Pasadena, California, ist am 2. Juli 1951 in Pasadena gestorben. Sie hinterlässt ungefähr 50 000 Dollar. Die Erben sind Tódor und Miklós. Miklós wird am 15. dieses Monats dem Hauptkonzul von Cleveland eine unbeschränkte Vollmacht erteilen. Dieser Zeitpunkt ist unaufschiebbar. Die Bevollmächtigung wird ca. Anfang Januar beim Bevollmächtigten eintreffen. Leider hat der arme Miklós nicht viel Hoffnung, die ihm zustehenden 25 000 Dollar zu erhalten, denn wie ich gehört habe, will Tódor das Erbe anfechten [...] mit der Begründung, er hätte seine Schwester in den letzten 20 Jahren versorgt. Dieser Anspruch würde das ganze Erbe verzehren. [...] Tódor

vermeiden, dass die ungarische Regierung den Ertrag seiner Aerojet-Aktien erhielt. „Es handelt sich um eine mehr oder weniger technische Frage", erklärte Theodore: „Was ist der einfachste Weg, das Vermögen in den USA zu halten?"[17]

Eine mögliche Informationsquelle schien ihm der Vater eines Mitarbeiters bei der Aerojet: Alajos Wawra, früher ungarischer Konsul in Los Angeles. Kármán hatte bereits Kontakt mit Wawra aufgenommen und erfahren, dass dieser in seiner Funktion als ehemaliger Konsul immer noch eine Erbschaft verwaltete, welche die amerikanische Regierung unter ähnlichen Umständen blockiert hatte. Auch über weitere Referenzfälle könne Wawra Auskunft geben – Donahue solle also unbedingt zusammen mit Eddie Beehan, Sekretär der Aerojet und ebenfalls Anwalt, mit Wawra sprechen. Zudem bat Kármán, Donahue möge sich doch einmal bei den zuständigen Richtern umhören, wie derzeit die Stimmung solchen Problemen gegenüber sei.

Donahue machte sich an die Arbeit, und am 6. Februar 1952 schrieb er Theodore eine detaillierte Analyse des Problems und seiner möglichen Lösung. Der Nachlassgerichtshof in Los Angeles, so Donahue, würde derzeit vermutlich Miklós' Erbschaftsanteil zurückhalten, bis fest stand, dass Miklós tatsächlich in den Genuss des Vermögens käme.[18] Einige Präzedenzfälle seien bereits in diesem Sinne entschieden worden, berichtete Donahue, und da die Spannung zwischen den Vereinigten Staaten und den Ländern hinter dem Eisernen Vorhang sich eher noch verstärken dürfte, sei nicht anzunehmen, dass diese Haltung in naher Zukunft aufgegeben werde – selbst wenn gewisse Verträge der ungarischen Regierung zugestanden, sie dürfe solches Eigentum im Namen ihrer Staatsbürger entgegen nehmen.

Donahue hielt es indessen für nicht sonderlich Erfolg versprechend, die an Joséphine übertragenen Aktien als eine Geldsumme zu deklarieren, die zu einem späteren Zeitpunkt an Kármán zurückgezahlt werden sollte: Dies sei mit keinerlei Evidenz zu belegen. Zudem würden in diesem Fall die

will Dir 10 Prozent des Erbes von Miklós anbieten, wenn es Dir gelingt, ihm Miklós Anteil zu sichern oder wenigstens zu erreichen, dass Miklós seinen Teil nicht erhält."

[17]Theodore von Kármán an William Donahue, 23.10.1952 (TKC 25.17): „The question is more or less a technical one: what is the easiest way to keep the fortune in the U.S.A.?"

[18]William Donahue an Theodore von Kármán, 3.2.1952 (TKC 144.12): „ It appears at the present time that the attitudes of the Probate Court in Los Angeles would be to withhold distribution of Miklos' share of the estate until there was assurance that Miklos personally would receive the full benefits and all the rights in his distributive share free from any undue interference or withholding by the People's Government of Hungary."

Erbschaftssteuern wegfallen, was wiederum den amerikanischen Behörden erheblich missfallen würde – so sehr missfallen, dass dies für die Richter schon Grund genug sein könnte, einen derartigen Anspruch auf die gesamte Hinterlassenschaft zurück zu weisen. Zusammenfassend gab Donahue seinem Auftraggeber und Freund Folgendes zu bedenken:

> So wie Herr Wawra, Eddie und ich die Lage einschätzen, sind es zwei Dinge, die vorrangig in Erwägung zu ziehen sind. Das eine ist, Miklós in der relativen Sicherheit zu lassen, in der er sich momentan zu befinden scheint. Ergänzend dazu tritt die Überlegung, dass nichts getan werden sollte, das vielleicht dazu führt, dass er Ungarn für die verhältnismässige Freiheit von Wien, Berlin oder der Schweiz verlässt. Auf diesen Punkt drängte Herr Wawra für den Fall, dass letztlich ein sicherer Weg aus dem Land für Ihren Bruder gefunden werden könnte, über normale Kanäle. Zweitens gilt es zu verhindern, dass dieses Geld in die Hände der ungarischen Regierung fällt, welcher Vorwand auch immer die Forderungen dieser Regierung unterstützt.[19]

Neben der Frage des Geldes betonte Kármáns Anwalt also, es müsse in erster Linie dafür gesorgt werden, dass Miklós nichts passiert. Ob Miklós selbst sich dessen bewusst war, dass er als Geisel für das Geld genutzt werden konnte, bleibt ungewiss – Theodore und seine Umgebung machten sich jedoch durchaus Gedanken darüber. Schon im Dezember 1951 hatte Theodore mit einem alten Freund über das Problem gesprochen: Mathias Lani kannte die Familie Kármán noch aus Ungarn. Während des Zweiten Weltkriegs war er von dort geflüchtet und arbeitete nun als katholischer Priester einer ungarischen Gemeinde in Los Angeles. Darüber hinaus war Lani Präsident einer Organisation mit dem Namen *American Hungarian Relief*, die regelmässig Hilfspakete nach Ungarn schickte. Lani war „sehr besorgt hinsichtlich seiner [= Miklós'] Sicherheit unter diesen

[19] William Donahue an Theodore von Kármán, 3.2.1952 (TKC 144.12): „The way Mr. Wawra, Eddie and myself analyze the matter there are two primary considerations. The one is to preserve Miklos in the relative safety of person which he appears to enjoy at the moment. Subsidiary to this, is the consideration that nothing should be done which might succeed in leaving Hungary for the comparative freedom of Vienna, Berlin or Switzerland. This consideration was urged by Mr. Wawra in the event that ultimately a safe passage out of the country can be arranged for your brother through normal channels. The second consideration is to prevent this money from falling into the hands of the Hungarian Government, whatever pretext may support that government's demands."

Umständen" und hatte bereits vor Friedmanns Schreiben mit Donahue und Beehan darüber beraten, wie das Problem zu lösen sei.[20]

Trotz dieser Bedenken um Miklós' Wohlergehen und der Sorge um mögliche Vergeltungsmassnahmen von Seiten des Staates riet Wawra eindringlich von dem Versuch ab, Miklós aus dem Lande zu schmuggeln. Stattdessen empfahl er, die Angelegenheit so lange wie möglich hinzuziehen und damit Zeit zu gewinnen. Wenn letztlich doch die Auszahlung angeordnet würde, so sein Vorschlag, solle man das Geld an sicherer Stelle deponieren und mit der Bedingung verknüpfen, dass Miklós persönlich dort erscheinen müsse, um das Geld in Empfang zu nehmen. Donahue war der Meinung, dies könne gut in Los Angeles geschehen – Wawra dagegen empfahl, ein solches Depot als „akzeptable[n] Kompromiss" in der (neutralen) Schweiz einzurichten.[21] Die Hoffnung war, dass die ungarische Regierung Miklós erlauben würde, den Ort des Depots aufzusuchen, um das Geld entgegen zu nehmen, wenn dieses mit Sicherheit für Ungarn verloren war. Einen ähnlichen Vorschlag hatte auch schon Lani in seinem Brief vom Dezember 1951 geäussert.[22]

Wenn es kein gegenseitiges Abkommen zwischen den Vereinigten Staaten und Ungarn gäbe, das das Recht auf Erbschaften regelte, erläuterte weiterhin Donahue, würde Theodore das gesamte Erbe erhalten. Leider gab es jedoch einen solchen Vertrag,

> aber die Haltung der Richter ist ohne Ausnahme, so weit ich es feststellen konnte, dass sie gegen eine liberale Auslegung der Regel tendieren, so wie sie aufgrund des Vertrags existiert, und die ausländische Regierung dazu zwingen, in jedem Einzelfall nachzuweisen, dass sowohl faktisch als auch dem Gesetz nach diese wechselseitigen Rechte tatsächlich ausgeübt werden. [...]

[20] Mathias Lani an Theodore von Kármán, 28.12.1951 (TKC 17.30).

[21] Vgl. William Donahue an Theodore von Kármán, 3.2.1952 (TKC 144.12).

[22] Vgl. Mathias Lani an Theodore von Kármán, 28.12.1951 (TKC 17.30): „We [=Donahue, Beehan, Lani] talked about the legal angle of the case, but we could not reach any definite conclusion because Donahue has to talk it over with the judge. There are certain points which we can raise in regard to the intention of the inheritance law and free disposition of the inherited property. Since Miklos lives in a country where he cannot dispose freely of his inheritance we would ask the court to establish a Trust Fund which can be taken into possession only by personal appearance of the party; that is Miklos. So far these two possibilities are the only ones in sight and after I receive the information from Donahue and Beehan, we might be able to cook up something else."

> Meine Theorie wäre, dass nicht nur das legale Recht auf Gegenseitigkeit festgestellt werden sollte, sondern dass in einem gegebenen Fall, nämlich in unserem speziellen Fall, gezeigt werden muss, dass Miklós persönlich die Leistungen erhält, auf die er aus dem Nachlass Ihrer Schwester ein Recht hat, und dass er weiterhin keinerlei Steuern oder anderen Belastungen unterliegt, die sein Erbe in höherem Masse verringern würden, als wäre er ein Bürger der Vereinigten Staaten.[23]

Auf diese Weise könnte das Geld möglicherweise in den Vereinigten Staaten oder einem anderen Staat – beispielsweise der Schweiz – blockiert werden. Wie Miklós selbst aus seiner ungünstigen Lage zu befreien war, blieb damit jedoch ungelöst. Lani, der katholische Priester, hatte aufgrund seiner Erfahrung in früheren Fällen den Vorschlag geäussert, einen Handel mit der ungarischen Regierung abzuschliessen:

> Ich schlage vor, dass man durch die amerikanische Botschaft unter der Hand Kontakt aufnehmen sollte, um eine gewisse Summe für den Fall anzubieten, dass sie Miklós in ein beliebiges Land ausserhalb Ungarns lassen. Wenn es uns gelingt, ihn herauszubekommen, ist die Frage gelöst.[24]

Wawra hielt zwar ein solches „Lösegeld" für unmöglich, doch liess er immerhin die Bemerkung fallen, wenn man unbedingt eine Ausreise unter der Hand organisieren wolle, sei Wien „der wahrscheinlichste Ort, um solch

[23]William Donahue an Theodore von Kármán, 3.2.1952 (TKC 144.12): „Unfortunately, there is a reciprocity treaty between the United States and Hungary, but the attitude of the Judges, without exception so far as I have been able to ascertain, is that they ‚lean against' a liberal application of the rule existing by reason of the treaty and make the foreign government prove every phase of the matter. By that, I mean that they make the foreign government prove in each individual instance that in fact as well as at law such reciprocal rights are actually exercised. [...] My theory would be that not only should the legal right of reciprocity be established, but that in a given instance, namely, in our own particular case, it should be shown that Miklos would personally receive all of the benefits to which he would be entitled from your sister's estate, and also that he would not be subjected to any taxation or other burdens tending to deplete his inheritance to any greater degree than if he were a citizen of the United states."

[24]Mathias Lani an Theodore von Kármán, 28.12.1951 (TKC 17.30).: „I suggest that contacts should be made through the American Embassy in a rather quiet way to offer a certain amount for the release of Miklos to any country outside of Hungary. If we succeed in getting him out the question is solved."

ein Unternehmen einzufädeln".[25] Für Wien sprach dabei vermutlich nicht nur die räumliche Nähe zu Ungarn und Budapest, sondern auch sein Status: Wien war in diesen Jahren noch in Zonen aufgeteilt, die von je einer alliierten Besatzungsmacht verwaltet wurden. Über den sowjetischen Bezirk mochten sich durchaus Wege finden lassen, eine Ausreise aus Ungarn zu organisieren, die anderen Ortes nicht bestanden. Kármán kommentierte diesen Vorschlag zunächst nicht, mag ihn aber aufmerksam zur Kenntnis genommen haben.

Nach einigem Zögern beschloss Kármán, das Erbe tatsächlich in der beschriebenen Weise anfechten zu lassen, jedoch nicht durch Friedmann, sondern durch Donahue. Wie Kármán sich erinnerte, hatte Donahue sogar selbst etwas Ähnliches vorgeschlagen, als Theodore seiner Schwester die Aktien überschrieb. Damals hatte Kármán sich dagegen entschieden, obwohl es steuertechnisch günstiger gewesen wäre – die Aktienpakete waren offensichtlich als ehrliches Geschenk gedacht, für das Kármán entsprechende Steuern entrichtete. Doch wie Kármán nun erklärte, war das, bevor sich die ungarischen Behörden einschalteten: „Die Tatsache, dass ich das Erbe meiner Schwester und den Anteil meines Bruders mit allen Mitteln gegen die kommunistische Regierung verteidigen muss, ändert die Lage."[26]

Da aber die Frist ohnehin verstrichen war, innerhalb derer man einen solchen Anspruch hätte vorbringen können, verlief diese Möglichkeit im Sande. Friedmann liess sich jedoch durch die erste Absage nicht entmutigen, sondern hatte bereits neue Pläne anzubieten, wie das Erbe gerettet werden könnte. So sollte eine dritte Person einen Rechtsstreit um das Geld inszenieren, im Rahmen dessen Miklós' Vermögen beschlagnahmt werden sollte. Wie Friedmann andeutete, wäre der schon erwähnte Frank Zsigmond aus Chile bereit, als Kläger in einem solchen Rechtsstreit aufzutreten, wenn Kármán es wünsche,[27] denn Zsigmond war nicht nur mit Miklós und Theo-

[25]William Donahue an Theodore von Kármán, 3.2.1952 (TKC 144.12): „[H]e says that Vienna is the most likely place to initiate such an undertaking."

[26]Theodore von Kármán an William Donahue, 26.3.1952 (TKC 25.16). „The fact that I have to protect my sister's estate and my brother's share by all means against the communist government changes the situation."

[27]Andrew Friedmann an Theodore von Kármán, 6.9.1952 (TKC 144.2): „Wenn wir mit einer externen Klage auftreten müssten, wäre dafür, wie ich denke, Zsigmond zu haben." Übersetzung LH.

dore gut bekannt, sondern auch mit Friedmann.[28] Als Kármán auch darauf nicht einging, startete Friedmann im April 1952 einen letzten Versuch, doch noch mit ihm ins Geschäft zu kommen:

> Hier erwähne ich, dass man seit neuestem ernsthaft von einer Aktion spricht, bei der es im Wesentlichen darum geht, dass die Mitglieder einer geschlossenen Gesellschaft in Ungarn gegen eine Pro-Kopf-Summe von 5 000 Dollar, die im Voraus bezahlt werden muss, einen ordentlichen Pass erhalten und mit diesem dann das Land verlassen können. Ein Ehepaar gilt leider als zwei Personen. Das Geld muss hier an entsprechender Stelle im Voraus abgelegt werden, und es wird, falls die Personen nicht innerhalb von sechs Monaten herauskommen, restlos an den Ableger zurückgezahlt. Sind Herr Professor an einer solchen Lösung – die natürlich diskret behandelt werden muss – interessiert? Wenn ja, werde ich weitere Informationen sammeln und an Sie weitergeben. Ich vermerke, dass sehr seriöse Personen von dieser Lösung sprechen, aber ausprobiert wurde sie noch nicht.[29]

Kármán war vorsichtig interessiert – zumindest antwortete er etwa einen Monat später: „Bezüglich Ihres Vorschlags eines finanziellen Arrangements bin ich immer sehr für eine solche Abmachung zu haben, und wenn Sie es so durchsetzen können, dass es wirklich klappt, bin ich bereit, mich darauf einzulassen."[30]

3 „Vielleicht können wir etwas für Sie tun"

Während Friedmann und Kármán über diese Möglichkeit verhandelten, hatte auch Miklós einen neuen Vorschlag zu bieten. Der amerikanische Konsul hatte ihn Anfang April 1952 zu sich eingeladen, um den Stand der Dinge in Sachen Erbe und Ausreisebewilligung zu erfahren. „Auch er hatte davon gehört, dass es im Ausland Orte und Möglichkeiten gibt, mit

[28] Vgl. Andrew Friedmann an Theodore von Kármán, 27.5.1952 (TKC 144.12): „According to the information of my father, Mr. Frank Zsigmond had some business with Miklós several years ago in Hungary [...]. I happen to know Mr. Frank Zsigmond, whose wife once worked with our office in Budapest."

[29] Andrew Friedmann an Theodore von Kármán, 28.4.1952 (TKC 144.12). Übersetzung LH.

[30] Theodore von Kármán an Andrew Friedmann, 4.5.1952 (TKC 144.12): „Regarding your suggestion of a financial arrangement, I [am] always very much in favor of such an agreement and if you can put it through so that it really works, I am willing to get into it."

Hilfe irgendwelcher Gesandtschaftsanwälte, aber etwas Konkretes konnte er auch nicht sagen", berichtete Miklós, und schrieb weiter:

> Von den hiesigen Vertretungen kämen [nach Ansicht des Konsuls] eventuell die schwedische oder die schweizerische in Frage, weil diese mit grossen wirtschaftlichen Interessen verbunden sind. Eine ausländische Intervention, sei es auf politischer oder auf wissenschaftlicher Ebene, käme seiner Meinung nach auf jeden Fall auch mit guter Aussicht in Frage.[31]

Wie sich Miklós' Brief entnehmen lässt, verfolgte das amerikanische Konsulat in Budapest aufmerksam den Verlauf der Ereignisse, ohne jedoch selbst Einfluss nehmen zu können; immerhin empfahl man Miklós, sich an die Kollegen von den übrigen Konsulaten zu wenden, insbesondere an die Vertretungen Schwedens und der Schweiz. Da die Ungarn zu diesen neutralen europäischen Staaten enge Handelsbeziehungen unterhielten, waren sie daran interessiert, mit ihnen ein gutes Verhältnis zu wahren – möglicherweise um den Preis einer Ausreisegenehmigung für Miklós und Margit. Alternativ sollte Miklós Freunde aus dem Ausland mobilisieren, die entweder mit politischem oder wissenschaftlichem Einfluss den entscheidenden Stellen gegenüber auftreten konnten.

Vermutlich gab der Konsul diese Hinweise aus einer reichen Erfahrung: Miklós und Margit waren mit ihrem Anliegen keine Ausnahme, und Kármán war nicht der einzige US-Bürger, der sich für Verwandte hinter dem Eisernen Vorhang einsetzte. Mit zunehmendem Druck auf die Bevölkerung suchten mehr und mehr Bewohner des neuen europäischen Ostblocks einen Weg in den Westen. Botschaftsangehörige oder Anwälte wie Friedmann, die gegen Barzahlung ein Visum besorgten, hatten Hochkonjunktur – wie auch undurchsichtige Schlepper, die Reisende auf anderen Kanälen über die Grenze schleusten. Eine Ausreise auf eigene Faust zu organisieren, war nahezu unmöglich; selbst Kármán mit seinen erstklassigen Beziehungen zu den höchsten Stellen in Wissenschaft und Politik kannte erst einmal keine Wege, Bruder und Schwägerin aus Ungarn zu holen, sondern interessierte sich zumindest vorsichtig für das zweifelhafte Angebot eines Andrew Friedmann. Auch Edward Teller, der mindestens ebenso einflussreiche Beziehungen hatte wie Kármán, gelang es nicht, in Ungarn eine Ausreisebewilligung für Eltern und Schwester zu erwirken.

[31] Miklós an Theodore von Kármán, 9.4.1952 (TKC 144.12).

Zu seinen Sorgen um den Lebensunterhalt der Verwandten kam für Teller insbesondere ab 1950 die Befürchtung, sein Engagement für die Wasserstoffbombe könnte die Verwandten in Ungarn in Schwierigkeiten bringen. Seit 1947 hatte Teller sich daher um die erforderlichen Dokumente bemüht, und zwar nicht auf dem üblichen Amtsweg, sondern über seine engen Verbindungen zum amerikanischen Aussenministerium: ohne Erfolg. Man riet ihm im Gegenteil, nichts zu unternehmen, was die Aufmerksamkeit der Kommunisten auf Tellers Familie lenken könnte.[32]

In den 1950er Jahren verschärfte sich die Lage. Wie Miklós und Margit von Kármán wurden auch Tellers Verwandte 1951 aus Budapest aufs Land vertrieben – für sie ein harter Schlag, denn Tellers Schwester musste als Übersetzerin den Lebensunterhalt für sich, ihre Mutter und ihren Sohn verdienen; der Vater war inzwischen verstorben. In einem ungarischen Dorf an der Peripherie gab es weder Arbeit für sie, noch waren Freunde in der Nähe, die ihr hätten helfen können. Wie Teller später schrieb, sah er keine Möglichkeit, seinen Verwandten auf direktem Wege zu helfen, ohne sie noch weiter in Gefahr zu bringen – seine Schwester war bereits einmal verhaftet worden und wurde drei Tage lang über Teller und seine Absichten verhört.[33] Teller wiederholte daher seine Bittschreiben an das Aussenministerium sowie an das Rote Kreuz, jedoch umsonst. Die Situation spitzte sich zu, als Tellers Name 1953 nach dem erfolgreichen Test der amerikanischen Superbombe erneut in den Schlagzeilen der internationalen Presse erschien; wiederum war unklar, welche Konsequenzen dies für seine ungarischen Familienangehörigen mit sich brachte. 1954 konnte Teller sogar den damals ungemein einflussreichen Lewis L. Strauss für sein Anliegen gewinnen, der zu dieser Zeit unter anderem Präsident Eisenhowers persönlicher Berater in Fragen der Atomenergie war. Strauss wandte sich an Allen W. Dulles mit diesem Anliegen, damals Direktor des neu gegründeten CIA,[34] und gab Teller anschliessend die Adresse von zwei Angestellten des Aussenministeriums, die er erneut um Unterstützung anfragen sollte, um seine Familie in den Westen zu holen. Ungarn hatte gerade zugesagt, eine Gruppe von

[32] Vgl. Teller und Shoolery (2001), S. 307.

[33] Vgl. ibid., S. 326.

[34] Nach Lanouette (1993), S. 353; als Quelle wird ein Brief von Strauss an Dulles vom 27. Juli 1954 angeführt. Diesen Brief an Dulles schrieb Strauss einige Wochen nach dem Verhör über Robert Oppenheimer, in dem Teller diesen durch seine Zeugenaussagen entscheidend belastete. Anlässlich dieses Verhörs war Teller mit Strauss zusammengetroffen und hatte ihn um Hilfe gebeten.

Juden nach Israel ausreisen zu lassen, und Teller hoffte, über Strauss' Vermittlung für seine Verwandten einen Platz in dieser Gruppe auszuhandeln – doch auch diese Hoffnung erfüllte sich nicht.[35]

Erst fünf Jahre später, 1958, war Teller in seinen Bemühungen erfolgreich. Sein alter Freund Leo Szilard war es, der ihm und seiner Familie letztlich half. In einem Gespräch über die Pugwash-Konferenzen hatte Szilard Teller aufgefordert, ihn doch einmal in die Sowjetunion zu begleiten, um seine Vorurteile abzubauen. Teller erwiderte, er habe keinerlei Interesse, in ein Land zu reisen, dass unter anderem seiner alten Mutter und seiner Schwester die Ausreise verweigere. Szilard versprach ihm daraufhin, sich der Sache anzunehmen. Teller erwartete keinerlei Fortschritt von Szilards Bemühungen in einer Angelegenheit, in der all seine Beziehungen zu Strauss, zum amerikanischen Aussenministerium, zum Militär und sogar zu Eisenhower höchstpersönlich nichts hatten bewirken können. Szilard war jedoch in dieser Zeit eine wesentliche Figur im Spiel der Sowjetunion: Man war ungemein interessiert daran, die Verbindungen zum Westen nicht wieder abreissen zu lassen, sondern im Gegenteil zu intensivieren. Als Szilard vor der nächsten Pugwash-Konferenz in Kitzbühel ausdrücklich darum gebeten wurde, auch Teller zur Teilnahme zu bewegen, präsentierte Szilard die blockierte Ausreise von Tellers Verwandten als einen wesentlichen Grund für dessen Verweigerungshaltung. Nach der Konferenz wurde er im Zug nach Wien von einem angesehenen ungarischen Wissenschaftler auf das Problem angesprochen, sie debattierten die Sachlage – und einige Monate später hielten Tellers Mutter und Schwester ihr Ausreisevisum in den Händen.[36]

Im Jahr 1952, als Miklós sich um sein Visum bemühte, lagen diese Konferenzen und der damit verbundene Dialog zwischen Ost und West noch in ferner Zukunft. Doch die Möglichkeit einer Intervention auf wissenschaftlicher Ebene hatte auch der amerikanische Konsul in seinem Gespräch mit Miklós vorgeschlagen; und in diese Richtung machte kurz darauf Miklós seinem Bruder einen konkreten Vorschlag:

> Die einzige Hoffnung, die wir haben, bist Du. Wir können die Dinge nur von hier aus betrachten, und alle, die unser Wohl möch-

---

[35]Vgl. Teller und Shollery (2001), S. 366.

[36]Für eine retrospektive Darstellung aus Tellers Perspektive vgl. Teller und Shollery (2001), S. 460, für eine historisch besser fundierte Rekonstruktion vgl. Lanouette (1993), S. 353f.

> ten, sehen die Intervention vom Ausland her als einzige Möglichkeit. So kam z.B. auch der Name Joliot-Curie ins Spiel, da dieser hier sozusagen allmächtig ist.[37]

Das Physiker-Ehepaar Frédéric und Iréne Joliot-Curie war während des Zweiten Weltkrieges in der französischen *Résistance* aktiv gewesen, und beide waren überzeugte Kommunisten.[38] Sie pflegten auf offizieller wie auf persönlicher Ebene auch nach dem Krieg enge Verbindungen zu den Staaten des Ostblocks, an deren Aufrechterhaltung man dort sehr interessiert war. Wie Miklós schrieb, genoss insbesondere Frédéric Joliot-Curie nicht nur hohes Ansehen in Ungarn, sondern war „sozusagen allmächtig" und hatte bereits anderen Ungarn Hilfe versprochen.[39] Theodore von Kármán kannte das Ehepaar Joliot-Curie seit seiner Reise in die Sowjetunion im Sommer 1945. Wie erwähnt, waren sie im gleichen Flugzeug nach Moskau geflogen.[40] Im Anschluss an diese Begegnung trafen sich die Joliot-Curies noch einige Male mit Theodore und seiner Schwester in Paris. Nach Joséphines Tod brach Kármáns Kontakt zu Joliot-Curie vorübergehend ab, doch schien es nun an der Zeit, diese Verbindung wieder zu aktivieren.

Kármán verabredete sich mit Joliot-Curie in Paris, um die Möglichkeit einer Intervention zugunsten seines Bruders auszuloten. Dieses Gespräch war für ihn äusserst heikel – erst wenige Wochen zuvor hatte das FBI seine Akte offiziell geschlossen; jeder persönliche Kontakt mit Joliot-Curie würde das Interesse des Geheimdienstes wieder von neuem beleben. Mit seiner „kommunistischen Vergangenheit" und der Verwicklung in die Affäre William Perl konnte selbst Kármán es sich nicht leisten, dass dem Geheimdienst etwas über verborgene Treffen zwischen ihm und kommunistischen Franzosen zugetragen würde. So wählte Kármán dieselbe Strategie wie schon ein Jahr zuvor: Bevor ihm Agenten auf die Spur gesetzt wurden, meldete er sich freiwillig als Informant über seine Tätigkeiten und erstattete

[37] Miklós an Theodore von Kármán, 9.4.1952 (TKC 144.12).

[38] Zu Fréderic Joliot-Curie vgl. u.a. die aktuelle Biografie Pinault (2000).

[39] Vgl. Miklós an Theodore von Kármán, 2.5.1952 (TKC 144.12): „Der Brief von Igó, den uns sein Schwiegersohn gezeigt hat, hat uns mit neuer Hoffnung erfüllt. Wie ich im letzten Brief beschrieben hatte, hat man uns die gleiche Persönlichkeit vorgeschlagen. Es ist unvorstellbar, dass, wenn er dem hiesigen ‚leader' schreiben würde, eine solche Intervention ohne Ergebnis bleiben würde. Vor allem unter der gegebenen Bedingung, dass wir alte, arbeitsunfähige Menschen sind."

[40] Vgl. Max Borns Ausführungen in seinem *Journey to Russia*, S. 50. Vgl. auch in Joliots Biografie: Pinault (2000), S. 374ff.

unverzüglich sowohl der Vertretung der Luftwaffe im Pentagon als auch dem FBI direkt Bericht (Abb. IV.1, S. 115).[41] So notierte der Geheimdienst in Kármáns Akte folgende Beschreibung des Treffens zwischen Kármán und Joliot-Curie im Mai 1952:

> Während eines Treffens der Französischen Akademie der Wissenschaften in Paris letzten Mai hatte VON KARMAN wieder Gelegenheit, [Joliot-Curie] zu treffen, den er von früheren wissenschaftlichen Anlässen kannte, einschliesslich des Treffens in Moskau 1945 zum 220-Jahr-Jubiläum der Akademie der Wissenschaften der Sowjetunion.
>
> Nachdem [Joliot-Curie] gegenüber VON KARMAN sein Bedauern über den Tod seiner Schwester JOSEPHINE DE KARMAN im letzten Sommer ausgedrückt hatte, und darüber, dass es ihm nicht gelungen war, sich früher mit ihm in Verbindung zu setzen, fragte [Joliot-Curie] ihn, ob er noch andere Verwandte hätte. VON KARMAN antwortete, er habe einen Bruder und dessen Frau in Budapest, und es sei ihm nicht gelungen, Pässe für sie zu erhalten, um Ungarn zu verlassen und nach Chile einzureisen. [Joliot-Curie] bemerkte daraufhin, „Vielleicht können wir etwas für Sie tun", und schlug vor, VON KARMAN solle ihm Name, Adresse und persönliche Daten seines Bruders und dessen Frau aufschreiben. Es gab keinerlei weitere Diskussion irgendwelcher Art über diesen Zwischenfall. Keine Versprechen, Drohungen, Bestechungen oder Nötigungen wurden von [Joliot-Curie] unternommen.[42]

Das war ein geschickter Schachzug von Kármán. Mit Sicherheit war dieses Treffen zwischen ihm und Joliot-Curie kein Zufall, und mit Sicher-

---

[41] Theodore von Karman's FBI Files Part 2a, S. 51.

[42] Bericht in Theodore von Karman's FBI Files Part 2a, S. 51; in der deutschen Übersetzung wurde der anonymisierte Name durch „Joliot-Curie" ersetzt: „During the course of a meeting of the French Academy of Sciences at Paris this past May, VON KARMAN again had occasion to meet [—] whom he had known from previous scientific gatherings, including the 1945 Moscow Meeting of the 220th Anniversary of the Academy of Sciences of the Union of Soviet Socialist Republics. // After expressing his regrets to VON KARMAN on the death of his sister, JOSEPHINE VON KARMAN last summer and his failure to contact him earlier, [—] inquired if he had any other relatives. VON KARMAN responded that he had a brother and the latter's wife in Budapest and that he had been unable to get them passports to leave Hungary and enter Chile. [—] then remarked, ‚Maybe we can do something for you,' and he suggested that VON KARMAN put on paper the name, address and personal data about his brother and his wife. No other discussion whatever took place regarding this incident. No promises, threats, bribes or inducements were made by [—]."

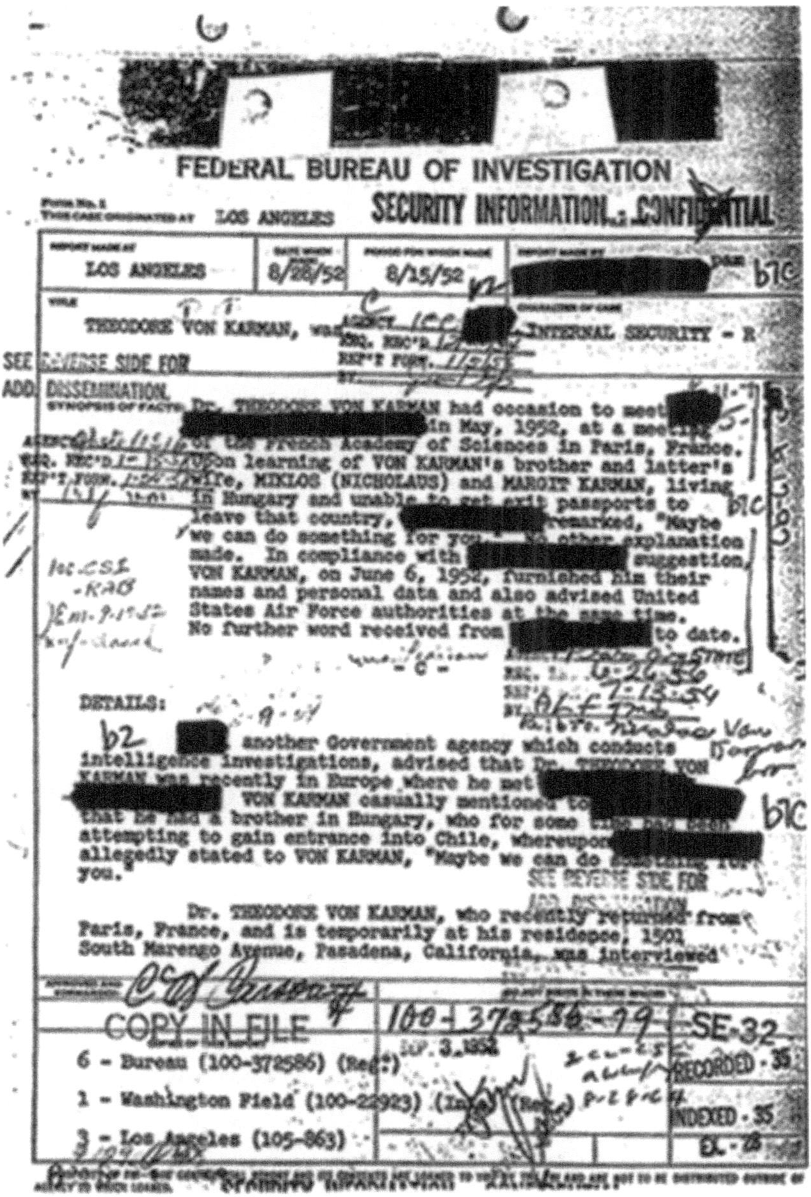

FEDERAL BUREAU OF INVESTIGATION

SECURITY INFORMATION - CONFIDENTIAL

THIS CASE ORIGINATED AT LOS ANGELES

REPORT MADE AT	DATE WHEN MADE	PERIOD FOR WHICH MADE	REPORT MADE BY
LOS ANGELES	8/28/52	8/15/52	[redacted] b7C

TITLE: THEODORE VON KARMAN, was.

CHARACTER OF CASE: INTERNAL SECURITY - R

SEE REVERSE SIDE FOR ADD. DISSEMINATION.

SYNOPSIS OF FACTS: Dr. THEODORE VON KARMAN had occasion to meet [redacted] in May, 1952, at a meeting of the French Academy of Sciences in Paris, France. Upon learning of VON KARMAN's brother and latter's wife, MIKLOS (NICHOLAUS) and MARGIT KARMAN, living in Hungary and unable to get exit passports to leave that country, [redacted] remarked, "Maybe we can do something for you." No other explanation made. In compliance with [redacted] suggestion, VON KARMAN, on June 6, 1952, furnished him their names and personal data and also advised United States Air Force authorities at the same time. No further word received from [redacted] to date.

\- C -

DETAILS:

b2 [redacted] another Government agency which conducts intelligence investigations, advised that Dr. THEODORE VON KARMAN was recently in Europe where he met [redacted] [redacted] VON KARMAN casually mentioned to [redacted] that he had a brother in Hungary, who for some time had been attempting to gain entrance into Chile, whereupon [redacted] allegedly stated to VON KARMAN, "Maybe we can do something for you."

Dr. THEODORE VON KARMAN, who recently returned from Paris, France, and is temporarily at his residence, 1501 South Marengo Avenue, Pasadena, California, was interviewed

COPY IN FILE

100-372586-79

SEP 3 1952

6 - Bureau (100-372586) (Reg.)

1 - Washington Field (100-22923) (Info) (Reg.)

3 - Los Angeles (105-863)

RECORDED - 35

INDEXED - 35

Abbildung IV.1: Seite aus Kármáns FBI-Akte. Quelle: DQ 2.

heit lenkte er selbst das Gespräch auf Miklós, der Theodore kurz zuvor gebeten hatte, Joliot-Curie zur Einflussnahme in Ungarn zu gewinnen. Möglicherweise hatte Kármán Joliot-Curie sogar darüber informiert, welche Version dieses Treffens er dem Geheimdienst mitteilen würde. Kármáns enges Verhältnis zu den höchsten Stellen im Pentagon wird insbesondere aus dem Brief deutlich, in dem er den Stabschef der Luftwaffe erstmals über sein Gespräch mit Joliot-Curie informierte und ihn bat, auch den „General" über den Stand der Dinge in Kenntnis zu setzen:[43]

> Lieber [A],
>
> [...] Jetzt würde ich Sie gerne um einen persönlichen Gefallen bitten, vorausgesetzt, dass es Ihnen nicht unangenehm ist. Ich hörte, dass [B] ernsthaft krank ist und dass [C] derzeit als Chef amtiert. Ich frage mich, ob Sie so freundlich wären, [C] aufzusuchen und ihm zu berichten, wie [B] mir half, ein Visum für meinen Bruder [zur Einreise nach Chile] zu erlangen, ihm die Schwierigkeiten meines Bruders zu schildern, ein Visum zu bekommen, und ihm mein Treffen mit [Joliot-Curie] mitzuteilen, wie ich es Ihnen oben geschrieben habe. Ich möchte keine Art von Genehmigung oder irgendeine offizielle Kenntnisnahme dieser Angelegenheit. Dennoch möchte ich, dass [C] über die Sache Bescheid weiss, nur für den Fall, dass irgendeine Sondereinheit aufdeckt, dass ich Kontakt zu [Joliot-Curie] hatte. Sicherlich hat er sich niederträchtig in der Sache mit der biologischen Kriegsführung verhalten – und auch nicht besonders intelligent. Ich glaube jedoch, dass er unter dem Kommando der Partei steht und nicht machen kann, was er will. [...]
>
> Nun, lieber [A], ich erzähle Ihnen diese Geschichte, und wenn Sie denken, dass es in Ordnung ist, dies an [C] weiterzugeben, bitte gehen Sie zu ihm und übermitteln Sie ihm diese Information für mich. Wenn Ihnen dieser Vorschlag nicht gefällt, werde ich warten und nach meiner Rückkehr in die Staaten selbst mit dem General sprechen.[44]

---

[43] Zum besseren Verständnis wurden die anonymisierten Namen der drei genannten Personen durch die Buchstaben A, B, C ersetzt.

[44] „June 6th 1952; 14, rue de la Cure; Paris, 16e, France; To [—]; Department of the Air Force; Office of the Chief Air Staff; Pentagon; Washington, D.C.
Dear [A]
[...] Now I should like to ask you a personal favor, provided that it is not disagreeable for you. I understand that [—] is seriously ill and that [—] is the acting Chief. I wonder if you would be kind enough to see [—] and tell him how [—] helped me to obtain a visa for my brother, tell him about the difficulties of my brother to obtain the visa and tell him

Noch am gleichen Tag, dem 6. Juni 1952, schickte Kármán die gewünschten Informationen an Joliot-Curie; eine Kopie dieses Schreibens ging direkt an das FBI.[45] Auf diesen Brief erhielt er jedoch keinerlei Antwort, weder in den nächsten Wochen, noch später. Im September 1952 musste schliesslich auch Friedmann sein Angebot eines „finanziellen Arrangements" wieder zurückziehen:

> Über die Auswanderung aus Ungarn habe ich leider keine guten Nachrichten. Der Weg, den ich im Frühling beschrieben hatte, ist noch nicht begehbar. Von einer anderen reellen Möglichkeit weiss ich nicht, obwohl ich mich ständig informiere, wo ich nur kann, auch bei meinen Verwandten. Sobald ich etwas in Erfahrung bringe, was einen seriösen Eindruck auf mich macht, werde ich Herrn Professor natürlich benachrichtigen.[46]

Diese Situation blieb über Monate hinweg unverändert. Am 5. März 1953 – übrigens Stalins Todestag – hatte Miklós immer noch kein neues Ausreisegesuch gestellt, aus Angst, dies könnte sich mit den Bemühungen

about my meeting [—] as I have written above. I do not want any kind of permission or any official cognize of this matter. However, I prefer if [—] knows about it just in case some special service discovers that I was in contact with [—]. He was certainly mean in the matter of biological warfare and also not very intelligent. However, I believe that he is under command of the party and cannot do as he pleases. [...] Now, dear [—], I tell you this story and if you think it is all right to tell this to [—] please go to him and give him this information for me. If you do not like the idea, I shall wait and talk with the General myself after my return to the States. [...]." Theodore von Karman's FBI Files Part 2a, S. 57f.

[45]Theodore von Karman's FBI Files Part 2a, S. 50f: „June 6, 1952: „Cher [—], In accordance with the recent conversations which we had on the occasion of our meeting at the Academy of Sciences, you were kind enough to tell me that you would give me aid in helping my brother and his wife in obtaining permission to leave Hungary. As I told you, he and his wife were my only relatives since the death of my sister, whom you knew very well. In accordance with your suggestion, I am furnishing you the address and other information.// Dr. MIKLÓS KARMAN; born in Budapest in 1884; address, 3 Mollotov Ter, Budapest; employment, retired bank employee, incapable of working. // MARGIT KARMAN, nee Dukesz, his wife; born in 1895; without profession. It is useless for me to say I would be very happy if the Hungarian Government would allow a passport to be issued to him and his wife. I may depart from Paris in a few days and will not return until September. Will you please address any communication in my absence to [—] Paris 13. With my most sincere thanks to you for granting me this favor, my dear [—] I am Your friend THEODORE v. KARMAN."

[46]Andrew Friedmann an Theodore von Kármán, 6.9.1952 (TKC 144.12). Übersetzung LH.

von ausserhalb kreuzen; doch setzte er keine grossen Stücke mehr auf die Einflussnahme von Joliot-Curie, wie Miklós seinem Bruder schrieb: „[W]ie es aussieht, ist von Frédéric nichts mehr zu erwarten. Leider.“[47]

Mit Stalins Tod setzte im Ostblock eine erste „Tauwetterperiode“ ein, in der die neue sowjetische Führung sich zumindest offiziell um aussenpolitische Entspannung bemühte. Auch für die Bürger der Staaten in der sowjetischen Einflusszone brachte diese Zeit spürbare Erleichterungen mit sich. Gerade in den ersten Wochen dieser Periode erlebten Miklós' Hoffnungen einen Aufschwung, als er las, dass der „Friedensrat“ Anfang April 1953 in Budapest eine Sitzung abhalten werde, zu der man unter anderem Joliot-Curie erwartete. Auch John Desmond Bernal sollte an diesem Treffen teilnehmen, ein irischer Physiker und guter Freund Joliot-Curies, der ebenfalls für seine kommunistische Gesinnung bekannt war.[48] „Wenn es möglich wäre, ihre Hilfe in Anspruch zu nehmen, wäre dies eine Chance, die wir nicht noch einmal haben werden“, schrieb Miklós fast flehentlich an seinen Bruder.[49] Auf dasselbe Ereignis bezog sich auch ein Telegramm, das am 1. April 1953 in Pasadena eintraf und von Marie Roddenbery an Kármán weitergeleitet wurde:

> GESUCH ABERMALS EINGEREICHT TRUELOVE. VERSUCHET CURIE ODER AUCH BERNAL VERANLASSEN ANLAESSLICH ANFANG APRIL ANGEKUENDIGTEN BESUCHES HIER AN MASSGEBENDER STELLE VORZUSPRECHEN. DIES VIELLEICHT LETZTE CHANCE. WENN PROFESSOR ABWESEND BITTE TELEGRAMM WEITERLEITEN. SIGNED ERIKA URSCHITZ[50]

Erika Urschitz war die Frau von Leonard Urschitz, über dessen Adresse in Klagenfurt Theodore seit Juni 1952 seine Post an Miklós schickte.[51] Miklós hatte offenbar den entscheidenden Schritt gewagt und sein Ausreisegesuch trotz allem noch einmal eingereicht, bat jedoch inständig darum,

---

[47] Miklós an Theodore von Kármán, 5.3.1953 (TKC 144.13). Übersetzung LH.

[48] Zu Bernal vgl. beispielsweise Goldsmith (1980).

[49] Miklós an Theodore von Kármán, 26.3.1953 (TKC 144.14).

[50] Marie Roddenbery an Theodore von Kármán, 2.4.1953 (TKC 25.19).

[51] Vgl. Miklós an Theodore von Kármán, 26.6.1952 (TKC 144.12): „Ich will nur noch sagen, dass, wenn es die Umstände erlauben, ihr uns an folgende Adresse schreiben oder schreiben lassen könnt: für D. Kesselbauer, KLAGENFURT. Alter Platz 24.“ Übersetzung LH.

dass nun auch Joliot-Curie seinen Part übernehmen sollte, gegebenenfalls unterstützt durch Bernal.

Als Marie Roddenbery dieses Telegramm nach Paris übermittelte, war sie bereits nicht mehr für das SAB in Washington tätig, sondern arbeitete statt dessen für Kármán persönlich. Während seiner Aufenthalte in Paris wohnte sie in Kármáns Haus in Pasadena, um dort nach dem Rechten zu schauen und anstehende administrative Aufgaben zu erledigen. Darüber hinaus gehörte es zu ihren Pflichten, Kármáns Post an ihn weiterzuleiten – wie etwa das zitierte Telegramm – und ihn auch sonst auf dem Laufenden zu halten. Neben besagtem Telegramm berichtete sie Kármán in demselben Brief auch von einer anderen ungewöhnlichen Begebenheit:

> Du hattest neulich Abend einen komischen Anruf. Ich zumindest fand ihn merkwürdig. Ein Ivan Nagy rief an. Er erzählte eine lange Geschichte über eine Nichte, die in Australien lebt (namens Orlay), die verheiratet ist und deren Schwager eine beträchtliche Zeit in diesem Land war. Dieser Schwager arbeitete eine Zeit lang in Washington D.C., im Laufe der letzten Monate wechselte er jedoch an eine Stelle beim Aeronautics Department am CalTech. Er sagte, die Familie habe ihm ausführlich über diesen Jungen geschrieben, es aber unterlassen, ihm seinen Namen mitzuteilen (was mir sehr seltsam vorkam, wenn man bedenkt, dass es der Schwager seiner Nichte war, dessen Name vermutlich derselbe sein wird wie ihrer).
>
> Er rief am Sonntag Abend an. Als er feststellte, dass Du nicht da warst, fragte er mich, ob ich Erkundigungen diesen Jungen betreffend einholen könne, da er ihn gerne sehen wollte, weil er nur weitere zwei Tage hier wäre. Da zu dieser Zeit Osterferien waren, konnte ich nichts für ihn tun und versuchte es auch weiter nicht besonders. Ich dachte, dass dieser Nagy von Europa käme und dass das der Grund für seine Eile war. Als ich ihn jedoch fragte, sagte er, er lebe in Oregon. Mitten in unserem Gespräch fragte er mich, ob dies wirklich das Zuhause des Herrn Kármán sei, dessen Schwester vor nicht allzu langer Zeit gestorben sei. Dem Gespräch entnahm ich, dass er der ehemalige Minister von Ungarn war. Vielleicht bin ich zu misstrauisch, aber ich traue keinem von ihnen, bis ich mir ganz sicher über sie bin, wegen Miklós und dem Erbe.[52]

[52]Marie Roddenbery an Theodore von Kármán, 2.4.1953 (TKC 25.19): „You had a funny telephone call the other night. At least, I thought it was odd. An Ivan Nagy called. He had a long story about a niece who lives in Australia (name of Orlay) who is married and whose brother-in-law has been in this country for considerable time. This brother-in-law worked

Ivan Nagy war ein ungarischer Diplomat, der zum Zeitpunkt dieses Gesprächs als Professor an der University of Oregon arbeitete. In den Jahren 1945/46 war Nagy daran beteiligt gewesen, den Friedensvertrag in Ungarn vorzubereiten, ab 1946 war Nagy als Sekretär der ungarischen Botschaft in Washington beschäftigt. Als er 1947 abberufen wurde, kehrte er nicht nach Ungarn zurück, sondern beantragte erfolgreich Asyl in den Vereinigten Staaten.[53] „Minister in Ungarn", wie Roddenbery vermutete, war Ivan Nagy nie gewesen – möglicherweise verwechselte sie ihn mit dem sehr viel berühmteren Imre Nagy oder auch mit Ferenc Nagy, dem letzten bürgerlichen Ministerpräsidenten Ungarns in den Jahren 1946/47. Ivan Nagy trat nach diesem einen Anruf nicht wieder in Erscheinung. Was er tatsächlich von Kármán wollte, ist daher nicht zu rekonstruieren – möglicherweise war er in eine der zahlreichen Organisationen der Exil-Ungarn in den Vereinigten Staaten involviert; klar ist jedoch, dass die Erbschaft von Joséphine von verschiedenen Stellen mit höchster Aufmerksamkeit verfolgt wurde. Die Summe von 50 000 Dollar, auf die sie von ungarischer Seite inzwischen beziffert wurde, war damals immerhin so viel Geld, dass auch Donahue befürchtete, die zuständigen Stellen der amerikanischen Erbschaftssteuer würden genau darauf sehen, dass sie ihren Anteil bekämen, und keinen Cent weniger.[54] Für die ungarische Regierung waren solche Devisen noch sehr

in Washington, D.C. for a while, but within the last few months has taken a job at the Aeronautics Department at CalTech. Said the family had written him extensively about this boy, but had neglected to tell him his name (which sure sounded funny to me considering that it was the brother-in-law of his niece and whose name would presumably be the same as hers). // He called on Sunday evening. When he found you were not here, he asked if I could make inquiries concerning this boy, as he was anxious to see him as he was only going to be here another two days. As it was the Easter vacation period, I could do nothing about it, and further didn't try very hard. I thought that this Nagy was from Europe and that that was the reason for the haste. When I asked him, however, he said he lived in Oregon. In the middle of our conversation, he asked me if this *was* the home of the Dr. von Karman whose sister died not so long ago. I gathered from his conversation that he was the former Minister from Hungary. Maybe I am overly suspicious, but I don't trust any of them unless I am positively sure of them, because of Miklós and the estate."

[53] Vgl. DQ 17.

[54] William Donahue an Theodore von Kármán, 22.4.1952 (TKC 144.12): „The position which we propose, will, if it is successfully maintained, deprive both taxing authorities [of the State of California and of the Federal Government] of the opportunity to collect a substantial amount of money. With this amount of money at stake, we can be certain that both taxing authorities will make strenuous objection to our position and we will need to press our contention vigorously." Im Weiteren stellte Donahue in Aussicht, er

viel wertvoller, weswegen sie möglicherweise alle Kanäle aktivierte, um das Geld für Ungarn zu sichern.

Theodore von Kármán setzte zu diesem Zeitpunkt noch auf Joliot-Curie – vermutlich kontaktierte er ihn nach dem erwähnten Telegramm von Erika Urschitz. Dass bestimmte Wissenschaftler prinzipiell als Vermittler auftreten konnten, wurde ihm kurz darauf erneut von seinem Bruder bestätigt: Wie Miklós gehört hatte, hatte einer der anderen „Marsmenschen", der Mathematiker John von Neumann, sich gerade erfolgreich für die Ausreise einiger Ungarn eingesetzt.[55] Keiner von beiden, weder Joliot-Curie noch Bernal, hatte jedoch Erfolg in den Bemühungen um Miklós, trotz einflussreicher Stellung, Friedensrat-Konferenz und der gemilderten Stimmung in der Tauwetterperiode nach Stalins Tod. Am 15. Juli 1953 brachte Miklós daher einen neuen Plan aufs Tapet, möglicherweise in Anlehnung an die erfolgreichere Intervention von Neumanns:

> Frédéric scheint sich als unmöglich erwiesen zu haben, entgegen aller Annahmen. [...] Zwei Gedanken sind uns gekommen: Der eine ist der, ob es nicht an Stelle von Frédéric jemanden gäbe, der auch hier als hervorragender Wissenschaftler anerkannt wird, natürlich möglichst kein Amerikaner, sondern ein anderer aus dem Westen, der in der Lage wäre, einer hier massgebenden Persönlichkeit zu schreiben, in dem Sinne, dass sie in ganz Osteuropa die Fälle überprüfen sollten, in denen es aus Irrtum oder aus anderen Gründen zu einer Ungerechtigkeit gekommen ist.
>
> So könnten sie überprüfen, ob unser Fall nicht einem solchen entspricht, in Anbetracht, dass man überall im Westen und im Osten neuestens von der wissenschaftlichen Zusammenarbeit spricht und dass dies deshalb im Zusammenhang mit Deiner Person eine gerechte Geste wäre. Ich denke, es wäre sogar besser, wenn es

werde den Plan einmal bei den höchsten Stellen der genannten Behörden vorstellen und deren Meinungen sammeln – er hielt dies für den besten Weg, denn wenn erst einmal die massgeblichen, höchsten Personen für die eigene Sache gewonnen wären, könnten zweitrangige Subalterne nicht mehr viel unternehmen, um das Ganze zum Scheitern zu bringen: Eine Strategie, die auch Kármán selbst Zeit seines Lebens verfolgte.

[55] Miklós an Theodore von Kármán, 3.6.1953 (TKC 144.14): „Es hat sich die Nachricht verbreitet, dass die Gesuche nacheinander abgewiesen werden und dass man ein neues Gesuch nun statt 6 erst nach 12 Monaten neu einreichen kann. Nur ab und zu hört man von einer Bewilligung: so haben wir gehört, dass – vielleicht erinnerst Du Dich an seinen Namen – Ágost Alcsuti, [...] ein sehr sehr alter Mustergymnasist, sie erhalten hat, zusammen mit seiner Frau [...] und angeblich hätte János Neumann in seinem Interesse interveniert."

> nicht ein ausgesprochener Kommunist wäre, der sich bereit erklären würde, in dieser Sache etwas zu unternehmen, das wirklich keinen politischen Beigeschmack hat; er würde nur im Namen der internationalen Wissenschaft Dir einen Gefallen erweisen.[56]

Die Einflussnahme eines westlichen Wissenschaftlers hielt Miklós also nach wie vor für Erfolg versprechend, selbst wenn der erste Versuch mit Joliot-Curie zu nichts geführt hatte. Zwei Bedingungen sollte diese Person erfüllen: Erstens sollte sie im Osten als hervorragender Wissenschaftler anerkannt sein, zweitens dürfte sie nicht aus den Vereinigten Staaten kommen, und drittens sollte diese Person politisch möglichst neutral sein, um das Ganze glaubwürdig als Teil der internationalen Verständigung zwischen Wissenschaftlern erscheinen zu lassen. Falls sich dies als nicht durchführbar erweisen sollte – und es war sicher nicht einfach, eine solche Person zu finden und dann noch für Kármáns Anliegen zu gewinnen –, hatte Miklós noch eine zweite Möglichkeit vorzubringen:

> Der andere Gedanke ist mit einem materiellen Opfer verbunden. Ausgegangen davon, dass a) sie [= die ungarische Regierung] meiner Erfahrung nach nicht offen zugeben wollen, dass sie den Reisepass für Geld ausstellen und b) aus ihrer Sicht mein angebliches Erbe sowieso schon ihnen gehört, sollten wir eine verdeckte Form finden. [...] Ein sehr guter und kluger Freund hat vorgeschlagen, dass es bei einer solchen Opferbereitschaft ein gangbarer Weg wäre, wenn Du die vorgeschlagene Summe der hiesigen Regierung anbieten würdest, mit der Absicht, sie der Erinnerung an Vater zu opfern, zum Beispiel zu seinem 110. Jahrestag (den 100. konnte man 1943 sowieso nicht feiern). Die Form und die rechtliche Art und Weise müssten sie selber finden, auf dem Papier könnte es vielleicht ein Stipendium für junge Studenten, Wissenschaftler usw. sein. Ich weiss nicht, ob Dir dies entsprechen würde, und der gleiche Freund hat auch darauf hingewiesen, dass es in Hinblick auf McCarthy ein nicht durchführbarer Weg sein könnte. Abgesehen davon, dass sie in der Lage wären, das Geld nach ihrem Belieben einzusetzen, könnten sie es auch ideologisch begründen, denn es liesse sich die „fortschreitende Tradition“ und der „Kampf gegen die Reaktionäre“ hervorheben. Damit könnte man auch den „Giftzahn“ des Nachlasses ziehen, der Experten zufolge jetzt und auch später möglicherweise ein Hindernis darstellt.[57]

[56] Miklós an Theodore von Kármán, 15.7.1953 (TKC 144.15). Übersetzung LH.
[57] Ibid. (TKC 144.15). Übersetzung LH.

Mit dem „Giftzahn" des Erbes verwies Miklós auf die Tatsache, dass das von Joséphine hinterlassene Vermögen hauptsächlich aus den Aktien einer kapitalistischen Rüstungsfirma stammte. Der „Giftzahn" könnte gezogen werden, so vermutet hier Miklós, wenn statt dessen eine ausgehandelte Summe im Andenken an Maurice von Kármán gespendet würde – beispielsweise in Form einer Stiftung. Mit diesem Geld könnte nun die Regierung tun und lassen, was sie wollte, und hätte keine ideologischen Probleme mehr, das Geld aus den Vereinigten Staaten zu akzeptieren. Miklós – oder zumindest seinem „klugen Freund" – war dabei bewusst, dass es für Theodore nicht unproblematisch sein könnte, in der aufgeheizten Stimmung der Ära McCarthy einem kommunistischen Staat eine erhebliche Geldsumme zu überschreiben; doch war Theodore dennoch geneigt, auch diesen Vorschlag zu überdenken.

4 Ungebetene Gäste

Parallel verfolgte Kármán die von Wawra angesprochenen Verbindungen über Wien und Österreich. Wie er wusste, hatte Friedmanns Vater ein Jahr zuvor mit Hilfe der tschechoslowakischen Botschaft in Budapest Ungarn verlassen und lebte nun in Wien.[58] Kármán versuchte daraufhin, diese Beziehungen auch für Miklós spielen zu lassen und auf diesem Wege Pässe zu erwirken – über gewisse Personen, die an einem bestimmten Datum in Wien sein würden –, doch erwies sich der alte Friedmann als keine grosse Hilfe: „Es ist überflüssig zu sagen, mit welcher Freundschaft und Freude ich Miklós zur Verfügung stehe. Leider ist der Plan aber aus persönlichen und sachlichen Gründen nicht durchführbar. Ich bin nicht der Geeignete dafür, und sie [=die von Kármán erwähnten Personen] haben sich in der Vergangenheit nie in Angelegenheiten der Ausreise eingemischt, und noch weniger werden sie dies in Zukunft tun", lautete seine Antwort.[59]

An welche Personen Kármán dabei im Einzelnen dachte, bleibt unklar – wohl mit gutem Grund vermied er es, die Namen schriftlich zu übermitteln, sondern hatte den alten Friedmann lediglich per Telefon informiert.

[58] Theodore von Kármán an William Donahue, 26.3.1952 (TKC 144.12): „He [=Ignac Friedmann] got permission through the assistance of the Czechoslovakian Government because he was, for several years, the legal counsel of the Czechoslovakian consulate in Budapest."

[59] Ignac Friedmann an Theodore von Kármán, 6.12.1952 (TKC 144.12). Übersetzung LH.

Noch rätselhafter bleiben zwei weitere Ereignisse, beide ebenfalls verknüpft mit Kontaktpersonen in Wien. Am 18. Juni 1953 schrieb Miklós seinem Bruder in höchster Aufregung folgenden Brief:

> Ein 30- bis 35-jähriger Mann ist bei uns aufgetaucht, der nach etwas Braunem suchte. Als ich ihm sagte, dass ich so etwas nicht hätte, nannte er meinen Namen. Er sprach kaum Ungarisch, erwähnte Dich und sagte, Du würdest mich erwarten. [...] Der Mann hatte einen Ausweis aus dem Aussenministerium und meinte, ich hätte zu einem Treffen gehen müssen, und da ich da nicht erschienen wäre, müsstest Du, der Du mich in Zürich erwartetest und nicht wüsstest, was geschehen ist, nun eine grössere Summe bezahlen. [...]
>
> Ich weiss von nichts und bin zu keiner illegalen Aktion bereit. Als er mir nicht sagen wollte, wie er heisst, und ich ihn beschuldigte, uns täuschen zu wollen, meinte er, das Ganze ginge nicht von ihm aus, sondern von einer jüdischen Flüchtlingsorganisation in Wien, deren Leiter ein Freund von ihm sei; dieser habe ihn gebeten, mich aufzusuchen, da er im Auftrag der palästinensischen Botschaft regelmässig zwischen Wien und Budapest pendelt. Er nahm eine Kopie unserer Turiner Fotografien und unserer Unterschriften hervor und sagte, sein Freund hätte sie ihm gegeben. Er wollte sie mir nicht geben und sagte, er sei sich nun im Klaren, dass „die dort in Wien" Betrüger seien, gegen die vorgegangen werden wird, denn sowas sei schon vorgekommen. Er wollte gehen, aber ich drohte ihm mit der Polizei. Wir haben einen Untermieter, der Anwalt war. Den habe ich hinzugezogen und alles noch einmal wiederholen lassen. Diesmal hat der Mann versucht, Dich nicht zu erwähnen. Er hat immer wieder betont, er täte nur jemandem einen Gefallen. Dann hat er mir die Photos gegeben und gesagt, er werde es den Betrügern schon zeigen. Letztlich musste ich ihn gehen lassen. Du kannst Dir vorstellen, dass dies alles nicht ohne Spuren zu hinterlassen an uns vorbeigeht.[60]

Verschiedene Erklärungen dieser Episode sind denkbar. Entweder war die genannte Organisation in Wien wirklich ein Ring von Betrügern, die versuchten, aus Miklós' Situation Geld zu schlagen; oder die Angelegenheit war tatsächlich von Theodore eingefädelt gewesen, dem es allerdings nicht gelungen war, Miklós rechtzeitig zu informieren. Dafür spricht, dass der Besucher über Fotografien des gemeinsamen Urlaubs der Kármán-

[60] Miklós an Theodore von Kármán, 18.6.1953 (TKC 144.15).

Geschwister in Turin verfügte, vermutlich um Miklós als die gesuchte Person erkennen zu können. In diesem Fall hätte Miklós die geplante Aktion in seiner Naivität gründlich verpatzt.

Zwei Wochen später tauchte erneut ein geheimnisvoller Besucher bei Miklós auf, wie er bestürzt seinem Bruder berichtete:

> Vor etwa zwei Wochen ist wieder jemand bei uns erschienen. [...] Wir haben ihn hereingebeten und, nachdem er uns angesehen hat – vor allem mich – hat er gesagt, es sei nichts zu machen. Nach einigem Zögern haben wir Folgendes erfahren: Es war ein Schifffahrer, den man vor einem Monat in Wien in unserer Angelegenheit beauftragt hatte. Er habe noch nie einen solchen Auftrag ausgeführt und auch jetzt habe er nicht viele Möglichkeiten. Unterdessen ist wieder unsere Fotografie aufgetaucht, diesmal das Original, ein paar Zeilen von Dir vom 8. Mai in einem ziemlich zerknitterten Zustand und die persönlichen Angaben von uns beiden, auf Ungarisch und in Maschinenschrift. [Fussnote: als Bankdirektor, was hier ziemlich empörend ist.]
>
> Diese hat er uns gegeben, und er schien sich noch mehr darüber zu freuen, sie loszuwerden, als ich, sie nicht mehr bei ihm zu wissen. Dann hat er uns ein Portrait gezeigt von einem gewissen Sanyi, der in der Sache vorgehen würde. Er hat sich sehr gewundert, dass wir ihn nicht kennen und dass wir in diesem Zusammenhang keinen Brief erhalten hatten.[61]

Ähnlich wie beim letzten Mal tat der Mann sein Bestes, sich aus der Situation herauszureden, als einmal klar war, dass Miklós von nichts wusste und allenfalls bereit war, die Polizei zu informieren. Er behauptete zunächst, sich an nichts zu erinnern, da die ganze Abmachung schon einen Monat zurückliege, und verlegte sich dann darauf, Miklós Angst einzujagen mit Ausreisegeschichten, bei denen es anderen schlecht ergangen war und die obendrein astronomische Summen kosteten – mit Erfolg, wie sich Miklós' weiterem Schreiben entnehmen lässt:

> Schon rein der Gedanke ist lebensgefährlich; darüber zu reden und die Bilder und Schreiben in Händen von Unbekannten könnten uns in grosse Gefahr bringen. Betrachte dies nicht als Feigheit: Dazu muss man die wahre Situation kennen. Ich bin sehr bestürzt und gleichzeitig voller Angst und kann mir nicht erklären, was dahinter

[61] Miklós an Theodore von Kármán, 15.7.1953 (TKC 144.15).

> steckt und was das Auftauchen der beiden in einer solch ungeschickten Weise zu bedeuten hatte. [...] Ich bin überzeugt, dass es auch mit einem weit kleineren Opfer legale Möglichkeiten geben muss, ich weiss nur nicht wo. Hier scheint es ausgeschlossen zu sein.[62]

Nach diesem zweiten Anlauf erhielten Miklós und Margit keine weiteren Besucher mehr aus Österreich. Auch in diesem Fall lässt sich nicht mehr rekonstruieren, wer tatsächlich den genannten Schiffer beauftragt hatte. Vermutlich hatte dieser einen falschen Pass, den er allenfalls Miklós angeboten hätte, sofern er dem Passfoto hinreichend ähnelte; über die Donau wäre dann der Weg nach Wien frei gewesen. Vielleicht hatten Bekannte von Kármán das Ganze in die Wege geleitet, vielleicht hatte es sich aber auch in gewissen Kreisen herumgesprochen, dass es bei Miklós von Kármán gegen eine Ausreisemöglichkeit eine Menge Geld zu holen gab, so dass diverse Schlepper versuchten, diese Gelegenheit mit fadenscheinigen Angeboten zu nutzen.

5 Hsue-shen Tsien

Zur gleichen Zeit beschäftigte Kármán eine weitere, bislang erfolglose Ausreise-Affäre – jedoch nicht von Ost nach West, wie im Fall von Miklós und der Teller-Familie, sondern im Gegenteil von West nach Ost. Denn nicht nur im neuen Ostblock wurde Anfang der 1950er Jahre das Leben für viele unerfreulich. Eine ganze Serie von Ereignissen der Jahre 1949/50 steigerte in den Vereinigten Staaten das Gefühl einer kommunistischen Bedrohung bis zur Hysterie. Die Zündung der ersten sowjetischen Atombombe Ende August 1949 wurde bereits erwähnt; nur wenig später, am 1. Oktober 1949, proklamierte Mao Tse-Tung die Volksrepublik China – ein weiterer riesiger Staat wurde von nun an kommunistisch regiert. Kurz darauf folgten die ersten grossen Spionageprozesse gegen vermeintliche Kommunisten aus den eigenen Reihen, darunter beispielsweise der Prozess gegen Alger Hiss, ein ehemaliger Mitarbeiter des Regierungsstabes von Roosevelt, der 1950 wegen Spionage für die Sowjetunion zu fünf Jahren Gefängnis verurteilt wurde. Etwa zur gleichen Zeit erfuhr die Öffentlichkeit von Klaus Fuchs, und zu all dem kam die berühmte Rede von Senator McCarthy im Februar 1950, in der er behauptete, er habe eine Liste von 57 Kommunisten im Aussenministerium und verlange eine Untersuchung dieser Personen.

[62] Miklós an Theodore von Kármán, 15.7.1953 (TKC 144.15).

Obwohl sich seine Anschuldigung in allen Fällen als unbegründet erwies, erregte die Affäre erhebliches Aufsehen und heizte die anti-kommunistische Stimmung erst richtig an. Als mit dem Korea-Krieg im Sommer 1950 der Konflikt zwischen kommunistischen und kapitalistischen Staaten zum offenen Ausbruch kam, war dies nur noch das letzte Glied in der Kette.

Mehr und mehr Wissenschaftler, die an Geheimprojekten von Regierung und Militär beteiligt waren, gerieten unter Spionageverdacht oder wurden zumindest auf ihre kommunistische Gesinnung hin überprüft. Nahezu niemand der engeren Mitarbeiter Kármáns blieb von Bespitzelung verschont, dabei zogen insbesondere diejenigen das Interesse der Geheimdienste auf sich, die an Raketen-Projekten beteiligt waren. 1949 ging erstmals der Fall Frank Oppenheimer durch die Presse, als bekannt wurde, dass dieser noch wenige Jahre vor seiner Beteiligung am *Manhattan Project* Mitglied einer kommunistischen Partei war. In diesem Zusammenhang fiel auch Verdacht auf Frank Malina, der Oppenheimer gut kannte; wie der Untersuchungsausschuss der Presse mitteilte, gab es Hinweise darauf, dass Malina „Mitglied der kommunistischen Partei gewesen sei und dass Treffen der kommunistischen ‚Zelle' bei den Oppenheimers und bei Malina stattfanden".[63] Oppenheimer äusserte sich nicht zu den Vorwürfen Malina gegenüber, eben so wenig nahm er Stellung zur politischen Haltung anderer Personen, über die er und seine Frau befragt wurden – darunter so bekannte Namen wie Giovanni Rossi Lomanitz, Haakon Chevalier und George Charles Eltenton, aber auch der Name Martin Summerfield fiel, ebenfalls Gründungsmitglied des JPL.[64]

Besonders traurige Berühmtheit erreichte in dieser Hetzjagd Kármáns ehemaliger Doktorand Hsue-shen Tsien, einer der brillantesten Raketenforscher dieser Zeit.[65] Tsien war 1935 mit Hilfe eines Stipendiums aus China ans *Massachusetts Institute of Technology* (MIT) gekommen, um dort auf dem Gebiet der Aerodynamik zu promovieren; bereits nach einem Jahr wechselte er jedoch ans *CalTech* und arbeitete von nun an eng mit Theodore von Kármán zusammen. Tsien war einer der Mitbegründer des JPL; später

[63]Vgl. den entsprechenden Artikel der *Los Angeles Times* vom 15.6.1949, einzusehen u.a. in TKC 22.10.

[64]Ibid. (TKC 22.10).

[65]Zu Tsiens Leben und Werk vgl. Chang (1995). Die folgende Beschreibung stützt sich im Wesentlichen auf die Angaben dieser Quelle, ergänzt durch Material aus dem Kármán-Nachlass.

Abbildung IV.2: Mitglieder der Operation *Lusty* zum Verhör in Göttingen. Von links nach rechts: Hugh L. Dryden, Ludwig Prandtl, Theodore von Kármán, Hsue-shen Tsien. Quelle: TKC 1.17-12. Courtesy of The Archives, California Institute of Technology.

war er Mitglied der SAG und begleitete Kármán im Rahmen der Operation *Lusty* nach Europa. Nach dem Krieg erhielt Tsien eine Assistenzprofessur am MIT, die schon einige Monate später aufgrund seiner hervorragenden Leistungen in eine volle Professur umgewandelt wurde. 1949 wurde Tsien eingeladen, ans *CalTech* zurückzukehren. Der damalige Präsident Lee DuBridge bot ihm nicht nur die hoch angesehene (und hoch dotierte) Robert-Goddard-Professur an, sondern darüber hinaus beste Ausstattung an Personal und Sachmitteln. Obwohl das MIT schnell mit einem nicht weniger attraktiven Posten konterte, nahm Tsien das Angebot von DuBridge an und bewarb sich nahezu gleichzeitig um seine Einbürgerung in die Vereinigten Staaten.

Nichts schien seinem weiteren Aufstieg entgegenzustehen, bis Tsien im Sommer 1950 Besuch vom FBI erhielt. Man befragte ihn nach einem früheren Freund und Kollegen am *CalTech*, Sidney Weinbaum, der unter Verdacht stand, eine kommunistische Zelle geleitet zu haben. Nun interessierte sich der Geheimdienst dafür, ob auch Tsien an diesen Treffen beteiligt war; angeblich hätte man seinen Namen auf einer Liste gefunden. Tsien weigerte sich, gegen Weinbaum auszusagen, und wies alle Vorwürfe zu seiner eigenen Person weit von sich. In der Tat konnte nie nachgewiesen werden, dass er auf irgendeine Weise in die Gruppe verwickelt war; dennoch wurde noch am gleichen Tag Tsiens *clearance* gesperrt, d.h. seine Erlaubnis zur Arbeit an Projekten, die besonderen Sicherheitsbestimmungen unterlagen. Dieser Schlag muss Tsien tief getroffen haben. Nur zwei Wochen später kündigte er an, er würde seine Position am *CalTech* aufgeben und statt dessen nach China zurückkehren.

Lee DuBridge tat sein Bestes, um ihn von diesem Vorhaben abzubringen, unter anderem schickte er Tsien zu Dan Kimball, ehemals Vize-Präsident und Manager der Aerojet, nun einer der einflussreichsten Offiziere der Marine. Allen Überredungsversuchen zum Trotz blieb Tsien jedoch weiterhin fest entschlossen, in jedem Fall die Vereinigten Staaten zu verlassen; daraufhin alarmierte Kimball, kaum hatte Tsien sein Büro verlassen, das Justizministerium und die Auswanderungsbehörde, um dem gekränkten Chinesen ein offizielles Ausreiseverbot zu erteilen. Schon bei seiner Rückreise von Washington nach Kalifornien wurde Tsien festgenommen, gleichzeitig wurden in Pasadena die Kisten untersucht, die Tsien und seine Familie bereits für die geplante Ausreise gepackt hatten. Unter anderem befand sich darin seine gesamte Fachbibliothek, und innerhalb kürzester Zeit wurden der Geheimdienst und weitere Stellen darüber informiert, dass Tsien möglicherweise gesperrte Unterlagen aus dem Land schmuggeln wollte. Bis dieser Verdacht geklärt war, wurde Tsien zwei Wochen lang in Untersuchungshaft gehalten. Alle Dokumente aus seinem Gepäck wurden gefilmt – allein das dauerte drei Tage – und Experten zur Untersuchung vorgelegt. Inzwischen hatte auch die Presse von der Geschichte erfahren: Kurz nach Beginn des Korea-Krieges, in dem sich China und die USA erstmals direkt gegenüber standen, war dies ein gefundenes Fressen, und bald wusste das ganze Land, dass der berühmte Raketenforscher der kommunistischen Spionage verdächtigt wurde.

Schon bald zeigte sich, dass keinerlei Geheimmaterial in den Bücherkisten war, und auch darüber hinaus liess sich der Verdacht gegen Tsien nicht erhärten. Dennoch blieb seine Sicherheitsgarantie gesperrt. Tsien arbeitete zwar weiterhin als Professor am *CalTech* – nunmehr mit anderem thematischen Schwerpunkt –, doch stand er unter scharfer Beobachtung und durfte das Land nicht verlassen. Persönliche Kontakte, Post und Telefon wurden überwacht, und jeden Monat musste Tsien sich persönlich bei der Einwanderungsbehörde melden. Dieser Zustand blieb über die nächsten fünf Jahre unverändert. Vermutlich wollte man Tsien so lange in den Vereinigten Staaten halten, bis seine Kenntnisse von geheimen Entwicklungen veraltet waren, so dass seine Ausreise kein Sicherheitsrisiko mehr bedeutete. Erst 1955 erlaubte man ihm schliesslich, die USA zu verlassen, und auch dies nur nach ausdrücklicher Intervention der chinesischen Regierung: Tsien und einige weitere Wissenschaftler durften im Austausch gegen amerikanische Soldaten ausreisen, die China seit dem Korea-Krieg gefangen hielt. Die Auswirkungen dieser Episode waren erheblich. Als Tsien die Vereinigten Staaten verliess, war vielleicht sein Wissen um bisherige geheime Entwicklungen veraltet, sein wissenschaftliches Talent war jedoch immer noch auf voller Höhe. In China wurde Tsien in höchsten Ehren empfangen und erhielt nahezu sofort die Projekte und die Unterstützung, die Amerika ihm in den letzten Jahren verweigert hatte. Bereits 1960, nur fünf Jahre nach seiner Ankunft in China, leitete Tsien den Start der ersten chinesischen Rakete, und innerhalb kürzester Zeit hatte China eines der erfolgreichsten Raketenprogramme der Welt.[66]

Kármán hielt sich in dieser ganzen Affäre erstaunlich weit im Hintergrund. Insbesondere in den Jahren am GALCIT war sein Verhältnis zu Tsien, der sich als einer seiner begabtesten Studenten erwies, sehr eng gewesen. Einer der ersten Mitarbeiter am JPL, Martin Summerfield, bezeichnete Tsien im Rückblick als Kármáns rechte Hand, da nur er das nötige Talent und das erforderliche Durchhaltevermögen aufbrachte, Kármáns Ideen und Spekulationen in mathematisch exakte Modelle zu übersetzen.[67] Um so mehr würde man annehmen, dass Kármán all seine Beziehungen zum amerikanischen Militär und sein hohes Ansehen in der Öffentlichkeit für Tsien eingesetzt hätte; es gibt jedoch bisher keinerlei Hinweis darauf, dass Kármán hier aktiv geworden wäre. DuBridge beispielsweise, der Präsident des *CalTech*, zeigte wesentlich stärkeres Engagement, um in Verhandlungen mit den Behörden Tsiens Situation zu erleichtern.

Es ist schwer zu rekonstruieren, wie eng Kármán das Schicksal seines ehemaligen Mitarbeiters verfolgte. Mit Tsien selbst korrespondierte er von

[66]Seit dem 15. Oktober 2003 gehört China neben den Vereinigten Staaten und der Sowjetunion zu den Ländern der Erde, denen bisher ein bemannter Raumflug gelang.

[67]Vgl. Chang (1995), S. 65.

Zeit zu Zeit in den Jahren des Hausarrests von 1950 bis 1955, doch betreffen diese Briefe nur sehr allgemeine Themen oder Sachfragen – da Tsiens Korrespondenz überwacht wurde, kann dies nicht verwundern. Nur wenige Bemerkungen zu Tsien finden sich auch in Kármáns Briefen an andere Freunde oder Kollegen. Im September 1950, kurz nach Tsiens Festnahme, schrieb Kármán etwa an Frank Marble, der eng mit Tsien befreundet war: „Ich war äusserst beunruhigt durch die Tsien-Geschichte, natürlich habe ich nur sehr spärliche Informationen."[68] Ein Jahr später berichtete Marble ihm, Tsien scheine sich gefangen zu haben und arbeite wieder mit der gewohnten Intensität, woraufhin Kármán erwiderte, „Vielleicht kann er mir irgendwann einmal schreiben und erzählen, was er treibt".[69] Selbst in seinen Briefen an Roddenbery nimmt Kármán niemals Bezug auf diese Episode, die ihn immerhin so sehr beschäftigte, dass er ihr ein ganzes Kapitel seiner Autobiografie widmete.[70] Was Kármán letztlich davon abhielt, sich stärker für Tsien einzusetzen, bleibt unklar – gerade in den frühen 1950er Jahren stand auch er unter scharfer Beobachtung des FBI, wie gezeigt wurde; möglicherweise wollte er seine Position nicht noch zusätzlich gefährden, indem er einen vermeintlichen Spion der Kommunisten unterstützte. Um die Ausreise von Miklós und Margit bemühte er sich dagegen weiterhin – doch stand dabei auch eine erhebliche Summe seines persönlichen Vermögens auf dem Spiel.

[68] Theodore von Kármán an Frank Marble, 2.9.1950 (TKC 19.32): „I was very much disturbed by the Tsien matter, of course I have only very scarce information."

[69] Theodore von Kármán an Frank Marble, 11.11.1951 (TKC 19.32): „Maybe he can write me a letter some time and tell me what he is doing."

[70] von Kármán und Edson (1968), S. 367ff. Dass Tsiens Meinung für Kármán auch Jahre später noch zählte, zeigt seine entsetzte Reaktion auf einen Brief, den Theodore von Kármán 1956 von Tsien zum 75. Geburtstag erhielt. Unter anderem enthielt das Schreiben folgende Passage: „I presume that at the heart of every sincere scientist the thing that counts is an everlasting contribution to the human society. On this point, Dr. von Kármán, you may not feel as proud as you might feel about your contributions to science and technology. Is it not true that so many of the fruits of your work were used and are being used to manufacture the weapons of destruction, and so seldom were they used for the good of the people? But you really need not think so. For, since I have returned to my homeland, I have discovered that there is an entirely different world away from that world of USA, where now live 900 million people, more than a third of the world population, and where science and technology are actually being used to help for the construction of a happy life." Mehrere Augenzeugen berichten, wie tief Kármán dieser implizite Vorwurf von Tsien traf. Zitiert nach Chang (1995), S. 234f. Der Originalbrief ist in TKC nicht erhalten.

Kapitel V

DIE LAGE SPITZT SICH ZU

1 Ein Päckchen in geblümtem Cretonne

Im Frühjahr 1953 beschloss die neue republikanische Regierung der USA unter Präsident Eisenhower, den Krieg in Korea notfalls durch den Einsatz von Atombomben zu beenden. Dazu sollte es zwar nicht mehr kommen: Im Juli 1953 schlossen die Kriegsparteien einen Waffenstillstand, der die Grenze zwischen Nord- und Süd-Korea auf den 38. Breitengrad festlegte; doch war mit Eisenhowers Beschluss eine prinzipielle Entscheidung über die Verwendung von Atomwaffen gefallen, die über den ersten Einsatz im August 1945 hinausreichte. Eine Entspannung zwischen Ost und West war damit auch nach Kriegsende nicht in Sicht – im Gegenteil. In den Vereinigten Staaten stieg der Verteidigungshaushalt im Jahr 1953 auf insgesamt 50 Milliarden Dollar; verglichen mit dem Budget im Jahr 1951 bedeutete dies eine erneute Verdoppelung der Rüstungsausgaben. Gleichzeitig wurde die Militärhilfe an die Bündnispartner massiv verstärkt, die NATO wurde ausgebaut, und in der Bundesrepublik Deutschland begann die Wiederbewaffnung.

Für Theodore von Kármán, der seit den 1940er Jahren fast nur noch für Militär und Rüstungsforschung tätig war, bedeutete dies einen Aufschwung seines Gebiets in ungeahnte Dimensionen. Bereits um das Jahr 1950 hatte sich diese Wende abgezeichnet, als die Vereinigten Staaten beschlossen, trotz Vannevar Bushs pessimistischer Haltung in die Entwicklung von Interkontinentalraketen mit Nuklearsprengköpfen zu investieren. Gleichzeitig wurde der Streit zwischen den verschiedenen Militäreinheiten um die damit verbundenen Forschungsgelder entschieden: Die Entwicklung dieser Waffen wurde dem Zuständigkeitsbereich der *Air Force* zugeschlagen und fiel damit in die Verantwortung des SAB.[1] Wie viel Geld für welche Programme bereit gestellt wurde, war jedoch noch nicht geklärt. 1953 gründete Kármán daher einen neuen Ausschuss des SAB zur Untersuchung

[1] Eine genauere Beschreibung der ersten Jahre des amerikanischen Raketenprogramms findet sich z.B. in Stever (2002) Für Kármáns Darstellung der Anfänge vgl. von Kármán und Edson (1968), S. 358ff.

des Problems: das *Nuclear Weapons Panel.* Zum Vorsitzenden wurde John von Neumann ernannt, weitere Mitglieder waren unter anderem Edward Teller, Hans Bethe, Norris Bradbury und David Griggs, damals einer der führenden Wissenschaftler der US-Luftwaffe. Der Ausschuss arbeitete jedoch nicht so effizient wie erhofft: Entsprechend ihrer unterschiedlichen Haltung zur Wasserstoffbombe waren die Mitglieder schon bald fundamental geteilter Meinung über die ihnen gestellte Frage. Teller und Griggs standen mit ihrer radikalen Befürwortung der vorsichtigeren Position von Bethe und Bradbury gegenüber. Nahezu gleichzeitig berief Trevor Gardner einen weiteren Ausschuss der US-Luftwaffe zu derselben Frage. Gardner war zu dieser Zeit Assistent des Sekretärs der Luftwaffe und damit unabhängig vom SAB verantwortlich für Fragen der laufenden Forschung und Entwicklung. Auch Gardner ernannte John von Neumann als Leiter seines so genannten *Tea Pot Committee.* In beiden Fällen war diese Wahl wohl nicht zufällig, da Neumann als überzeugter Vertreter nuklear bestückter Interkontinentalraketen bekannt war und beiden, Kármán wie auch Gardner, sehr daran lag, das Raketenprogramm möglichst bald in die Wege zu leiten.

Noch während beide Gremien unabhängig voneinander berieten, zündete die Sowjetunion ihre erste Wasserstoffbombe eigener Entwicklung. Zumindest der Entscheidungsprozess des *Tea Pot Committee* wurde damit erheblich beschleunigt. Im Februar 1954 erschien ihr Bericht, der eine Vielzahl von Argumenten für ein dringliches Forschungsprogramm präsentierte; und noch im gleichen Jahr investierten die Vereinigten Staaten massiv in die Entwicklung der ersten Atlas-Rakete. Die Arbeit des SAB, dem Kármán immer noch vorstand, wurde dadurch fundamental beeinflusst; aber auch auf die Entscheidungen der NATO-Luftwaffe hatte das US-Raketenprogramm erhebliche Auswirkungen, und damit auf die zukünftigen Aufgaben der AGARD. Wie Kármán die zunehmende Spaltung der amerikanischen Physiker über Fragen der Rüstungsforschung erlebte, die bereits die Arbeit des *Nuclear Weapons Panel* erschwert hatte, bleibt unklar; weder in privaten Briefen noch in der Öffentlichkeit äusserte er sich dazu. Er selbst stand jedoch deutlich auf Seiten der Hardliner, die in der wissenschaftlichen Szene mehr und mehr isoliert waren.

Während sich diese weltpolitischen Ereignisse zusammenbrauten, erhielt Jacques Boesch, Prokurist bei der Schweizerischen Bankgesellschaft in Bern, einen ungewöhnlichen Auftrag von einem namhaften Klienten seiner Bank, Theodore von Kármán:

Ich war so frei, Ihnen ein Telegramm zu schicken, in dem ich Sie um Hilfe bei einer Transaktion bat, die ich im Interesse meines Bruders, Miklós Kármán, durchführen muss, der bedauerlicherweise noch gezwungen ist, in Budapest, Ungarn, zu leben. Meine Instruktionen von ihm sind die folgenden: Ich soll einen Safe mittlerer Grösse bei der Schweizerischen Kreditanstalt Paradeplatz, Zürich, mieten; dann, wenn ich ihm mitteile, dass dies getan ist, wird eine Person, die von ihm und mir selbst mit der Mission betraut ist, in der Schweizerischen Kreditanstalt Paradeplatz, Zürich, erscheinen, und wird ein Päckchen der folgenden Beschreibung hinterlegen:

Gewicht um 670 Gramm

Mit 10 Siegeln verschlossen

Mit blumigem Baumwollstoff verpackt (Cretonne)

Meine Anweisung ist, dass die besagte Bank in Zürich dieses Päckchen akzeptieren und in meinem Safe deponieren soll. Die Bank soll dem Überbringer $3 500 (dreitausendfünfhundert Dollar) gegen die Zustellung des Päckchens bezahlen. Ich habe Ihrer Bank telegrafiert, lieber Herr Boesch, von meinem Konto in Ihrer Bank 17 000 (siebzehntausend) Schweizer Franken[2] zu Ihrer Verfügung zu hinterlegen, um die 3 500 (dreitausendfünfhundert Dollar) zu decken sowie die Ausgaben für die Anmietung des Safes und andere anfallende Kosten für Telegramme und Ähnliches. [...]

Ich denke nicht, dass es nötig ist zu betonen, dass die Transaktion diskret gehandhabt werden soll und dass die Identität des Mannes, der mit der Übergabe beauftragt ist, weder erfragt noch ermittelt werden soll.[3]

---

[2]Ein US-Dollar entsprach zu diesem Zeitpunkt ca. vier Schweizer Franken.

[3]Theodore von Kármán an Jacques Boesch, 27.3.1953 (TKC 144.13): „I took the liberty to send you a telegram asking your help in a transaction I have to carry out in the interest of my brother, Miklós Karman, who, unfortunately, has to live yet in Budapest, Hungary. My instructions from him are the following: I have to rent a safe of medium size in the Schweitzerische Creditanstalt [sic] Paradeplatz, Zurich; then, if I notify him that this is done, one person, who is charged by him and myself with the mission, will appear in the Schweitzerische Creditanstalt Paradeplatz, Zurich, and will deposit a package of following description: Weight about 670 grams – Closed by 10 seals – Covered with a cotton cloth with flowers (cretonne). My instruction is that the said bank in Zurich shall accept this package and deposit it in my safe. The bank shall pay to the bearer $3 500 (thirty-five hundred dollars) against the delivery of the package. I have wired to your bank, dear Mr. Boesch, to place at your disposal 17 000 (seventeen thousand) Swiss francs, from my account in your bank, this amount to cover the 3 500 (thirty-five hundred dollars) and also the expenses of the rent of the safe and other incidental costs of telegrams and the like. [...] I do not think it is necessary to emphasize that the transaction shall be handled in a discrete manner and

Das war eine Anfrage, die ein schweizerischer Bankier nicht alle Tage erhielt, doch zweifelte Kármán keinen Moment daran, dass Boesch die gewünschten Schritte unternehmen würde. Er wandte sich allerdings nicht zufällig an Boesch mit seinem Anliegen. Kármán hatte Boesch 1947 über seinen Freund und Kollegen Leopold Wyler, Professor an der *University of California at Los Angeles*, kennen gelernt, und schon damals festgestellt, Boesch könne ihm unter Umständen sehr nützlich sein – unter anderem zur diskreten Verwaltung diverser Bankkonten in der Schweiz.[4] Wyler war Schweizer Abstammung und kannte Boesch seit 1914.[5] Gegenseitig hatten sie sich schon manche Gefälligkeit erwiesen: Wyler hatte für Boeschs erste Beförderung gesorgt, Boesch hingegen dafür, dass Wyler für finanzielle Transaktionen die bestmöglichen Umtauschkurse nutzen konnte.[6]

Diesen Jacques Boesch bat Kármán also im Jahr 1953 darum, ein Päckchen in geblümtem Baumwollstoff entgegen zu nehmen, dem Boten 3 500 Dollar auszuhändigen, ohne ihn nach seiner Identität zu fragen, und dann dieses Päckchen in einen Safe zu legen. Den Schlüssel zu diesem Safe sollte Boesch persönlich verwahren oder an Kármáns Privatadresse in Pasadena schicken. Für alle anfallenden Ausgaben überwies Kármán ihm prompt und

the identity of the man charged with the deposition of the package should not be asked or investigated."

[4]Im Sommer 1947 hatte Boesch Kármán in Paris einen Besuch abgestattet, wie Kármán seinem Freund berichtete; Theodore von Kármán an Leopold Wyler, 13.7.1949 (TKC 33.7): „Mr. Boesch visited me two days ago with his brother and we had a very good time together. He is a very jolly fellow and I think he could help me very much. I hope to visit him in Switzerland."

[5]Vgl. Leopold Wyler an Theodore von Kármán, 6.7.1947 (TKC 33.7): „If you should meet my friend Boesch I would like to hear from you; I am sure that you will like him. We have been friends ever since 1914." Wyler war auch gut mit Fritz Zwicky befreundet, Kármáns Kollegen vom *CalTech*, der für die Aerojet gearbeitet hatte. Er liess Zwicky regelmässig grüssen und erkundigte sich mehrfach bei Kármán nach Zwickys Ergehen.

[6]Vgl. etwa Leopold Wyler an Theodore von Kármán, 17.6.1947 (TKC 33.7): „Ich sandte Ihnen gestern den Durchschlag meines Briefes an Boesch, worin ich ihm mitteilte dass ich an J. & W. Seligman & Co. New York $500.- für seine Rechnung einbezahlt habe und er solle *Ihnen* den Gegenwert in französischen Franken zum besten Kurs am 4. Juli im Hotel California, rue de Berri zustellen lassen. Ich habe den Kurs nicht festgesetzt, sondern es ihm ueberlassen, weil er einem anderen Freund fuer eine bedeutende Summe ($\frac{1}{2}$ Million) 227 telegrafierte. Innert 8 Tagen werde ich den Kurs wissen, aber ich bin fest davon ueberzeugt dass der Kurs richtig sein wird. Boesch ist ein alter Freund von mir, Bancdirektor & verdankt mir seine erste Befoerderung in seiner Karriere." Tatsächlich war Boesch bei der Schweizerischen Bankgesellschaft Prokurist und nicht Direktor, wie Wyler irrtümlich annahm.

ohne jede Sicherheit 17 000 Franken über sein eigenes Schweizer Konto.[7] Weitere Hintergrundinformationen erhielt Boesch nicht, ausser Kármáns Andeutung, es handele sich um eine Angelegenheit im Namen seines Bruders aus Ungarn.

In der Tat ging dieser Auftrag auf eine dringliche Bitte von Miklós und Margit zurück. Etwa zwei Wochen bevor Theodore sich an seinen Schweizer Freund Boesch wandte, hatte Miklós seinen Bruder um diesen Gefallen gebeten, um zumindest den letzten Familienbesitz ins Ausland zu retten, bevor auch dieser konfisziert wurde:

> Es ist unaufschiebbar geworden, dass wir das Vermögen retten, das M.[argit] nach den letzten 10 Jahren der Ausbeutung geblieben ist, denn das weitere Verstecken wäre unmöglich und von Tag zu Tag lebensgefährlicher. Dies ist das letzte Hab und Gut, die letzte Zuflucht. Jetzt gibt es eine Möglichkeit, dass wir es über eine Botschaft hinausschaffen. Wir müssten zwar ein grosses Opfer bringen, aber es ist unaufschiebbar. Deshalb bitte ich Dich um Hilfe.[8]

In Miklós' Brief folgt dann eine Beschreibung des exakten Verfahrens, so wie Kármán es an Boesch weitergab. Warum der Safe unbedingt bei der Schweizerischen Kreditanstalt am Züricher Paradeplatz eingerichtet werden sollte, bleibt unklar – möglicherweise hatte Miklós nur dorthin einen sicheren Boten, dem er die Mission anvertrauen konnte. Die beachtliche Summe von 3 500 Dollar für den Boten rechtfertigte Miklós seinem Bruder gegenüber folgendermassen:

> Es ist mir klar, dass dies eine sehr grosse Bitte ist, aber es geht hier um Lebensrettung im wahrsten Sinne des Wortes. Die Summe ist ein Honorar und eine Barauslage. Es ist eine sehr grosse Summe, aber man muss die Sicherheitsvorkehrungen und den Wert des

---

[7] Ob Kármán dieses Konto aus steuerrechtlichen Gründen führte, aus politischen Motiven oder weil er selbst enge (Geschäfts-)Beziehungen zur Schweiz pflegte, ist unklar (zu Kármáns beruflichen Verbindungen z.B. zum Eidgenössischen Militärdepartement vgl. Kapitel VI, Abschnitt 3). Zumindest bestand das Konto im Jahr 1953 schon seit einiger Zeit, und zwar unter gemeinsamem Zugriffsrecht von ihm und seiner Schwester: Im September 1953 bat Boesch Kármán, ihm eine neue Vollmacht für Zugriff auf dieses Konto auszustellen, da die alte noch auf den Namen von Joséphine lief. Boesch brauche diese Vollmacht, um ab und an Überweisungen in Kármáns Namen ausführen zu können. Vgl. Jacques Boesch an Theodore von Kármán, 7.9.1953 (TKC 144.15).

[8] Miklós an Theodore von Kármán, 5.3.1953 (TKC 144.13). Übersetzung LH.

> Pakets beachten, der, bei minimaler Schätzung, das Sechs- oder Siebenfache dieser Summe beträgt. Im Paket befindet sich Edelstein-Schmuck, dessen wahrer Wert laut Experten sowieso nur im Ausland zu bestimmen ist, dort muss der Wert die Schätzung sogar noch übersteigen. Die Abwicklung ist sehr dringend und die Durchführung nur innerhalb einer kurzen Zeit möglich. Deshalb bitte ich Dich, alles möglichst schnell zu erledigen. Wenn dies geschehen ist, sende bitte das folgende Telegramm:
>
> > „Kesselbauer Adyliget Tàltos utca 32. Budapest. Einreisebewilligung abgesendet. Todor."
>
> Nach Erhalt des Telegramms wird der Eilbote abreisen.[9]

Nichts weniger als die Juwelen der ehemaligen Bankdirektoren-Gattin befand sich also in dem geblümten Päckchen – kein Wunder, dass Miklós nicht zögerte, ein Honorar von 3 500 Dollar zu versprechen. Wie er selbst sagte, überstieg der Wert des Päckchens diese Summe bei weitem. Falls Kármán das Geld nicht auslegen wolle, setzte Miklós noch hinzu, könne er den Betrag sicher zu Lasten des Pakets aufnehmen, da der Schmuck eine hinreichende Sicherheit darstelle. So einfach wie Miklós dachte liess sich die Aktion jedoch nicht durchführen. Boesch war zwar zu fast jedem Gefallen Kármán gegenüber bereit, doch gab er einige Schwierigkeiten zu bedenken:

> Es scheint mir unwahrscheinlich, dass die Schweizerische Kreditanstalt in Zürich die von Ihnen gewünschte Transaktion vorzunehmen gewillt wäre. In Tat und Wahrheit verhält es sich so, dass eine Bank nur gegen Quittung bezahlt und hinsichtlich des Paketes keine Verantwortung übernehmen kann. Ausserdem wird keine Bank eine Dollar-Transaktion vornehmen, wenn irgendwie jemand hinter dem Eisernen Vorhang daran beteiligt ist. Auch wir als Schweizerische Bankgesellschaft können diese Transaktion nicht durchführen.[10]

Als Ausweg bot Boesch jedoch an, Geld- und Päckchenübergabe in seiner Privatwohnung durchzuführen, und erklärte sich bereit, zu diesem Zweck einen Safe bei seiner Bank in Bern zu mieten. Nur möge Kármán ihn rechtzeitig über den Zeitpunkt informieren, da er die genannte Summe

---

[9] Miklós an Theodore von Kármán, 5.3.1953 (TKC 144.13). Übersetzung LH.

[10] Jacques Boesch an Theodore von Kármán, 30.3.1953 (TKC 144.13).

nicht länger als nötig zu Hause aufbewahren wollte.[11] Das Problem bei dieser alternativen Variante war, dass Theodore keine Möglichkeit hatte, seinen Bruder und den unbekannten Mittelsmann über die geänderten Pläne zu orientieren. Da die Züricher Bank jedoch Boeschs Bedenken bestätigte, blieb Kármán nichts übrig, als die von Miklós gewünschten Zeilen zu telegrafieren und zu hoffen, dass trotz der technischen Änderung alles reibungslos verlief.

Die Übergabe fand etwa einen Monat später statt. Am 5. Mai 1953 meldete Boesch,[12] der „Gewährsmann aus Budapest" habe ihn angerufen, und über einen gemeinsamen Bekannten bei der Züricher Filiale der Schweizerischen Kreditanstalt sei alles nach Wunsch erledigt worden.[13] Das „Päckli" selbst traf wohlbehalten in Bern ein, wie Boesch tags darauf berichtete:

> Das Päckli ist heute früh aus Zürich angekommen und erweckt mir den Eindruck, dass es unberührt geblieben ist. Ich habe es sofort einem Safe No. 109 anvertraut, lautend auf Ihren Namen, mit Vollmacht zu meinen Gunsten. Das offizielle Vollmachtsformular liegt hier bei, und ich bitte Sie um Unterzeichnung an der mit zwei Kreuzchen versehenen Stelle und sofortige Rücksendung. Die Schlüssel befinden sich in meinen Händen auf der Bank. Sollte ich nicht da sein, so kann Ihnen mein Stellvertreter, Herr Franz Braun, dieselben aus dem Safe meiner Abteilung herausgeben. Dies zu Ihrer Beruhigung. Wegen der Abrechnung werde ich Ihnen in zwei bis 3 Tagen schreiben, da die Spesen noch nicht vollkommen beisammen sind.[14]

[11]Jacques Boesch an Theodore von Kármán, 30.3.1953 (TKC 144.13). Vgl. auch das dazu existierende Telegramm, das Boesch noch am selben Tag nach Phoenix schickte (TKC 144.13): „Ihr Brief vom 27ten Transaction nicht wie vorgesehen durchführbar in Zuerich stop Proponiere Person soll Gegenstand Jacques Boesch Jubiläumsstrasse 65 Berne uebergeben gegen vorgesehenen Betrag und Quittung mit Initialen unterschreiben stop sende unsere Papiere fuer Tresorfach und werde spaeter darin Gegenstand versorgen stop Miete nicht notwendig vor Durchfuehrung des Tausches stop Freundlichst Jacques Boesch."

[12]Jacques Boesch an Theodore von Kármán, 5.5.1953 (TKC 144.14).

[13]Bei diesem Freund Boeschs handelte es sich um einen gewissen „Herrn Breitenmoser", den der Bote zu kennen schien; leider ist über diesen jedoch weiter nichts bekannt.

[14]Jacques Boesch an Theodore von Kármán, 6.5.1953 (TKC 144.14).

Über das auf diese Weise eingerichtete Schliessfach Nummer 109 verfügte Kármán noch bis ins Jahr 1962;[15] ob er es später für weitere Geschäfte nutzte, ist jedoch nicht bekannt.

Boesch sollte diesen „Freundschaftsdienst", wie er es nannte, nicht bereuen. Kármán vermittelte Boesch im Gegenzug 1958 eine Doktorandenstelle in Berkeley für seinen Sohn René, der zuvor an der ETH Zürich bei Jakob Ackeret studiert hatte, einem guten Freund und Kollegen Kármáns. Boeschs zweiter Sohn Max weilte bereits ab 1954 in Pasadena, wahrscheinlich ebenfalls durch Kármáns Vermittlung.[16] Auf ähnliche Weise sorgte Kármán noch für manche seiner Freunde – auch beispielsweise für Leopold Wylers Sohn Poldi, der lange Zeit keine Anstellung aus eigenen Kräften fand. Über Kármáns Vermittlung erhielt Poldi nicht nur eine leitende Stellung in der Industrie, sondern brachte es sogar bis zum Mitglied des wissenschaftlichen Beirats der RAND, des Forschungsstabes für *Research & Development*, den Hap Arnold 1945 als unabhängiges Expertengremium für die amerikanische Luftwaffe eingerichtet hatte. Inwieweit Kármán auch bei der RAND mitbestimmend war, bleibt unklar; es heisst, Arnold habe diese Institution unabhängig von ihm eingerichtet. Doch bleibt es ein seltsamer Zufall, dass sie genau 1945 gegründet wurde, nach dem grossen Bericht Kármáns über zukünftige Erfordernisse für die Fortentwicklung der Luftwaffe; dass sie ihren Sitz gerade bei der Firma Douglas in Santa Monica nahm – nahe dem *CalTech*; und dass sich ihre Tätigkeit ab 1953, also nach Gründung der AGARD, vorwiegend auf Arbeiten für die NATO-Luftwaffe verlagerte.[17]

An demselben 5. Mai, an dem der geheimnisvolle Päckchen-Bote erstmals in Zürich vorsprach, wurde im Auftrag Kármáns ein weiteres Bankgeschäft erledigt: Frank Wattendorf erhöhte auf Kármáns Konto bei der

[15]Jacques und Marguérite Boesch an Theodore von Kármán, 23.6.1962 (TKC 3.15): „Es sind leider nur noch kleine Dinge, die uns zuweilen in Kontakt bringen, so die beiliegende Belastung wegen dem Trésor-Fach No. 109."

[16]Jacques Boesch an Theodore von Kármán, Januar 1954 (TKC 144.16). Vgl. auch TKC 3.15.

[17]Zur Gründung der RAND vgl. unter anderem Daso (2002), S. 155ff: „The stated goal for RAND was to provide a ‚program of study and research on the broad subject of intercontinental warfare.' It was to offer long-term, unbiased, thoughtful research to Air Force planners. By 1950, over 800 men and women were employed in support of that task".

Abbildung V.1: Wattendorf und Kármán 1960 in Zürich. Quelle: PG.

Schweizerischen Kreditanstalt in Zürich ein bestehendes Akkreditiv.[18] Wattendorf war inzwischen Direktor der AGARD und arbeitete enger denn je mit Kármán zusammen;[19] so begleitete Wattendorf Kármán auch bei vielen Besuchen in die Schweiz.[20] Über Wattendorfs Erscheinen in der Züricher Bank schrieb Boesch in demselben Brief, in dem er Kármán den Erhalt des Päckchens bestätigt hatte:

> Nun hat heute Ihr Freund Herr Wattendorf in Zürich vorgesprochen, wo bereits $7 000.- für Ihre Rechnung liegen. Er ersuchte, den Betrag auf $9 000.- zu erhöhen und das Akkreditiv zu verlängern bis 5. Juni 1953. Von Ihrem Konto konnte ich nur $1 300.- noch

[18] Als Akkreditiv bezeichnet man den Auftrag eines Kunden an seine Bank, ihm oder einem Dritten unter bestimmten Bedingungen einen bestimmten Betrag auszuzahlen.

[19] Vgl. von Kármán und Edson (1968), S. 155f.

[20] Vgl. z.B. den Bericht über Kármáns und Wattendorfs gemeinsame Teilnahme am zweiten ICAS-Kongress in Zürich in (1961)IAS News 1961. Frau Greinacher berichtete darüber hinaus, Wattendorf sei wie ein „Schatten" Kármáns gewesen, er habe sich stets in seiner Nähe aufgehalten (Interview VG, 4.9.2002).

> abdisponieren, so dass Herr Wattendorf für die fehlenden $700.- eingesprungen ist.[21]

Noch am gleichen Tag wurde der Züricher Anwalt Hermann Witzthum benachrichtigt, dass im Auftrag Theodore von Kármáns 9 000 Dollar für ihn bis zum 5. Juni zur Verfügung gehalten würden; nach diesem Termin falle der Betrag wieder zu Händen Theodore von Kármáns.[22] Bereits im Januar 1953 hatte Witzthum von Kármán 300 Franken für eine „Treuhandsache" erhalten,[23] zur gleichen Zeit hatte Kármán das erste Akkreditiv in Auftrag gegeben.[24] Wofür Witzthum dieses Geld erhalten sollte, geht aus Kármáns Schreiben nicht hervor. Nachdem Wattendorf im Mai 1953 dieses Akkreditiv erhöht und verlängert hatte, scheint Kármán nichts mehr mit Witzthum zu tun gehabt zu haben. Möglicherweise hatte Miklós den Kontakt zu Witzthum organisiert; er schrieb seinem Bruder im März 1953: „Der Schweizer Anwalt, von dem ich Dir geschrieben habe, antwortet und sendet auch auf das Dringen von Kesselb.[auer] nichts."[25] Dies könnte man so lesen, dass Witzthum Miklós gegenüber eine Verpflichtung eingegangen war, der er aber aus irgendeinem Grund nicht nachkam. Sollte Kármán ursprünglich geplant haben, Witzthum für seine juristischen Belange in der Schweiz zu konsultieren, so änderte er seine Meinung wenig später – er entschied sich statt dessen für Horace Mastronardi als Schweizer Rechtsvertreter.

---

[21] Jacques Boesch an Theodore von Kármán, 5.5.1953 (TKC 144.14). Wattendorf war für Boesch kein Unbekannter – schon im Januar erwähnte er in einem Schreiben Kármán gegenüber, er habe das Vergnügen gehabt, Wattendorf in Bern zu treffen. Vgl. Jacques Boesch an Theodore von Kármán, 16.1.1953 (TKC 144.13).

[22] Schweizerische Bankgesellschaft an Hermann Witzthum, 5.5.1953 (TKC 144.14): „Wir benachrichtigen Sie, dass wir Ihnen im Auftrage des Herrn Prof. Dr. von Karmann, Paris, *USA $9 000.–* in Noten zur Verfügung halten. Sollten Sie bis zum 5. Juni a.c. nicht über diese Noten verfügen, so wird obiger Auftrag hinfällig, d.h. werden wir den erwähnten Betrag wieder zugunsten von Herrn Prof. Dr. Theodore von Karmann verwenden."

[23] Quittung vom 22.1.1953 (TKC 144.15).

[24] Vgl. Theodore von Kármán an Herrn Weiss, Vizedirektor der Schweizerischen Bankgesellschaft, 22.1.1953 (TKC 144.13): „ Ich beziehe mich auf unsere heutige Besprechung und bitte Sie, die bei Ihnen sich in Depot befindlichen Dollarnoten in Höhe von 7 000.- auf ein Konto Diverses zu übertragen auf Dr. Hermann Witzthum, Zürich. Sollte über dieses Depot nicht bis zum 22. März 1953 verfügt werden, so ist es wieder aufzulösen und mir gutzubringen."

[25] Miklós an Theodore von Kármán, 5.3.1953 (TKC 144.13) Übersetzung LH.

2 Bankgarantie für kulturelle Zwecke

Besagter Horace Mastronardi führte zu dieser Zeit ein Advokatur-Büro in Bern. Laut Aussage von Vera Greinacher, der Witwe eines mit Kármán befreundeten Schweizer Aerodynamikers, war es ihr Mann, Richard Greinacher, der Kármán den Kontakt zu dem Schweizer Anwalt vermittelte, doch gibt es dafür keinen schriftlichen Beleg.[26] Wie er seinem Anwalt William Donahue berichtete, wandte Kármán sich erstmals im September 1953 an Mastronardi, als keine reelle Hoffnung mehr bestand, über Joliot-Curie oder andere Wege Miklós' Ausreise nach Chile zu bewirken:

> Lieber Bill, wahrscheinlich hast Du bereits einen Brief eines Schweizer Juristen erhalten, dessen Name Dr. Mastronardi lautet und dessen Adresse ist: Bern (Schweiz), Schwanengasse 8. Ich untersuche zusammen mit Mr. Mastronardi die Möglichkeit einer legalen Lösung des Problems, einen Pass für meinen Bruder zu bekommen, unter Berücksichtigung eines gewissen finanziellen Beitrags für kulturelle Zwecke.[27]

Kármán kam nun also auf den Vorschlag zurück, Ungarn für Miklós' Ausreise einen „Beitrag für kulturelle Zwecke" in Aussicht zu stellen: Die ungarische Regierung war durch eine solche Regelung in der Lage, sich eine Ausreisebewilligung bezahlen zu lassen, ohne in den Verdacht zu geraten, sich an kapitalistischem Vermögen zu bereichern.[28] Möglicherweise war es ein zusätzlicher Pluspunkt, den Betrag über ein Depot in der neutralen Schweiz nach Ungarn fliessen zu lassen.

Seit Miklós zwei Monate zuvor diesen Vorschlag erstmals erwähnte, hatte sich die Situation erneut zugespitzt. Im Juni 1953 berichtete Miklós seinem Bruder, ein György Baracs hätte sich an ihn gewandt, der in Miklós' Namen bei der *Hungarian World Federation* in der Erbschaftssache agierte:

> György Baracs [...] hat mich gestern benachrichtigt, dass er vom Weltverband dringend vorgeladen wurde, mit der Begründung,

[26]Interview VG, 4.9.2002. Zum Kontakt zwischen Kármán und Greinacher vgl. Kapitel VI.

[27]Theodore von Kármán an Horace Mastronardi, 21.9.1953 (TKC 144.15): „Dear Bill, you probably have already a letter from a Swiss lawyer, whose name is Dr. Mastronardi and whose address is: Bern (Switzerland), Schwanengasse 8. I am studying together with Mr. Mastronardi the possibility of a legal solution of the problem of getting a passport for my brother, in consideration of some financial contribution to cultural purposes."

[28]Vgl. den entsprechenden Brief von Miklós, zitiert auf S. 122.

> dass die amerikanische Botschaft (die ungarische in Washington) mit einem Eilboten das ungarische Aussenministerium aufgesucht hat, weil meine Akten im Bezug auf den Nachlass so schnell wie möglich erneut besorgt werden müssen [...]. Sie werden die Akten amtlich beschaffen, darauf habe ich keinen Einfluss. Mich wird nur der Bezirksrat auf Wunsch des Ministeriums vorladen, allein um festzustellen, dass ich noch am Leben bin. – Sie haben Baracs vertraulich mitgeteilt, dass die Verhandlung in nächster Zukunft geplant ist und dass die Substanz des Nachlasses nicht 50/m beträgt, wie sie bisher angenommen hatten, sondern ca. 100/m.[29]

Das war in der Tat eine neue Wendung: Nicht 50 000 Dollar sollte Miklós erben, sondern gerade das Doppelte, ganze 100 000 Dollar! Kein Wunder, dass man im ungarischen Aussenministerium in Aufregung geriet – und kein Wunder, dass man mehr denn je daran interessiert war, dass Miklós „noch am Leben war“, wie dieser sich im Brief ausdrückte, und zwar auf ungarischem Boden. Für beide Seiten erhielten die Verhandlungen damit eine ganz neue Brisanz.

Mastronardis Plan zur Lösung des Problems war schlicht: Die ungarische Regierung war davon zu überzeugen, dass sie mit Sicherheit nichts von Miklós' Erbschaft bekommen würde, ob sie ihm nun eine Ausreisebewilligung erteilte oder nicht. Statt dessen sollte gegen die Ausstellung legaler Pässe für Miklós und Margit ein ansehnliches Depot in der Schweiz in Aussicht gestellt werden, das frei gegeben würde, sobald die Kármáns sich auf westlichem Boden befanden. Doch so einfach, wie es schien, liess sich dieser Plan nicht umsetzen. Das hauptsächliche Problem bestand darin, Ungarn eine definitive Absage hinsichtlich der Erbschaft zu erteilen, wie Kármán seinem Anwalt Donahue schrieb:

> Unser einziger starker Punkt ist die Wahrscheinlichkeit, dass die ungarische Regierung nicht in der Lage sein wird, die Erbschaft meines Bruders in die Finger zu bekommen. Herr Mastronardi hat sich mit der US-Botschaft in Bern in Verbindung gesetzt. Der Rechtsberater der Botschaft versicherte ihm, dass gemäss amerikanischer Rechtspraxis der Teil des Erbes, der meinem Bruder gehört, sicherlich auf unbestimmte Zeit von den Vereinigten Staaten zurückgehalten würde. Er war jedoch nicht bereit, dies schriftlich zu geben.[30]

---

[29] Miklós an Theodore von Kármán, 18.6.1953 (TKC 144.15).

[30] Theodore von Kármán an William Donahue, 21.9.1953 (TKC 144.15): „Our only strong point is the probability that the Hungarian government would be unable to get hold

Abbildung V.2: Horace Mastronardi. Quelle: PM.

Donahue sollte daher Unterlagen zu Präzedenzfällen heraussuchen, in denen in ähnlicher Weise Vermögen von Personen hinter dem Eisernen Vorhang durch die Vereinigten Staaten blockiert worden war – Mastronardi zufolge würde dies seine Verhandlungen mit den ungarischen Stellen bedeutend erleichtern. Auch sollte Donahue diese Dokumente nicht direkt an Mastronardi schicken, sondern an die amerikanische Botschaft in Bern, die diese Unterlagen dann an Mastronardi weiterleiten würde. So wollte Mastronardi möglicherweise verhindern, als Quelle für seine Informationen Donahue angeben zu müssen, d.h. eine hochgradig interessierte Partei in diesem Fall.

Für das besagte Depot trat wiederum Boesch in Aktion:

> Nach Rücksprache mit Herrn Boesch sind wir zum Schluss gekommen, dass es am zweckmässigsten wäre, wenn die Schweiz. Bankgesellschaft Bern eine Bankgarantie für vorläufig 30 000.- Schweizer

of the inheritance of my brother. Mr. Mastronardi contacted the U.S. Legation in Bern. The legal consul of the Legation assured him that according to the American legal practice the part from the estate which belongs to my brother would certainly be held back in the U.S. for an indefinite period. However the Legation is not willing to give this in writing."

> Franken leisten würde. Sofern Sie mit diesem Vorgehen einverstanden wären, würde ich alsdann unverzüglich die [schweizerische] Gesandtschaft [in Budapest] und den Handels-Attaché entsprechend orientieren und erklären, dass die Bankgarantie auf meinem Bureau deponiert ist im Sinne einer entsprechenden Bestätigung, und dass über das Depot verfügt werden kann, sobald sich Ihr Bruder in Bern befindet. Dies wäre m. E. der einfachste Weg, um die nötige Garantie zu schaffen, dass Ihr Bruder wirklich auch abmachungsgemäss ausreisen kann. Das Depot darf unter keinen Umständen vorher freigegeben werden.[31]

Den ungarischen Handels-Attaché in Bern hatte Mastronardi bewusst als Kontaktperson für seine Verhandlungen gewählt, denn dieser war, wie Mastronardi Kármán gegenüber betonte, „persönlich an der Devisenentwicklung und der Schaffung von Depots in der Schweiz interessiert".[32] Die 30 000 Franken sollten Ungarn in Form einer Stiftung zur Unterstützung begabter Studenten zur Verfügung gestellt werden. Wie Kármán seinem Anwalt berichtete, standen die Erfolgschancen für ein solches Unternehmen nicht schlecht:

> Herr Mastronardi ist vergleichsweise optimistisch, sofern die Gerichte ihre Haltung in der Frage nicht ändern. Er hat den Eindruck, dass die ungarische Regierung hinsichtlich Schweizer Währung eher knapp bei Kasse ist; wenn jemand eine Kaution in Schweizer Währung für einen unschuldigen kulturellen Zweck hinterlegen würde, könnten sie das Entsprechende in ungarischer Währung für solche Zwecke ausgeben, und die Transaktion würde vollkommen legal erscheinen.[33]

Die Ausreisegenehmigung an Miklós und Margit sollte offiziell ganz unabhängig von dieser Stiftung erfolgen; Mastronardi schlug sogar vor, gar keine definitive Ausreisegenehmigung zu veranlassen, vielmehr könne

---

[31] Horace Mastronardi an Theodore von Kármán, 12.12.1953 (TKC 144.15).

[32] Horace Mastronardi an Theodore von Kármán, 25.11.1953 (TKC 144.15).

[33] Theodore von Kármán an William Donahue, 21.9.1953 (TKC 144.15): „Mr. Mastronardi is relatively optimistic in the case the Courts did not change their attitude in the question. He has the impression that the Hungarian government is rather hard up as far as Swiss currency is concerned; if somebody made a deposit in Swiss currency for some innocent cultural purpose they could spend the equivalent in Hungarian currency for such purposes and the transaction would appear completely legal."

Miklós unter dem Vorwand eines Kuraufenthaltes in die Schweiz kommen. Dafür sollte er Mastronardi über die schweizerische Botschaft in Budapest ein offenes ärztliches Attest zukommen lassen, das Miklós' labilen Gesundheitszustand dokumentierte.[34] Die schweizerische Botschaft in Budapest wollte Mastronardi zudem als möglichen Verbindungskanal nutzen: Über den ihr eigenen Kurierdienst könne Miklós ihm problemlos von Zeit zu Zeit Briefe übermitteln.[35]

Mastronardis Plan hätte unter normalen Umständen vermutlich gute Erfolgschancen gehabt. Die Ausreise zweier älterer Privatpersonen – beide arbeitsunfähig, wie Miklós in fast jedem seiner Briefe an Theodore betonte – bedeutete für Ungarn keinen grossen Verlust, und die Option auf 30 000 Schweizer Franken war ein grosszügiges Angebot. Zunächst schien es auch, als ob man in Ungarn gewillt war, den Handel durchzuführen; doch trotz positiver Prognosen und ersten Entgegenkommens, z.B. von Seiten des Handels-Attachés, warteten Margit und Miklós auch im Frühjahr 1954 weiterhin auf ihre Ausreisegenehmigung. Kármán hatte die Lage korrekt eingeschätzt: Das ganze Unternehmen stand und fiel damit, dass die ungarische Regierung tatsächlich die Hoffnung auf Miklós' Erbe aufgab, und dies zu erreichen war nicht einfach. Warum sollte Ungarn sich mit 30 000 Franken zufrieden geben, wenn es unter Umständen Aussicht auf 100 000 Dollar hatte, d.h. auf die zwölffache Summe? So erhielt Miklós abermals einen ablehnenden Bescheid auf sein Ausreisegesuch – diesmal mit dem Hinweis, wie er seinem Bruder schrieb, der Betrag von 30 000 Franken stehe „in keiner Relation zu der Verpflichtung, welche mir in Bezug auf Deviseneinlieferung obliegt". Sofern Miklós aber bereit wäre, in irgendeiner Weise „die Interessen des Staates zu fördern", würde man unter Umständen eine Verhandlungsbasis finden.[36] Die ungarische Regierung war demnach bereit, mit sich reden zu lassen, wenn der fragliche Betrag entsprechend erhöht würde, so könnte man diesen Brief lesen.

[34] Vgl. Horace Mastronardi an Theodore von Kármán, 6.10.1953 (TKC 144.15).

[35] Horace Mastronardi an Theodore von Kármán, 27.10.1953 (TKC 144.15): „Gegenüber Ihrem Bruder glaube ich, dass eine weitere Mitteilung nicht erforderlich ist, einzig diese, dass er sich evt. von Zeit zu Zeit auf das Schweizer Konsulat begeben soll, wo er mir sicher ohne Schwierigkeiten Briefe zuschicken kann. Auch hoffe ich, dass ich ihn durch das Schweizer Konsulat citieren kann, um ihm dort wiederum von mir aus Mitteilungen zukommen zu lassen. Auf alle Fälle sollte er versuchen, von sich aus abzuklären, ob dieser Weg für direkte Mitteilungen offen bleibt."

[36] Miklós an Theodore von Kármán, 26.2.1954 (TKC 144.16).

3 Miklós' Freunde werden aktiv

Währenddessen verfolgte Miklós von Budapest aus eigene Pläne. Die Hauptperson dabei war der Anwalt Alexander Kesselbauer, der Miklós ursprünglich in „Steuerangelegenheiten" beriet.[37] Kesselbauer sorgte weiterhin dafür, dass Miklós über verschiedene Adressen in Österreich Post von Theodore erhielt – z.B. über das Ehepaar Urschitz –, er gewann aber bald schon eine weitaus grössere Bedeutung: Ähnlich wie Friedmann und seine Verwandtschaft erwies sich auch Kesselbauer als ein sehr vielseitiger Budapester Anwalt, der die Gegebenheiten vor Ort mit Hilfe von Auslandskontakten geschickt zu nutzen verstand. So war es Kesselbauer, der Miklós dabei half, über Schweizer Konten Geld von seinem Bruder Theodore zu erhalten;[38] die Sendung des geblümten Päckchens nach Zürich hatte Miklós ebenfalls mit Kesselbauers Hilfe organisiert – in dem Telegramm, dass Theodore schicken sollte, wird Kesselbauers Name und Adresse erwähnt. Zudem schrieb Miklós seinem Bruder am 3. Juni 1953: „Unsere Freunde haben uns mitgeteilt, dass die Sache abgewickelt worden ist"[39]; und mit diesen „Freunden" verwies er in anderen Briefen durchwegs auf Kesselbauer und seine Helfer.

Als im Dezember 1953 einmal der Postweg über Gabrielli gesperrt war, vermittelte Kesselbauer Miklós auch dafür eine Alternative. In erster Linie sollte dieser neue Kanal jedoch einem anderen Zwecke dienen, berichtete Miklós aufgeregt seinem Bruder:

---

[37]Vgl. Miklós an Theodore von Kármán, 19.11.1952 (144.12).

[38]Vgl. etwa Miklós an Theodore von Kármán, undatiert, ca. Anfang 1953 (TKC 145.5): „In diesem Moment, nachdem ich den Brief schon abgegeben habe, bietet sich eine neue Gelegenheit. Bitte zahle beim Schweizerischen Bankverein, auf das Konto 69193, ohne unsere Namen zu nennen, 205.- ein. Die Summe ist nicht rund, damit sie identifizierbar bleibt. Es wäre nützlich, wenn es auch Dir entspricht, uns mit Giuseppes Hilfe nur Folgendes wissen zu lassen: ‚Nachricht erhalten'. Diese Angelegenheit ist für uns wiederholbar." Übersetzung LH. – Schon im April gab Miklós seinem Bruder eine neue Verbindung an; Miklós an Theodore von Kármán, 28.4.1953 (TKC 144.13): „Wir bedanken uns sehr für deine Sendung im März. Auch auf diesem Wege gibt es Änderungen. Ich bitte dich darum, sie wenn möglich zu wiederholen, aber von jetzt an auf dieses Konto: ‚Schweizerische Bankgesellschaft Zürich, Bahnhofsstrasse 45. Dollarconto Cque 5715.' Bitte vermerke bei der Überweisung ‚für Keszi' im Interesse der Agnoszierung." Übersetzung LH. Ab Februar 1954 war auch dieser Weg gesperrt, und Miklós bat darum, statt dessen wieder Pakete zu schicken. Vgl. Miklós an Theodore von Kármán, 5.2.1953 (TKC 144.13).

[39]Miklós an Theodore von Kármán, 3.6.1953 (TKC 144.14). Übersetzung LH.

> Dass ich Dir jetzt doch schreiben kann, ist möglich, weil es Kesselbauer (kurz Keszi) gelungen ist, eine Verbindung zu finden, die uns Hoffnung macht, auf amtlichem Wege in 3 – 4 Wochen, spätestens bis Ende Januar, Pässe und eine Ausreisebewilligung zu erhalten. Dieselbe Verbindung macht es möglich, dass ich Dich darüber unterrichten und Dir meine Bitte mitteilen kann. Da die Sache sehr dringend ist, wird ein Extrakurier meinen Brief trotz der Festtage überbringen, damit er Dich so schnell wie möglich erreicht.[40]

Wie aus späteren Briefen hervorgeht, hatte Kesselbauer gute Beziehungen zur österreichischen Botschaft in Ungarn; auch das Päckchen war ja bereits über eine „Botschaft" aus Budapest herausgeschmuggelt worden, wie Miklós damals schrieb. Über diese Beziehungen, so ist zu vermuten, wollte Kesselbauer nun Pässe für Miklós und Margit beschaffen. Der einzige Haken an der Sache war der Preis von 15 000 Dollar. Miklós bat seinen Bruder inständig, diesen Betrag zumindest auszulegen – falls nötig, dürfe er dazu auch über den Inhalt des geblümten Päckchens verfügen, der im besagten Zürcher Safe No. 109 lagerte. Wie Miklós betonte, sollte die Summe erst gezahlt werden, wenn die erfolgreiche Ausreise der beiden gesichert war; ein Vorschuss sei nicht fällig. Zur Durchführung schlug Miklós folgendes Verfahren vor:

> Sobald es dir möglich ist, bitte ich Dich, den Betrag bei Herrn Jacques Boesch zu deponieren, mit der Bedingung, das Geld nur auszuzahlen, wenn 1. Du ihm die Anweisung dazu gibst, 2. sich daraufhin Keszis Beauftragter bei ihm meldet mit dem Original des Briefes, dessen Kopie ich hier beilege. Die Anweisung zur Bezahlung würdest du Boesch dann geben, wenn Du Dich davon überzeugt hast, dass wir in Wien angekommen sind. Keszis Beauftragter, der sich mit dem Brief bei Boesch melden wird, ist ein Diplomat, der sein Incognito bewahren muss. Deshalb wird sein Ausweis der oben genannte Brief sein. Ich denke, diese Konstruktion schliesst jeden Irrtum und jede Täuschung aus.[41]

Falls Kármán ihm dieses grosse Opfer bringen wolle, solle er so bald wie möglich ein Telegramm an Kesselbauer schicken, mit dem Text „Beste Glückwünsche zum neuen Jahr. Euer Jacques", schloss Miklós. 15 000

[40] Miklós an Theodore von Kármán, 23.12.1953 (TKC 144.15).

[41] Ibid. (TKC 144.15).

Dollar waren eine Menge Geld, vor allem angesichts dessen, dass Mastronardis Bemühungen auch ohne eine Zahlung an Kesselbauer zum Erfolg zu führen schienen. Kármán überdachte daher Miklós' Plan in den nächsten Wochen, verfasste dann aber, am 20. Januar 1954, folgenden Brief an Jacques Boesch:

> Lieber, sehr geehrter Herr Boesch,
>
> ich habe von meinem Bruder Wort bekommen, dass seine Freunde bemühen sich [sic] für ihn und seine Frau Pass zur Ausreise zu verschaffen . Er glaubt dass dies in einigen Wochen erfolgen wird. Leider konnte ich ihn nicht von dem Fortschritt der Aktion des Herrn Dr. Mastronardi informieren, da ich keinen sicheren Weg habe ihm zu schreiben. So habe ich die Verpflichtung übernommen, falls es ihm gelingen würde durch seine Freunde Pass und Ausreise zu bekommen, die Kosten (15 000 $, fünfzehntausend Dollars) zu bezahlen.
>
> Der Überbringer dieses Briefes ist ein Amerikanischer Offizier, der sich Ihnen gegenüber nicht legitimieren wird. Er wird Ihnen eine Kopie eines Briefes übergeben, der von einem Herrn Dr. Sandor Kesselbauer unterschrieben ist. Dieser Offizier hat sich persönlich Sicherheit verschafft, bevor er zu Ihnen geht, dass mein Bruder und seine Frau in Sicherheit auf westlichem Boden sich befinden. Dann bitte ich Sie einen Herrn, der mit dem Original des Briefes des Herrn Kesselbauer bei Ihnen erscheint, den oben bezeichneten Betrag von $15 000 gegen das Original des Briefes auszuzahlen. Mein Bruder liess mich wissen, dass diese Persönlichkeit nicht nach seiner Identität gefragt werden soll. Der Originalbrief soll als Legitimation und Empfangsbestätigung dienen.
>
> Ich weiss dass dieser Vorgang eine Konfusion schafft so dass wir eventuell über die $15 000 die Bankgarantie von Sw. Fr. 30 000 verlieren. Aber ich sehe keinen Weg die eine oder die andere Operation einzustellen. Die $15 000 werden nur bezahlt wenn die beiden Personen effektiv in Sicherheit auf westlichem Gebiet sich befinden. Die Operation ist nicht mit Vorschuss oder Auslagen verbunden. Andererseits wenn Dr. Mastronardis Weg früher zum Erfolg führt, werde ich natürlich die 15 000 nicht bezahlen. Ich bedauere dass ich Ihnen solche Komplikationen bereite und bin für Ihre freundlichen Bemühungen sehr verbunden.
>
> Mit herzlichen Grüssen,
> Theodore von Kármán. [42]

[42]Theodore von Kármán an Jacques Boesch, 20.1.1954 (TKC 144.16).

Abbildung V.3: Theodore von Kármán und June Merker in Bern, ca. 1961. Rechts im Hintergrund Frank Wattendorf. Quelle: PG.

Kármán war also bereit, das Wagnis einzugehen – sogar auf die Gefahr hin, dass durch diese Doppelstrategie die bereits deponierte Bankgarantie von 30 000 Schweizer Franken verloren ging, sollte die ungarische Regierung just zu diesem Zeitpunkt auf Mastronardis Angebot reagieren. Kármán hatte keine Möglichkeit, Miklós über den Stand der Dinge zu informieren; wie es scheint, war der Postverkehr aus Ungarn in den Westen einfacher zu organisieren als umgekehrt. Jedoch führte Kármán eine kleine, aber entscheidende Änderung des Planes ein: Nicht Kesselbauers diplomatischer Verbindungsmann sollte kontrollieren, ob Miklós und Margit tatsächlich im Westen waren, sondern ein „amerikanischer Offizier", d.h. einer von Kármáns eigenen Freunden. Erst auf dessen Benachrichtigung hin sollte Boesch die besagten 15 000 Dollar auszahlen.

Wer es übernehmen sollte, die erfolgreiche Ausreise zu kontrollieren, geht aus Kármáns weiterer Korrespondenz hervor. Zwei Wochen nach seinem Schreiben an Boesch, Mitte Februar 1954, erhielt Theodore von Kármán einen Brief von June Merker, seiner Sekretärin bei der AGARD in Paris:

> Lieber Dr. von Karman,
>
> hiermit trifft der erste Brief ein. Ich habe ihn sowohl Dr. Wattendorf als auch George gezeigt, und wir warten nun auf Ihre weiteren Anweisungen. Da die Sache gut aussieht, hätte George gerne eine Schriftprobe und ein Foto, auch wenn es ein altes ist. Er meint, diese beiden Dinge würden ihm enorm helfen. Können Sie uns den Gefallen tun und sie uns sofort zukommen lassen? Nur als Massnahme für den Fall, dass das Original verloren ginge, haben wir hier eine Kopie gemacht, die ich Ihnen bei Ihrer Rückkehr geben werde. Ich wollte Ihnen das sofort mitteilen, für diesmal daher nichts Geschäftliches. Wir alle senden Ihnen beste Grüsse und hoffen aufrichtig, dass alles gut geht.
>
> Liebe und Küsse, June[43]

Der Offizier, der sich hier für den bevorstehenden Auftrag rüstete und dafür um Fotos und Schriftproben bat – vermutlich von Miklós – , war der amerikanische Major George Zinneman, gemeinsam mit Merker und Wattendorf einer von Kármáns engsten Mitarbeitern bei der AGARD.[44] Von eben diesem Zinneman bekam Kármán einige Wochen später, im April 1954, einen weiteren Brief:

> Lieber Dr. von Karman:
>
> Beigefügt finden Sie den Brief, den ich in meinem Telegramm ankündigte. Der Brief kam diesen Morgen bei June an. Es ist offensichtlich, dass ich spezifische Anweisungen von Ihnen brauche, bevor ich irgendetwas unternehme, da der Inhalt des Briefes Ihrer Ausdeutung bedarf. [...] Ich habe die verschiedenen Adressen und anderen Daten kopiert, die der Brief enthält; Sie brauchen daher in Ihrem Telegramm nur auf diese zu verweisen, ohne sie tatsächlich zu wiederholen. Es dürfte Sie interessieren, dass die Adresse „Prinz-Eugen-Strasse“ in der R.Zone liegt – ich bin mir dessen fast sicher.

---

[43] June Merker an Theodore von Kármán, 15.2.1954 (TKC 155.16): „Dear Dr. von Karman, Herewith the first letter to arrive. I have shown it both to Dr. Wattendorf and George and we now await your further instructions. Since it looks good, George would like very much to have a sample of handwriting and a photograph even though it is an old one. He believes these two things would help him greatly. Can you oblige and get them to us immediately? Just for the record to aid in case the original became lost, we have made a copy here which I will give to you on your return. Want to get this to you immediately so will not go into office routine at this time. We all send best regards and hope sincerely all goes well. Love and Kisses, June.“

[44] Vgl. die Auflistung im *AGARD Secretariat Buck Slip* (TKC 59.17).

> Ich erwarte Ihre Anweisungen und werde alles tun, was ich kann, um Ihnen in dieser Angelegenheit zu helfen.
> Mit den besten Grüssen
> George[45]

Die von Zinneman angesprochene „R-Zone" verweist auf die „Russische Zone" des damals noch besetzten Wiens. Zinnemans Interesse für die Prinz-Eugen-Strasse könnte bedeuten, dass er diese Adresse aufsuchen sollte, um sich von Miklós' und Margits Ankunft zu überzeugen. Die beiden würden also über Österreich ausreisen, wenn alles nach Plan verlief. Besagte Prinz-Eugen-Strasse hatte Miklós kurz zuvor bereits in einem Brief an Kármán als neue Kontaktadresse für die Briefpost erwähnt:

> Wir bitten Dich, schreibe uns oder lasse uns schreiben ehebaldigst an folgende Adresse: „Herrn GEORG von HOLTZ. Wien IV. Prinz Eugen Strasse 14." Den Brief sei so gut in zwei Kuverts zu geben, auf dem inneren mit dem Vermerk: „Bitte den Brief an Dr. Kesselbauer Sándor gefl. weiterleiten zu wollen." Der Brief soll *nicht* recommendiert aufgegeben werden.[46]

Zwei Monate später wiederholte Miklós seine Bitte, ihm künftig in die Prinz-Eugen-Strasse zu schreiben.[47] Zu vermuten ist hinter dieser Adresse der von Miklós angesprochene Weg, über den Kesselbauer sowohl den Postverkehr, als auch allenfalls die Erlangung von Pässen und Ausreisebewilligung ermöglichen wollte.

Die hoffnungsvolle Zusage, der Plan sei innerhalb von vier Wochen zu erledigen, erwies sich jedoch bald als Trugschluss. Zunächst waren es Miklós zufolge „technische Manipulationsgründe"[48], durch die sich die Angelegenheit um weitere drei Wochen verzögerte; doch auch diese Wochen

[45] George Zinneman an Theodore von Kármán, 3.4.1954 (TKC 144.16): „Dear Dr. von Karman: Inclosed please find the letter which I announced to you in the cable . The letter arrived this morning at June's. It is obvious that I will need specific instructions from you before taking any action, since the contents of the letter need your interpretation. [...] I have copied the various addresses and other data contained in the letter; you need therefore only refer to them in your cable without actually repeating them. You may be interested to know that the ‚Prinz Eugenstrasse' address is in the R.Zone – I am almost positive on that. I am awaiting your instructions and will do all I can to help in this matter. Kindest personal regards. Sincerely, George."

[46] Miklós an Theodore von Kármán, 23.3.1954 (TKC 144.16).

[47] Miklós an Theodore von Kármán, 18.5.1954 (TKC 144.14).

[48] Vgl. Miklós an Theodore von Kármán, 5.2.1954 (TKC 144.16).

verstrichen, ohne dass etwas geschah. Am 23. März gab es immer noch nichts Neues: „Keszis Vertrauensmann – wie er uns berichtete – behauptete und behauptet auch derzeit noch, dass die Angelegenheit geregelt sei. Nun hat er uns einen Endtermin mit 15. April angeben lassen", schrieb Miklós; setzte aber resigniert hinzu: „Da jedoch bis jetzt alle Termine – wenn diese auch noch so fix angesagt waren – leer ausgegangen sind, müssen wir mit einer gewissen Skepsis diesem Termin entgegensehen."[49] Gleichzeitig wollte Miklós noch nicht alle Hoffnung aufgeben, dass Kesselbauer doch noch etwas zustande brächte. Es habe sich gerade eine neue Möglichkeit aufgetan, berichtete er seinem Bruder, jedoch war diese, wie üblich, nicht umsonst. Diesmal sollte eine Summe von 1 000 Dollar „an die Hand des H. Generalkonsul Dr. Fritz *Hartlmayer*, Zürich, Oesterreichisches Konsulat, Sonneggstrasse, für Harald von *Holtz* höchstmöglichst durch einen persönlichen Boten" gezahlt werden. Wie Miklós hinzusetzte, bitte Hartlmayer jedoch darum „bei der Durchführung den Titel Generalkonsul zu übergehen".[50]

Ob nun aufgrund dieser Zahlung oder durch andere Umstände: Im Mai 1954 schöpfte Miklós unerwartet neuen Mut:

> Unsere Wohnung wurde gestern von der städtischen Behörde unter amtliche Sperre (batósági zárlat) genommen mit Rücksicht auf unsere bevorstehende Auswanderung. – Nach den hiesigen Vorschriften ist dies im Allgemeinen der erste amtliche Schritt und nach bisherigem ständigen Brauch wird die Wohnung nur dann unter Sperre genommen, wenn das Innenministerium das Gesuch bereits bewilligt hat. – Keszis Vertrauensmann hat doch funktioniert.[51]

Miklós bat seinen Bruder daher dringend, die zuvor getroffenen Vereinbarungen wieder in Kraft treten zu lassen, d.h. die besagten 15 000 Dollar zur Zahlung nach erfolgter Ausreise über Wien bereitzustellen. Nur zwei Tage später erhielt Kármán einen Brief von Mastronardi, der ebenfalls eine neue Möglichkeit zur legalen Ausreise aufgetan hatte:

> In der Zwischenzeit habe ich eine andere Verbindung zur ungarischen Legation aufgenommen, durch einen Mittelsmann, der sehr

[49] Sämtlich: Miklós an Theodore von Kármán, 23.3.1954 (TKC 144.16).
[50] Miklós an Theodore von Kármán, 23.3.1954 (TKC 144.16).
[51] Miklós an Theodore von Kármán, 18.5.1954 (TKC 144.16).

> viel mit Budapest zu tun hat. Er hofft, durch einen direkten Vorstoss, verbunden mit einer anderen Transaktion, die er in Aussicht hat, eine Intervention zu Gunsten Ihres Bruders auszuführen. Es ist ihm schon gelungen, zwei Personen hinter dem eisernen Vorhang in die Schweiz in Sicherheit zu bringen, weshalb ich mich veranlasst gesehen habe, den Kontakt mit ihm aufzunehmen. Sobald ich etwas Positives erfahre, werde ich auch auf diesen Punkt zurückkommen.[52]

Nach wie vor bemühten sich Kármán und Miklós also auf zwei parallelen Schienen um Pässe und Ausreisebewilligung: Kármán setzte auf Mastronardi und die Schweizerische Diplomatie – Miklós hoffte nach wie vor auf den Erfolg von Kesselbauer und seinen Freunden. Auf beiden Seiten schien ein Fortschritt in Sicht; keiner der Brüder konnte jedoch die jeweils andere Partei umfassend über den Stand der Dinge informieren.

Im Juli war Mastronardi so zuversichtlich hinsichtlich des günstigen Verlaufs der Ereignisse, dass er bereits bei der Berner Fremdenpolizei eine Einreisebewilligung für Miklós und seine Frau beantragte. „Das Gesuch läuft, und persönlich habe ich mich auch schon dafür verwendet und nehme an, dass die Bewilligung wahrscheinlich in den nächsten 2 – 3 Wochen erteilt werden kann“[53], schrieb er seinem Auftraggeber. Im Juli 1954 nahmen auch Kesselbauers Bemühungen eine neue Wende: Er hatte wiederum einen neuen Plan, der jedoch zur Durchführung abermals eine sofortige Zahlung von 5 500 Dollar erforderte – angeblich zur Beschaffung der Pässe. Ähnlich wie bei den einst ausgehandelten 15 000 Dollar sollte sich der Mittelsmann durch die Übergabe eines von Miklós unterzeichneten Originalbriefes zu erkennen geben, dessen Kopie er zuvor Boesch geschickt hatte.[54] Dabei hatte Kesselbauer seinem geduldigen Klienten erneut versichert, seine Freunde würden „in weiteren 3 Wochen“ die Pässe parat haben. „Sie behaupten es mit solcher Sicherheit“, berichtete Miklós seinem Bruder, „dass sie um eine Sicherstellung hier a conto des in Aussicht gestellten Honorars urgieren. Es handelt sich um den Erlang als gesperrte Sicherstellung von cca. Fl 200 000.- hier bei der Bedingung, dass der Betrag gegen unsere Ausreisebewilligung frei wird.“[55]

---

[52] Horace Mastronardi an Theodore von Kármán, 20.5.1954 (TKC 144.16).

[53] Horace Mastronardi an Theodore von Kármán, 1.7.1954 (TKC 144.16).

[54] Miklós an Theodore von Kármán und an Jacques Boesch, 20.7.1954 (TKC 144.16).

[55] Miklós an Theodore von Kármán, 20.7.1954 (TKC 144.16).

Ob Kármán auch diesen Betrag bereitstellte, ist nicht dokumentiert – vielleicht hatte es einmal zu oft geheissen, die Sache sei „in drei Wochen" erledigt. Die 5 500 Dollar zahlte er noch, insofern hielt er es nicht für völlig aussichtslos, dass Kesselbauer doch noch etwas in die Wege leiten könnte. Bisher warteten jedoch er wie auch Miklós und Margit vergeblich.

4 Dr. Holtz aus Österreich

Auch weiterhin liefen alle Zahlungen nach Ungarn über Boesch; zugleich stand er in engem Kontakt zu Mastronardi und war über dessen Verhandlungen stets informiert. Boesch war daher höchst erfreut, als er Anfang Juni 1954 einen Anruf eines ihm unbekannten Herrn der Schweizerischen Botschaft in Budapest erhielt und dieser ihm mitteilte, die Pässe für Miklós und Margit seien genehmigt. Endlich schienen Mastronardis Bemühungen Erfolg zu zeigen – doch weit gefehlt:

> Ein Dr. Feuz (vermutlich Schweiz. Gesandtschaft in Budapest) telephonierte mir gestern aus Zürich, dass der Pass für ihren Bruder bewilligt sei, er denselben jedoch noch nicht erhalten habe. Dieser Herr Dr. Feuz sagte, ein Herr Dr. Kesselbauer habe ihn beauftragt. Es schien mir, dass Herr Dr. Feuz für Ihren Bruder Geld verlangte. Es war ihm jedoch unbekannt, dass eine Garantie von Fr. 30 000.- gelaufen ist und seit einem Monat hinfällig wurde. Offenbar ist man in Budapest nun gewillt, Ihren Bruder ausreisen zu lassen, möchte aber vermutlich das Geld zuerst haben und auch noch sonstige nicht offizielle Schmiergelder.[56]

Boesch hatte sich daraufhin mit Mastronardi besprochen; dieser war nach wie vor der Meinung, man solle die Bankgarantie erneuern, das Geld jedoch auf jeden Fall erst dann freigeben, wenn Miklós und Margit im Westen angekommen wären. „Wegen der weiteren Schmiergelder bzw. Geldbedürfnisse Ihres Bruders wäre ich der Meinung, sein handschriftliches Schreiben diesbezüglich abzuwarten", schloss Boesch sein Schreiben an Theodore.[57]

Erst im September klärte sich die Identität dieses Anrufers, als ein „Dr. Harald Holtz" sich mit folgendem Anliegen an Boesch wandte:

[56] Jacques Boesch an Theodore von Kármán, 5.6.1954 (TKC 144.16).
[57] Ibid. (TKC 144.16).

> Wie Sie sich wahrscheinlich noch erinnern können, habe ich gelegentlich meines kurzen Urlaubsaufenthaltes in der Schweiz am 4.6. D.J. von Zürich aus mit Ihnen in Angelegenheit der damals – nach meinen privaten Informationen – zu erwartenden Ausreise des Herrn Karman (Budapest) telephoniert. Ich weiss leider nicht, wie sich diese Angelegenheit weiter entwickelt hat, da ich aus bestimmten Gründen nach meiner Rückkehr nach Wien nicht mehr an die österr. Gesandtschaft in Budapest zurückkehrte und somit auch nicht mehr Kontakt mit dem dort seit langer Zeit für Herrn Karman intervenierenden Rechtsanwalt Dr. Sandor Kesselbauer (Bp.-Adyliget, Taltos utca) aufnehmen konnte; eine reguläre Postverbindung mit dem Genannten ist selbstverständlich angesichts der besonderen Verhältnisse hinter dem Eisernen Vorhang, im Besonderen mit Rücksicht auf die persönliche Sicherheit des erwähnten Anwaltes ausgeschlossen.
>
> Ich habe mich nunmehr, da ich Herrn Dr. Kesselbauer für Zwecke seines Mandanten (Karman) einen grösseren Geldbetrag zur Verfügung gestellt habe (etwa Mitte Mai), an Herrn Prof. Theodor von Karman zu wenden; ich darf Sie deshalb bitten, mir dessen Adresse (soweit mir bekannt, Neuilly) ehestmöglich mitteilen zu wollen.[58]

Falls den Kármáns unterdessen die Ausreise geglückt sei, würde Herrn Holtz dies sehr freuen, „da ich die diesbezüglich unentwegten Bemühungen des mir befreundeten Anwaltes kenne und mich freuen würde, wenn diese zu einem Erfolg geführt hätten". In jedem Fall bat er Boesch, die ganze Sache vertraulich zu behandeln, um Kesselbauer „seitens der ungar. Behörden" keine Schwierigkeiten zu bereiten.

Dieser Dr. Holtz von der österreichischen Botschaft verbarg sich demnach hinter dem Telefonanruf, der Boesch einige Monate zuvor verwirrt hatte. Auch diesmal reagierte er sehr zurückhaltend, antwortete nur, seines Wissens werde Theodore von Kármán demnächst nach Pasadena abreisen, die Adresse dort kenne Boesch nicht. Zu Kesselbauer merkte Boesch an, er sei ihnen ja als „ausserordentlich tüchtig und vertrauenswürdig bekannt", aber inzwischen hätten sie seit sechs Wochen nichts mehr gehört und doch erhebliche Bedenken, ob es nicht unvorhergesehene Hindernisse gäbe, „welche zu beseitigen nicht in der Macht von Dr. Kesselbauer lie-

[58] Harald Holtz an Jacques Boesch, 7.9.1954 (TKC 145.1).

gen".[59] Er danke Holtz für seine wertvollen Bemühungen und verbleibe mit herzlichen Grüssen, Jacques Boesch.

Boesch tat also sein Möglichstes, Holtz abzuwimmeln oder zumindest zu verhindern, dass Holtz sich mit Kármán direkt in Verbindung setzte. Vielmehr gab er ihm die Adresse von Mastronardi, möglicherweise in der Hoffnung, Mastronardi sei der Richtige, um zweifelhafte Geldforderungen zurückzuweisen. Boesch schickte den Brief von Holtz sowie seine Antwort darauf unverzüglich in Kopie an Kármán, mit folgendem Kommentar:

> Zweifelsohne werden Sie nun einen Brief von diesem Dr. Holtz erhalten, und derselbe wird zweifelsohne auch Geld von Ihnen verlangen. Herr Dr. Mastronardi und ich sind jedoch der Meinung, dass Sie auf einen solchen Brief nicht antworten sollten, sondern denselben sofort Herrn Dr. Mastronardi zustellen sollten, vielleicht mit einer kurzen Weisung an letzteren. Was uns auffällt, sind folgende Punkte:
>
> (i) Da Dr. Holtz meine Adresse in Bern ja schon im Mai kannte, warum hat er dann bis im September zugewartet, um mir zu schreiben?
>
> (ii) Wenn er eine bestimmte Summe Mitte Mai Herrn Kesselbauer zur Verfügung gestellt haben sollte, warum hat er bis jetzt zugewartet, um diese Summe zu reklamieren?
>
> (iii) Warum hat er denn den angeblich grösseren Geldbetrag nicht sogleich genannt? Wollte er uns eventuell zuerst die Würmer aus der Nase ziehen, wie die Sache eigentlich steht?
>
> Jedenfalls muss da besonders vorsichtig vorgegangen werden, was ich am liebsten Herrn Dr. Mastronardi überlassen würde.[60]

Mastronardi schickte einen Tag später seinerseits einen Brief ähnlichen Inhalts, in dem er zusätzlich darauf hinwies, er fände es sehr seltsam, dass Kesselbauer selbst diese Vorgänge niemals erwähnt hätte. Überhaupt sei es an der Zeit, von Kesselbauer wieder einmal etwas zu hören, „nachdem doch anzunehmen wäre, dass er inzwischen seine Intervention fortgesetzt hat". Wenn er auch weiterhin keine Nachricht erhalte, würde Mastronardi,

---

[59]Jacques Boesch an Harald Holtz, 9.9.1954 (TKC 144.16).

[60]Jacques Boesch an Theodore von Kármán, 10.9.1954 (TKC 145.1).

wie in Aussicht genommen, „erneut mit der ungarischen Legation in Bern Fühlung aufnehmen".[61]

Wie zu erwarten, liess Holtz so schnell nicht locker. Schon eine Woche nach dem ersten Schreiben erhielt Boesch bereits den nächsten Brief von Holtz. Dieser bedankte sich zunächst für Boeschs Antwort und zeigte sich sehr erleichtert, dass auch Boesch Kesselbauer für zuverlässig hielt – „Sie wissen selbst, dass man sich bei besten Freunden mitunter täuschen kann". Bei Kesselbauer sei dies zwar völlig ausgeschlossen, so Holtz, aber immerhin habe er seit Ende Mai nichts mehr von Kesselbauer gehört:

> Damals stellte er [Kesselbauer] mir die Erlangung der Ausreisebewilligung unter der Voraussetzung, dass ihm ein grösserer Betrag – sagen wir ruhig, aber diskret, zu Bestechungszwecken – zur Verfügung steht, für die allernächsten Tage, spätestens erste Juniwoche, in Aussicht und erbat sich den Betrag von Forint 100 000, für den Herr Karman, Budapest, sich von seinem Bruder Prof. v. Karman brieflich nach vereinbartem Kurs $2 500 erbitten sollte. [...] Damit Dr. K. nicht knapp in seinen Mitteln ist nach meiner Abreise, gab ich ihm $2 700.- in der Erwartung, in absehbarer Zeit, jedenfalls binnen längstens wie vereinbart 4 Wochen, den Betrag von Prof. Karman an die Schweizerische Spar- und Kreditanstalt Zürich, Konto 5595, ersetzt zu bekommen. Wenn bis heute auf meinem Kto. nichts eingelangt ist, so kann ich nur vermuten, dass auf seiten Dr. K's oder bei dessen über eine oder die andere Gesandtschaft in Bp. gefälligkeitshalber (privat!) laufender Briefweiterleitung ein Fehler unterlaufen ist.[62]

Als Postskriptum fügte er schliesslich noch dringlich hinzu: „Unter keinen Umständen darf die ungar. Gesandtschaft in Bern, die, wie Sie mir szt. am Telephon sagten, im Zusammenhang mit der Abgabe einer Bankgarantie Ihrerseits anscheinend auch in der Ausreiseangelegenheit Karman informiert oder miteinbezogen ist, hievon erfahren, da dies Herrn Karman Bpest nur schaden könnte, abgesehen von den Folgen für Herrn Kesselbauer!" – und für Herrn Dr. Holtz, ist man geneigt zu ergänzen.

---

[61] Horace Mastronardi an Theodore von Kármán, 11.9.1954 (TKC 145.1).

[62] Harald Holtz an Jacques Boesch, 13.9.1954 (TKC 145.1). Vgl. auch den Brief von Harald Holtz an Jacques Boesch vom 27.9.1954 (TKC 145.1): „[I]ch bin lediglich daran interessiert, so schnell wie möglich die $2 700 zu bekommen, für die ich den Gegenwert Herrn Dr. Kesselbauer gegeben habe, ohne von ihm ein entsprechendes Bittschreiben des Ehepaares Karman zu verlangen."

Es folgte eine lange Reihe ähnlicher Briefe, die Boesch zunehmend abweisender beantwortete. Kármán hielt er über Holtz stets auf dem Laufenden, dessen Verhalten er „zum allermindesten reichlich dreist" fand. Dennoch gab Boesch zu bedenken: „Da man es aber mit solchen Leuten nie verderben darf – da sie gefährlich werden könnten – habe ich heute im Einverständnis mit Herrn Dr. Mastronardi gehandelt, indem ich alle Türen offen liess.[63] Er empfahl Kármán, Holtz zu schreiben, dass er nicht abgeneigt sei, Holtzens Ansprüche zu prüfen, sobald sein Bruder Miklós sicher im Westen angekommen sei; zusätzlich merkte Boesch an:

> Wenn Sie dabei noch einflechten wollen, dass Sie sehr erstaunt seien, dass ein Ihnen vollkommen unbekannter Mensch $2 700.- ohne jeden Auftrag Ihrerseits an Herrn Dr. Kesselbauer bezahlt habe, so können Sie dies ungeniert in Ihrem Briefe tun. Ob wir dies dann an Herrn Dr. Harald Holtz weiterleiten wollen, hängt von den inzwischen eingetretenen Umständen ab.[64]

Holtz gab sich noch lange nicht geschlagen, und erklärte Boesch in einem weiteren Brief wortreich, welch entscheidende Rolle ihm in dem ganzen Geschehen zukam, dass er nicht nur Korrespondenz übermittelt habe, sondern auch das von Theodore nach Zürich überwiesene Geld für Miklós und Margit.[65] Insofern wisse er auch bestens über Boesch und dessen Rolle Bescheid, und halte sich daher weiterhin an ihn, den „Bevollmächtigten" in Finanzgeschäften des Professors. Wie Holtz schrieb, hätte er das besagte Originalschreiben an Boesch überbringen sollen zur Freigabe der 15 000 Dollar im Falle einer erfolgreichen Ausreise von Miklós und Margit:

> Unabhängig von den Dr. Kesselbauer für das Ehepaar Karman übergebenen Betrag hatte mir nämlich der Genannte, der übrigens bis vor Kurzem von der österr. Gesandtschaft fallweise als Rechtskonsulent herangezogen wurde und daher mit mir – ich war erster Legationssekretär an der Gesandtschaft – regelmässig in Verbindung stand, die Kopie eines an Sie gerichteten Schreibens ausgefolgt, welches mir Ihnen gegenüber als Legitimation dienen sollte, sobald die Ausreise-Angelegenheit des Ehepaares Karman aktuell würde und Prof. v. Karman einen grösseren Betrag (soviel ich mich

[63] Jacques Boesch an Theodore von Kármán, 24.9.1954 (TKC 145.1).
[64] Ibid. (TKC 145.1).
[65] Vgl. Harald Holtz an Jacques Boesch, 27.9.1954 (TKC 145.1).

> erinnere, sprach Dr. Kesselbauer von ca. 15 000 $) an eine Mittelsperson, diesfalls mich, anweisen müsste.[66]

Er habe aber zur verabredeten Zeit nichts von Kesselbauer gehört – dieser hätte ihm ein Telegramm schicken sollen – und daher bei Boesch angerufen, um Näheres herauszufinden. Warum Kesselbauer nichts von sich hören lasse, war allerdings auch Holtz völlig unklar, denn, wie er sich ausdrückte: „Es finden sich doch immer wieder Diplomaten, die Post aus Ungarn herausbringen und diese sodann in Wien in den Postkasten werfen."

Wenn auch die Berechtigung von Holtzens Geldforderungen unklar bleibt, geht aus seinen Briefen immerhin hervor, auf welche Weise Kesselbauer mit der österreichischen Botschaft zusammenhing. Holtz und Kesselbauer schienen demnach über längere Zeit hinweg eng zusammengearbeitet zu haben, unter anderem im Zusammenhang mit der Ausreise von Miklós und Margit. Kesselbauers Schweigen klärte sich kurze Zeit später: Am 29. September 1954 schrieb Holtz an Boesch, er habe zuverlässig Nachricht erhalten, dass Kesselbauer „für alle unerreichbar" sei: „Was dieses unerreichbar bedeutet, weiss jeder, der sich von den heutigen Verhältnissen in Ungarn ein Bild machen kann. [...] Ob Dr. K. seine Tätigkeit als Konsulent einer Kugellagerfabrik einer ital. Firma in Bp., sein Kontakt mit der österr. Gesandtschaft als Vertrauensanwalt oder etwa seine Bemühungen um die Ausreisebewilligung für das Ehepaar Karman zum Verhängnis wurden, bleibt dahingestellt."[67] Kesselbauer war demnach sehr vielseitig engagiert, und jede einzelne dieser Tätigkeiten war geeignet, das Missfallen der ungarischen Regierung auf sich zu ziehen. Auch Holtz selbst schien in diverse mehr oder weniger legale Affären verwickelt zu sein; wie aus einem späteren Brief hervorgeht, wurde Holtz aus Gründen, die „schriftlich nicht zur Diskussion stehen können", von seinem Posten bei der Budapester Botschaft suspendiert.[68]

Boesch meldete diese unangenehme Wendung der Dinge unverzüglich seinem Auftraggeber; gleichzeitig hatte Boesch aber auch eine erfreuliche Nachricht vorzubringen:

---

[66] Vgl. Harald Holtz an Jacques Boesch, 27.9.1954 (TKC 145.1).
[67] Vgl. Harald Holtz an Jacques Boesch, 29.9.1954 (TKC 145.1).
[68] Harald Holtz an Jacques Boesch, 3.10.1954 (TKC 145.1).

> Es ging nämlich bei Herrn Dr. Mastronardi eine Mitteilung der Fremdenpolizei ein, laut welcher das Ehepaar von Karman in Budapest bei der Schweiz. Gesandtschaft vorgesprochen habe und um das Einreisevisum ersucht habe. Dieses wird aber nur nach einer Kautionsstellung erteilt. Herr Dr. Mastronardi wurde um Frs. 50 000.- angegangen, welche er auf Frs. 30 000.- reduzieren konnte. Ich habe daher bei der Schweizerischen Bankgesellschaft einen Antrag gestellt, dass sie diese Kaution abgeben soll und habe, um auf Ihrem Franken-Konto die nötigen Mittel bereit zu stellen, ab Ihrem Dollars-Konto $7 000.- verkaufen lassen. [69]

Das Ganze sei deswegen so eilig, weil „es ja möglich wäre, dass das Ehepaar von Karman sofort nach der Erteilung des Schweizervisums ausreisen kann, weil vielleicht ein Zusammenhang zwischen dem Ehepaar von Karman und dem Dr. Kesselbauer noch gar nicht aufgedeckt worden ist. In Budapest, wo alles neben und durcheinander läuft, ist dies sehr leicht möglich“.[70] Boesch befürchtete demnach unangenehme Konsequenzen für Miklós und seine Frau, wenn Kesselbauer erst einmal nach Budapester Methoden verhört würde und seine Verwicklung in den Fall Kármán zu Protokoll gab.

Die Kaution wurde bereitgestellt, und Kármán unterschrieb zusätzlich eine persönliche Verpflichtung, für den Unterhalt seines Bruders und seiner Schwägerin in der Schweiz aufzukommen, sofern die Kaution nicht alle Unkosten decke.[71] Währenddessen schrieb Holtz weiterhin seine Briefe an Boesch und erklärte immer ausschweifender sein Anliegen. Dass er keine Quittung vorweisen könne, versicherte er wiederholt, sei nur den Umständen in Budapest zuzuschreiben;[72] Holtz habe in gutem Glauben einem Freund in der Not helfen wollen, was er sich in Zukunft gut überlegen werde. Nachdem jedoch Boesch ihm in keiner Weise entgegenkam, wandte Holtz sich nunmehr in mehrseitigen Schreiben an Mastronardi mit seiner

[69]Jacques Boesch an Theodore von Kármán, 2.10.1954 (TKC 145.1).

[70]Ibid. (TKC 145.1).

[71]Vgl. Horace Mastronardi an Theodore von Kármán, 4.10.1954 (TKC 145.1).

[72]Harald Holtz an Jacques Boesch, 17.10.1954 (TKC 145.1): „Wie schon einmal gesagt, ich wollte dies begreiflicherweise ohne eine Quittung zunächst nicht tun, habe dann aber doch dem Drängen Dr. Kesselbauers nachgegeben, weil er, falls die Ausreiseangelegenheit tatsächlich während meiner Abwesenheit aktuell werden sollte, sonst den für die bekannten Zwecke – ohnedies nur als geringfügiger Teil – erforderlichen Betrag nirgendwo hätte aufbringen können.“

Bitte um „Refundierung" des Betrages, den er Kesselbauer „für Zwecke im *Interesse* des Ehepaares übergeben habe"[73] – nämlich um die Auswanderungsbewilligung, den so genannten K-Pass „auf bestechlichen Umwegen" zu erhalten.[74] Holtz ging schliesslich sogar so weit, Mastronardi diskret eine Beteiligung in Aussicht zu stellen:

> Es versteht sich – um es in diesem Zusammenhange zu erwähnen – dass ich mich gerne, sobald ich hierzu in der Lage bin, für Ihre Mühe ebenso wie gegenüber Herrn Boesch erkenntlich zeigen will.[75]

Daraufhin brach Mastronardi jeden weiteren Briefverkehr ab. Im Februar 1955 berichtete er Kármán, Holtz habe sich noch wiederholt an ihn gewandt, von Mastronardi aber stets vereinbarungsgemäss die Antwort erhalten, ohne zweifelsfreien Nachweis der Zahlung an Kesselbauer gäbe es bei Kármán kein Geld zu holen.[76] Zu diesem Zeitpunkt hatte sich die Sachlage schon durchgreifend verändert. Die entscheidenden Tage fielen in den Oktober 1954, als plötzlich Kármáns Anwalt in Pasadena ein dringliches Telegramm von Mastronardi erhielt, sofort die von Miklós ausgestellte Vollmacht an den ungarischen Konsul in Cleveland zu widerrufen.[77] Diese war nunmehr gegenstandslos, denn Miklós und Margit waren nicht mehr in ungarischer Gewalt.

---

[73] Harald Holtz an Horace Mastronardi, 17.10.1954 (TKC 145.1). Hervorhebung im Original.

[74] Ibid. (TKC 145.1).

[75] Harald Holtz an Horace Mastronardi, 23.10.1954 (TKC 145.1).

[76] Horace Mastronardi an Theodore von Kármán, 19.2.1955 (TKC 145.3): „Was Herrn Dr. Holtz anbelangt, so hat er uns vor einiger Zeit wiederum erneut geschrieben und in zwei verschiedenen Briefen seine Notlage geschildert, ohne jedoch, dass er allzu drängend auf die Rückerstattung der Geldbeträge eingegangen ist. Auch spricht er nicht mehr von der rein rechtlichen Seite, sondern weist eher auf die moralische Verpflichtung hin. Abmachungsgemäss habe ich ihm in diesem Sinne geantwortet, dass eine Rückerstattung nur dann in Frage kommen könne, wenn er den effektiven Kausalzusammenhang zwischen der Geldhingabe und der Intervention von Herrn Dr. Kesselbauer erbringen könne, da Sie andererseits durch das Verhalten von Herrn Dr. Kesselbauer weitgehend enttäuscht gewesen seien und Sie durch sein Verhalten grössere finanzielle Verluste erlitten hätten. Ich habe ihm daher sehr energisch abgesagt, sodass anzunehmen ist, dass er sich nicht mehr mit uns in Verbindung setzen wird, es sei denn, dass im Zusammenhang mit der Freilassung von Herrn Dr. Kesselbauer neue Momente auftauchen."

[77] William Donahue an Horace Mastronardi, 25.10.1954 (TKC 145.1).

Kapitel VI

KÁRMÁN UND DAS SCHWEIZER FLUGZEUGPROJEKT

Bevor wir das weitere Schicksal von Miklós, Margit und der Erbschaft verfolgen, lohnt es sich, noch einmal einen Blick auf Theodore von Kármáns sonstige Verbindungen zur Schweiz zu werfen, neben seinen Beziehungen zu Jacques Boesch und Horace Mastronardi, die sich im Zuge der Ausreisebemühungen stark intensivierten. In die frühen 1950er Jahre fiel eines der ehrgeizigsten Projekte des Schweizer Militärs: die Entwicklung eines eigenen Kampfflugzeugs – ein Projekt, an dem sowohl Kármán selbst als auch die meisten seiner Schweizer Bekannten auf verschiedene Weise beteiligt waren.

1 SCHNELLER ALS DER SCHALL

Während seiner Zeit in Aachen, insbesondere in den 1920er Jahren, besuchte Kármán regelmässig Hermann Weyl, George Pólya und andere Kollegen an der ETH Zürich und wurde gelegentlich eingeladen, an den Tagungen der Schweizerischen Physikalischen Gesellschaft Vorträge zu halten.[1] Insbesondere mit dem Züricher Aerodynamiker Jakob Ackeret (Abb. VI.1, S. 166) verbanden Kármán weit reichende gemeinsame Interessen. Ackeret, geboren 1898, war eine akademische Generation jünger als Kármán. Er hatte Maschineningenieurwesen und Elektrotechnik an der ETH Zürich studiert, vor allem bei Aurel Stodola, der Ackeret nach dem Diplom 1920 eine Assistenzstelle anbot.[2] Wie viele andere junge Männer seiner Generation begeisterte auch Ackeret sich bereits früh für Flugzeuge und ihre Technik. Er war Mitbegründer der Akademischen Gesellschaft für Flugwesen (AGIS) und verlagerte auch seine wissenschaftlichen Interessen mehr und mehr auf Fragen der Flugzeugaerodynamik.

---

[1] Z.B. im Dezember 1921: Theodore von Kármán an Edgar Maier, 9.12.1921 (TKC 20.10).

[2] Für biografische Angaben zu Ackeret (1898 – 1981) vgl. insbesondere Bridel (1998), Dubs (1981), Gigy (1958), Rott (1985), Schultz-Grunow (1983), Tank (1958) sowie die virtuelle Ausstellung der ETH Zürich anlässlich des 20. Todestages von Ackeret, vgl. DQ 18. Für eine entsprechende Ausstellung zu Leben und Werk Aurel Stodolas (1859 – 1942) vgl. DQ 19; weitere Informationen und Literaturverweise bietet z.B. Lang (2003).

Abbildung VI.1: Jakob Ackeret (1898 – 1981). Quelle: ETHZ Portr. 755.

1921 wechselte Ackeret auf Stodolas Empfehlung an das Institut von Ludwig Prandtl in Göttingen. Neben dem aufstrebenden Aachener Lehrstuhl war Göttingen zu dieser Zeit immer noch das wichtigste Zentrum der Aerodynamik. Während des ersten Weltkriegs war hier auf gemeinsames Bestreben von Kultusministerium, Kaiser-Wilhelm-Gesellschaft und Militärverwaltung die so genannte „Modellversuchsanstalt für Aerodynamik" geschaffen worden: Ein hochmodernes Forschungsinstitut mit den neuesten Instrumenten, Windkanälen etc. Nach Kriegsende zog sich zwar das Militär aus dem Unterhalt des Göttinger Instituts zurück, die Anstalt blieb aber auch mit dem verminderten Budget so einflussreich und attraktiv, dass der junge Ackeret hier und nirgendwo anders für ein Jahr Flugzeugaerodynamik studieren wollte. Im Anschluss an dieses Jahr bot Prandtl ihm eine Assistenzstelle an, und bald übernahm Ackeret die Leitung der aerodynamischen Versuchsarbeiten in Göttingen. Daneben war Ackeret in den Jahren 1925/26 wesentlich am Aufbau des neuen Kaiser-Wilhelm-Instituts für Strömungsforschung beteiligt.[3]

[3]Als Nachfolge-Institution des Kaiser-Wilhelm-Instituts (KWI) existiert noch heute ein Max-Planck-Institut für Strömungsforschung in Göttingen. Zur Geschichte der Aerody-

Abbildung VI.2: Jakob Ackeret 1921 auf dem Flugzeug „Hero" der Akademischen Gesellschaft für Flugwesen (AGIS). Quelle: ETHZ Dia_240-326.

Wie Kármán in seiner Autobiografie schreibt, traf er Ackeret erstmals 1921 an einer Tagung in Bremen, also kurz nach Ackerets Wechsel von Zürich nach Göttingen. Aus dieser Begegnung entstand bald ein freundschaftliches Verhältnis, geprägt von der Arbeit an ähnlichen Themenstellungen.[4] Ackeret forschte zu dieser Zeit vor allem an Problemen des Hochgeschwindigkeits-Flugs, die auch Kármán sehr interessierten. Seit 1926 hatte Kármán sich darum bemüht, in Aachen ein Labor für das Studium des Überschallflugs einzurichten. 1929 wurde es tatsächlich eröffnet – kurz darauf ging

namischen Versuchsanstalt (AVA) und des KWI in Weimarer Republik und NS-Zeit vgl. insbesondere Epple (2002b), Trischler (2000), Tollmien (1998) sowie Trischler (1992) (S. 199ff); Beachtung verdient auch die dort zitierte Literatur.

[4]Vgl. von Kármán und Edson (1968), S. 262.

Kármán jedoch nach Pasadena, so dass er wenig Gelegenheit erhielt, in seinem neuen Labor zu arbeiten.[5]

1927 kehrte Ackeret zurück in die Schweiz, zunächst als leitender Ingenieur im Labor für Hydraulik und Strömungsmaschinen bei der Escher-Wyss AG in Zürich. Ackeret übertrug dort unter anderem die neuesten Ergebnisse der Hydro- und Aerodynamik auf die Konstruktion von Dampfturbinen, Gasturbinen und Kompressoren, was deren Entwicklung erheblich vorantrieb. 1928 habilitierte Ackeret sich an der ETH Zürich mit einer Schrift zu dem Thema „Über Luft-Kräfte bei sehr grossen Geschwindigkeiten insbesondere bei ebenen Strömungen"; anschliessend war Ackeret Privatdozent an der ETH, bis er 1931 auf eine ausserordentliche Professur für Aerodynamik berufen wurde. 1934 wurde diese in eine ordentliche Professur umgewandelt, gleichzeitig wurde Ackeret zum Direktor des von ihm begründeten Zürcher Instituts für Aerodynamik ernannt.[6]

Dieses Institut liess Ackeret mit den modernsten Messeinrichtungen und Windkanälen ausstatten – unter anderem entwickelte er hier den weltweit ersten Überschallwindkanal, der in geschlossenem Kreislauf arbeitete. Die nötigen Maschinen lieferte die Firma Brown, Boveri & Co. (BBC)[7] in Baden (BBC), die für Ackeret zu diesem Zweck den ersten Axialkompressor konstruierte. Ackeret lag damit im Trend der Zeit: Die Erarbeitung der technischen und theoretischen Voraussetzungen für den Hochgeschwindigkeits-Flug war in den frühen 1930er Jahren das bestimmende Thema der Aerodynamik. 1935 wurde dieser Frage sogar der fünfte Volta-Kongress in Rom gewidmet, an dem nahezu alle international führenden Aerodynamiker teilnahmen – auch Theodore von Kármán, zu dieser Zeit bereits Direktor des GALCIT in Pasadena.[8] Kármán war fasziniert von den dort vorgestellten Erkenntnissen und bezeichnete im Nachhinein diese Konferenz als den „Beginn des Überschallalters".[9] Unter anderem fuhr die

[5]Vgl. von Kármán und Edson (1968), S. 264.

[6]Vgl. auch die Homepage des Instituts für Aerodynamik, wo sich eine Skizze zur Institutsgeschichte findet: DQ 20.

[7]1988 fusionierte BBC mit der schwedischen *Asea* und wurde zu ABB.

[8]Die so genannten „Volta-Kongresse" wurden seit 1931 von der Königlichen Akademie der Wissenschaften in Rom ausgerichtet, finanziell unterstützt von der Alessandro-Volta-Stiftung. Die Konferenzen waren verschiedenen Themen von aktueller Bedeutung gewidmet, der erste Kongress 1931 beispielsweise der Kernphysik, der zweite Kongress dagegen dem Thema „Europa".

[9]von Kármán und Edson (1968), S. 260.

Abbildung VI.3: Ackerets Windkanal an der ETH Zürich im Bau, aufgenommen 16.7.1934. Quelle: ETHZ Ans_1344.

Gesellschaft auch nach Guidonia, einer Stadt in der Nähe von Rom, um einen Überschallwindkanal zu besichtigen, den Ackeret konstruiert und in Baden hatte anfertigen lassen – Ackeret war damals kurzzeitig als Berater für die italienische Luftwaffe tätig.[10] „Dieser Windkanal [in Guidonia] war der grösste seiner Art und erlaubte für die damalige Zeit unglaubliche Geschwindigkeiten bis zu viertausend Kilometern pro Stunde – weit mehr als sonst jemand in der Welt benutzte"[11], so Kármáns Kommentar im Rückblick.

Der Windkanal in Guidonia machte so grossen Eindruck auf Kármán, dass er den gleichen an seinem Institut in Amerika haben wollte. Nach seiner Rückkehr aus Italien versuchte er wiederholt, Privatfirmen, die Regierung und das Militär vom Bau eines solchen Windkanals zu überzeugen. Kármán erklärte, eine solche Anlage sei zwar teuer, aber unabdinglich, um

[10] Als Gegenleistung für die Vermittlung dieses Auftrags erhielt Ackeret von der BBC weitere Laborausrüstung für sein Institut im Wert von 14 000 Franken gratis gestellt. Vgl. DQ 18.

[11] von Kármán und Edson (1968), S. 266f.

den USA den Anschluss an die Luftfahrt der Zukunft zu sichern – seine Argumente trafen jedoch auf taube Ohren.[12] Dennoch stellte Kármán ab Mai 1939 wiederholt Anträge für den Bau eines Überschallwindkanals und forderte bei der Firma BBC ein Angebot für einen entsprechenden Windkanal an.[13] Diese war nur zu bereit, ihm alles Nötige zu liefern:

> Wie Sie wissen, haben wir den Ueberschallkanal für Rom vollständig fertig inklusive Gebäude geliefert, wobei die eigentliche Maschinerie aus der Schweiz kam, während alle übrigen Teile in unserer Fabrik in Vado Ligure bei Genua nach Angaben von Prof. Ackeret hergestellt wurden, wobei Prof. Ackeret als Consulting Engineer für die Italiener arbeitete. Ich nehme an, dass Sie den eigentlichen Windkanal selbst entwerfen würden, und von uns nur das Axialgebläse mit Antrieb offeriert haben wollen.[14]

Zur weiteren Verhandlung lud Kármán den Vertreter der Firma in New York, Paul Sidler, und einen weiteren Mitarbeiter nach Kalifornien ein, doch wurde die Angelegenheit zunächst nicht weiter verfolgt. 1940 schrieb Sidler erneut an Kármán, um sich nach dem Stand der Dinge zu erkundigen; vor allem bemühte er sich, mögliche Befürchtungen zu zerstreuen, die BBC würde aufgrund des Krieges weniger zuverlässig liefern:

> Bisher hat das Werk in Baden nahezu denselben Zeitplan beibehalten wie zu Friedenszeiten. Sie haben grosse Vorräte an Rohstoffen und haben es mittlerweile eingerichtet, zusätzlich Stahl und andere Metallprodukte in diesem Land [=den USA] einzukaufen. Die Lieferfristen, die Baden in letzter Zeit anbietet, sind kaum verschieden von denen, die sie in Friedenszeiten offerierten, und ich bin vollends überzeugt, dass sie dieses Kraftwerk für den Windkanal in erheblich kürzerer Zeit bauen könnten als [...] eine andere Firma in diesem Land.[15]

---

[12] von Kármán und Edson (1968), S. 269ff.

[13] Vgl. die Antwort von BBC: Paul R. Sidler an Theodore von Kármán, 9.8.1939 (TKC 57.19).

[14] Adm. Mayer an Theodore von Kármán, 9.8.1939 (TKC 57.19).

[15] Paul Sidler an Theodore von Kármán, 2.5.1940 (TKC 57.19): „So far the work at Baden has kept up on practically a peace-time schedule. They have large stocks of raw materials and have meanwhile organized the purchase of additional steel and other metal products in this country. The deliveries which Baden has quoted in recent times are hardly different from those that they offered during peace time and I am fully convinced that they could build this wind tunnel power plant with considerably shorter delivery than [...] other companies in this country."

Es dauerte jedoch noch weitere sechs Jahre, bis Kármáns Vision in den Vereinigten Staaten realisiert wurde: Erst 1944 wurde unter seiner Leitung auf dem Militärflughafen des *Aberdeen Proving Ground* (Maryland) der erste Windkanal zur Untersuchung von Überschallflugzeugen eingerichtet. Nachdem dieser erste Schritt getan war, zahlte sich auch Kármáns langjährige theoretische Beschäftigung mit den Möglichkeiten des Überschallfluges aus: Der Entwurf des Flugzeugs Bell X-1, das 1947 erstmals die Schallmauer durchbrach, basierte auf Forschungsergebnissen Theodore von Kármáns.[16]

Nach der Volta-Konferenz im Jahr 1935 sahen sich Kármán und Ackeret für längere Zeit nicht mehr. Wie bereits beschrieben, kam es erst im Herbst 1945 wieder zu einer Begegnung, als Kármán zur Abrundung seines Berichtes *Where We Stand* ein zweites Mal nach Europa flog. In seiner Autobiografie nennt Kármán seinen Besuch bei Ackeret sogar als eines der Hauptmotive für diese zweite Reise.[17] Das mag durchaus zutreffen: Ackeret war damals einer der weltweit führenden Experten des Überschallflugs, und Kármán hatte in seinem Bericht für General Hap Arnold erneut darauf hingewiesen, dass es für die Vereinigten Staaten höchste Zeit wäre, den Anschluss an diese neue Technologie zu suchen – die europäischen Staaten waren ihnen auf diesem Gebiet um Längen voraus. Nach dem Krieg blieben Kármán und Ackeret in Kontakt,[18] weiterhin verbunden durch gemeinsame Interessen. Wie Kármán pflegte beispielsweise auch Ackeret gute Beziehungen sowohl zur Industrie wie auch zum Militär – unter anderem stand er in engem Kontakt zur Werkzeugmaschinenfabrik Oerlikon Bührle & Co. (WO), dem damals grössten Waffenhersteller der Schweiz. Die Fabrik hatte sich mit ihrer Oerlikon-Kanone im zweiten Weltkrieg einen Namen gemacht und arbeitete seit 1946 an der Konstruktion einer Flab-Rakete und anderen Flugabwehrwaffen.[19] Emil Georg Bührle, der Leiter der WO, galt

---

[16]Müller (1986), S. 236.

[17]Vgl. Zitat auf S. 53: von Kármán und Edson (1968), S. 346. Zu dem Treffen vgl. auch die Angaben in Gorn (1992), S. 112.

[18]Vgl. die Korrespondenz in Kármáns Nachlass, etwa die Signaturen TKC 8.35, 11.36, 14.16, 17.39, 45.4, 47.7, 80.15, 81.8; weitere Briefe finden sich im Briefnachlass Ackeret, einzusehen in der Wissenschaftshistorischen Sammlung der ETH Zürich.

[19]„Flab" = Fliegerabwehr; entspricht der deutschen Abkürzung „Flak" (Flugabwehrkanone). Die Werkzeugmaschinenfabrik Oerlikon Bührle & Co. ist heute übergegangen in die Firma Oerlikon Contraves. Zur Firmengeschichte vgl. Strehle (1986) und Heller (1970) wie

seit 1941 als reichster Mann der Schweiz,[20] und sein Einfluss war auch nach dem Krieg noch enorm.

Über Vermittlung von Ackeret stattete 1949 auch Theodore von Kármán dieser Fabrik einen Besuch ab. Bereits ein Jahr später, im November 1950, besuchte Kármán die WO erneut und liess sich diesmal vom Firmeninhaber Bührle und dem Leiter der Waffenabteilung Alfred Gerber die Kanonensysteme im Detail präsentieren (vgl. Abb. VI.4, S. 173).[21] Organisiert hatte ihm diesen direkten Kontakt zu Bührle der Genfer Verleger Eric Heiman, wie sich einem Brief an Kármán entnehmen lässt. Heiman riet hierin, Kármán solle für sein aktuelles Anliegen erneut persönlich in Oerlikon vorsprechen, statt nur einen Mitarbeiter der Aerojet zu schicken:

> Wunschgemäss habe ich heute telephonisch mit Herrn E. Bührle, Inhaber der Werkzeugmaschinenfabrik Oerlikon Bührle & Co., Fühlung genommen und ihm Ihre Wünsche grosso modo bekanntgegeben. Herr Bührle ist am Mittwoch, den 22. November aller Voraussicht nach in Zürich, und auch der Verkaufsdirektor seiner Waffenabteilung, Herr Dr. Gerber, soll anwesend sein. Da Herr Bührle in Zürich ist, ist er gerne bereit, Herrn Robert J. Mill von der Aerojet in Azusa zu empfangen und anzuhören. Für den Rest des Unternehmens wasche ich meine Hände in Unschuld, da ich mich nur engagierte, Herrn Mill – der mir einen ausgezeichneten Eindruck machte – die Tür zu öffnen. Wenn Sie aber meinen persönlichen Rat haben wollen, würde ich an Ihrer Stelle Herrn Mill begleiten. Ich weiss, dass Sie müde sind, aber die Reise nach Zürich ist schliesslich nicht so strapaziös, und nach meinem Empfinden könnten Ihr Name und Ihre Anwesenheit die Besprechungen erfolgreicher gestalten.[22]

Knapp drei Monate später schrieb Eric Heiman erneut an Kármán, sein „neuer Freund Bührle" sei „nun auf dem Weg in die USA, und ich hoffe sehr, dass Sie mit ihm zu einem Arrangement kommen, wofern [sic] Sie dies wünschen".[23] Kármán wusste diesen Kontakt zu Bührle zu nutzen, und auch Bührle selbst war daran sehr gelegen – in den frühen 1950er Jahren haftete seiner Firma auf internationalem Parkett noch immer der

auch Hug (2002), der die WO als Teil seiner breit angelegten Studie zur Rüstungsindustrie der Schweiz im zweiten Weltkrieg behandelt.

[20]Internationales Biographisches Archiv 09/1957 vom 18. Februar 1957.

[21]Vgl. auch die weiteren Bilder von dieser Fahrt im Kármán-Nachlass (TKC 166.1-12).

[22]Eric Heiman an Theodore von Kármán, 17.11.1950 (TKC 12.32).

[23]Eric Heiman an Theodore von Kármán, 6.2.1951 (TKC 12.32).

Abbildung VI.4: Alfred Gerber (rechts), Chef der Waffenabteilung der Werkzeugmaschinenfabrik Oerlikon Bührle & Co, zeigt Kármán und Frank Wattendorf (links) 1950 die berühmte Oerlikon-Kanone. Quelle: TKC 166-6.

schlechte Ruf eines Nazi-Lieferanten an, und dies aus gutem Grunde. Für Bührle bedeutete daher der Vertrag mit einer Firma der Vereinigten Staaten einen ersten Schritt zurück in die Respektabilität, während Kármán die Gelegenheit zu einem günstigen Handel witterte. Die Chancen für ein „Arrangement", wie Heiman sich ausdrückte, standen also in der Tat nicht schlecht.

Die Verbindung zur WO war jedoch nicht der einzige Kontakt, den Ackeret für sein Institut zu nutzen verstand. Bereits bei der Begründung des Zürcher Instituts für Aerodynamik spielten Interessen der schweizerischen Flugzeugindustrie und des Militärs eine wesentliche Rolle, und Ackeret war durchaus bereit, sein Forschungsprogramm entsprechend auszurichten. So beschäftigte sich Ackerets Institut unter anderem mit den Schwingungen bestimmter Tragflügelprofile (die bei hohen Geschwindigkeiten gefährlich werden können) sowie mit verschiedenen Problemen des Luftwiderstands, d.h. mit Themen von hohem allgemeinen Interesse, von deren Ergebnissen unter anderem die Luftwaffe profitierte.

Als 1943 die schweizerische Kommission für Militärische Flugzeugbeschaffung (KMF) gegründet wurde, lud man auch Ackeret zur Teilnahme ein. In diesem Gremium berieten Vertreter der Fliegertruppe, des Generalstabes, der Wissenschaft, Industrie und Kriegstechnik über Fragen der militärischen Flugzeugnutzung. Diese Fragen waren mit Kriegsausbruch in Europa besonders drängend geworden; zwar war die Schweiz bisher nicht involviert, die Angst vor feindlichen Übergriffen war jedoch erheblich. Da das Land auf fast allen Seiten von den so genannten Achsenmächten eingeschlossen war (Deutschland, Italien, Österreich), sah man sich gezwungen, verstärkt eine eigene Flugzeugindustrie aufzubauen. Ackeret war einer der überzeugten Verfechter dieses Planes. Schon 1941 hatte er in der Neuen Zürcher Zeitung dafür geworben, die hoffnungsvollen Ansätze zu einer solchen Industrie in der Schweiz weiter zu verfolgen:

> So ist auf dem wichtigen Teilgebiet des Flugzeugbaus ein schneidiger Anfang gemacht worden. Die Flugzeuge der Schweizer Armee werden nunmehr laufend mit Schrauben ausgeführt, die keine Beziehung mit dem ominösen Begriff „Lizenz" mehr aufweisen. Einer grösseren Anzahl von Ingenieuren und Handwerkern ist Arbeit gegeben worden. Wichtiger als die unmittelbare Arbeitsbeschaffung ist aber die Tatsache, dass das Vertrauen in die eigene Kraft wächst. Wer wie der Schreibende im steten Kontakt steht mit unseren jungen Ingenieuren, die sehr oft begeisterte Piloten unserer Luftwaffe sind, weiss, wie notwendig gerade für die Jugend jeder Nachweis ist, dass wir etwas leisten können – *wenn wir es nur wollen.*[24]

Nach 1945 wurde dieses Programm fortgeführt, vor allem in den Eidgenössischen Flugzeugwerken F+W, die 1943 in Emmen gegründet wurden, und bei der Dornier AG in Altenrhein. In Emmen entstanden schon bald moderne Windkanäle und Forschungsanlagen nach Vorbild der ETH. Der Bund hatte die Entwicklung eigener Strahlflugzeuge und -triebwerke in Auftrag gegeben, und in Emmen wie in Altenrhein waren es vor allem Schüler von Ackeret, die zu der Ausführung wesentlich beitrugen. Insbesondere ein Projekt zog zunehmendes Interesse auf sich: die Entwicklung

[24] Bridel (1998), S. 84.

eines nationalen Kampfflugzeugs, später bekannt unter dem Namen N-20, von dem noch einiges zu berichten sein wird.

2 Zwicky: Schweizer Freund und Patriot

Neben Ackeret pflegte auch ein weiterer Freund und Kollege Kármáns enge Beziehungen zum schweizerischen Militär. Fritz Zwicky, geboren 1898, stammte aus Glarus. Er absolvierte gemeinsam mit Ackeret die Industrieschule in Zürich und studierte anschliessend Maschineningenieurwesen und Elektrotechnik an der ETH Zürich, wiederum im gleichen Studiengang und Semester wie sein Freund Ackeret. Zwicky promovierte bei Peter Debye und Paul Scherrer und kam nach einer kurzen Assistenz in Zürich über ein Stipendium ans *CalTech*. Nur wenig später wurde er hier zunächst zum ausserordentlichen, ab 1942 dann zum ordentlichen Professor für Astrophysik berufen. In Pasadena lernte Zwicky auch Theodore von Kármán kennen und schätzen.[25] Obwohl ihr Schwerpunkt auf recht unterschiedlichen Fachbereichen lag – bei Zwicky war es die Astrophysik, bei Kármán die Aerodynamik – trafen sich ihre Interessen bei der Entwicklung von Strahltriebwerken. Beide beschäftigten sich intensiv mit Fragen des Überschallflugs; 1943 diskutierten sie erstmals die Möglichkeit Düsen getriebener Helikopter.[26] Kurz darauf unterschrieb Zwicky einen Teilzeitvertrag als zukünftiger Forschungsdirektor der Aerojet.[27]

Schon in den ersten Jahren des zweiten Weltkriegs hatte Zwicky mit dem schweizerischen Militärattaché in Washington Kontakt aufgenommen und seine Unterstützung angeboten. Von Schweizer Seite nahm man dieses Angebot gerne entgegen. Zwicky sollte vor allem dabei behilflich sein, in den Vereinigten Staaten Rohstofflieferanten für die Schweizer Armee anzuwerben, nachdem die europäischen Quellen durch den Krieg nahezu ausfielen.[28] Wie die Korrespondenz von Kármán mit der Firma BBC belegt, gelang dies ausserordentlich schnell und effizient (vgl. Zitat S. 170).

[25] Kármán selbst erwähnt in seiner Autobiografie Zwicky nur am Rande. In der umfangreichen Biographie über Fritz Zwicky, Müller (1986), wird Kármán sehr häufig und in verschiedensten Zusammenhängen erwähnt, als nahe stehender Freund und guter Kollege.

[26] Müller (1986), S. 234.

[27] Die Initiative dazu kam in erster Linie von Major Andrew G. Haley, dem damaligen Präsidenten der Aerojet, nicht von Kármán selbst. Kármán war jedoch sehr einverstanden mit Haleys Wahl. Müller (1986), S. 238ff.

[28] Vgl. Müller (1986), S. 323.

Daneben war jedoch auch das amerikanische Militär an Zwickys Einsatz interessiert. Zwicky war Mitglied des von Kármán zusammengestellten wissenschaftlichen Beratungsstabs der Luftwaffe und reiste als einer der führenden Raketenexperte 1945 mit Kármáns Gruppe durch Deutschland, um den Stand der Forschung auszukundschaften.[29] Zwickys Aufgabe war es vor allem, an den Standorten Garmisch-Partenkirchen und Kochel Material über Konstruktion und Technologie der deutschen V-2 Rakete zu sammeln.

Nach Kriegsende fuhr Zwicky jedoch baldmöglichst nach Zürich, wo er unter anderem seinen Freund Ackeret und seinen früheren Doktorvater Paul Scherrer besuchte und ihnen einen Vorschlag unterbreitete. Durch Vermittlung von Ackeret und Scherrer konnte Zwicky ein Jahr später beim zuständigen Bundesrat Kobelt vorsprechen; parallel wandte er sich direkt an den Leiter der Kriegstechnischen Abteilung (KTA) des EMD, René von Wattenwyl. Zwickys Anliegen war nicht gerade alltäglich: Er hielt die Schweizer Armee für technisch veraltet und bot an, mit einer breit angelegten Analyse zu ihrer Modernisierung beizutragen. Für einen Mitarbeiter an Geheimprojekten des amerikanischen Militärs war dies ein durchaus heikles Angebot, das geeignet war, sowohl auf amerikanischer wie auch auf schweizerischer Seite Misstrauen hervorzurufen. Zwicky betonte daher dem EMD gegenüber eigens, dass er zwar gelegentlich für die US-Luftwaffe gearbeitet habe, unter anderem als Mitglied der Operation *Lusty* sowie in Kármáns Beratungsstab (SAB/SAG), dies aber aus reinem Pflichtgefühl und ohne die Hingabe, mit der er sein Amt in der Schweiz auszuführen gedachte.[30] Nach näherem Überlegen hatte das EMD nichts gegen den Vorschlag einzuwenden, und 1947 wurde ein Vertrag geschlossen, in dem man Zwicky beauftragte, „Vorschläge für einen Zehnjahresplan für den technischen Ausbau der schweizerischen Landesverteidigung" auszuarbeiten.[31]

Zwicky übernahm dieses Amt als Berater nicht aus finanziellen Motiven, sondern arbeitete bis auf gelegentliche Reisespesen auf eigene Kosten. Sein Ehrgeiz lag vielmehr darin, in der Schweiz eine ähnlich wichtige Position zu gewinnen, wie Kármán sie als Berater der Luftwaffe in Amerika

[29] ZAG D42, u.a. Zwickys Papier „Kurzer Bericht ueber meine Anstrengungen betreffend der schweizerischen Landesverteidigung in den Jahren 1945 bis 1958", undatiert, sowie seine Korrespondenz mit der *Army* und die Papiere, die diese ihm für die Operation *Lusty* zur Verfügung stellte.

[30] ZAG D42.

[31] Nach Müller (1986), S. 325.

inne hatte. Obwohl Zwicky seit Jahren in den Vereinigten Staaten lebte, fühlte er sich doch seinem eigentlichen Heimatland eng verbunden. Zeitlebens weigerte er sich, seine schweizerische Staatsbürgerschaft gegen einen amerikanischen Pass einzutauschen, obwohl das aufgrund seiner Tätigkeit als Raketenforscher erhebliche Probleme mit sich brachte. Wie Paul Wild berichtet, sein Assistent in den 1950er Jahren, kommentierte Zwicky dieses Ansinnen mit Aussprüchen wie „Weshalb soll ich eine zweitklassige Staatsbürgerschaft annehmen, wenn ich bereits eine erstklassige habe?"[32] 1949 drohte schliesslich das Militär, man würde der Aerojet keine Aufträge mehr erteilen, solange Zwicky als Forschungsdirektor nicht die amerikanische Staatsbürgerschaft annehme. Eine Aerojet-Krisensitzung wurde einberufen, und man einigte sich schliesslich darauf, Zwickys Stellung neu als Mitglied des *Technical Advisory Board* zu definieren, womit er offiziell nur noch als „Forschungsberater" der Firma wirkte – dies durfte auch ein Schweizer Staatsbürger problemlos tun. An Zwickys eigentlicher Funktion änderte dies wenig: Auch in dieser Position blieb Zwicky eng mit der Firma verbunden und besuchte die Aerojet weiterhin regelmässig.[33]

Kármán betont in seiner Autobiografie, es habe Zwicky gefallen, „auch vom Ausland her einen gewissen Einfluss auf das Parlament seines kleinen Landes" auszuüben.[34] Diesen Einfluss gedachte Zwicky nun mit seiner Beratertätigkeit zu vergrössern – wie Kármán sah er in den Jahren nach dem Krieg seine Chance in Europa gekommen. Der Zehnjahresplan, zu dessen Ausarbeitung Zwicky sich verpflichtet hatte, zeigte deutliche Parallelen zu den strategischen Plänen Kármáns für General Arnold, wenn auch in weitaus kleinerem Rahmen. Wie schon Kármán, schlug auch Zwicky als ersten Schritt vor, ein wissenschaftliches, zentrales Gremium einzurichten: die so genannte „Kriegswissenschaftliche Abteilung". Deren Mitglieder sollten unabhängige Professoren sein, mit höchster Fachkompetenz und unterstützt von einem Stab vollamtlicher Mitarbeiter.[35] Nur auf diese Weise könne die Schweiz ihren Rückstand auf dem Gebiet der Rüstungsforschung

[32]Interview mit Paul Wild, 3.10.2003.

[33]Paul Wild zufolge verbrachte Zwicky noch in den Jahren 1951 bis 1955, während Wild als sein Assistent am *CalTech* tätig war, mindestens ein bis zwei Tage pro Woche bei der Aerojet.

[34]von Kármán und Edson (1968), S. 315.

[35]Müller (1986), S. 327.

wieder einholen, versicherte Zwicky im Februar 1950 dem zuständigen Nationalrat Armin Meili:

> Zum Beispiel ist die offizielle Schweiz in Metachemie, Kernfusion, Strahltriebwerken aller Art, Triebstoffen, Signal- und Anzeigeapparaten, Ultraflug, Bakterien- und Viruskrieg schätzungsweise zehn Jahre im Hintertreffen. Ohne den energischen Einsatz einer unabhängigen wissenschaftlichen Gruppe ist die verlorene Zeit nicht einzuholen.[36]

Als eines der Themen, mit denen dieses Gremium sich in erster Linie beschäftigen sollte, nannte Zwicky auch „Strahlantriebe aller Art", also sein eigenes Spezialgebiet – es ist anzunehmen, dass er sich bereits selbst als Mitglied dieses Gremiums sah, wenn nicht gar an seiner Spitze. Anders als Kármáns Visionen blieb Zwickys Bericht für die KTA jedoch weitgehend wirkungslos: Er verschwand für immer in einer Schublade des EMD.

Abgesehen davon, dass Zwicky mit seinen Visionen die finanziellen und technischen Möglichkeiten der Schweiz bei weitem überschätzte, erschwerte Zwickys aufbrausendes und empfindliches Temperament die Zusammenarbeit mit Militär und angeschlossenen Rüstungsbetrieben. So hielt er beispielsweise überhaupt nichts von Emil Georg Bührle und Alfred Gerber von der WO und vertrat diese Meinung auch deutlich gegenüber Dritten. An seinen Freund Gottlieb Lüscher schrieb Zwicky etwa im August 1951, mit seinen „Freunden in Baden, Basel, Neuhausen, Genf, Winterthur etc. liesse sich ev. Kirschen essen, auf keinen Fall aber mit Bührle und Konsorten. Besonders nicht mit Bührle's Mann Gerber". Die beiden Herren seien „Seifensieder", so Zwicky, daher lautete sein Rat: „Hände weg von Bührle und Gerber." [37]

Zwickys besonderer Ärger richtete sich jedoch gegen Gottfried Dätwyler, einen aufstrebenden Schweizer Ingenieur. Dätwyler stammte aus einer berühmten Schweizer Unternehmer- und Technikerfamilie;[38] sein Grossonkel und Taufpate Adolf gilt gar als Uris bedeutendster Wirtschaftspionier des 20. Jahrhunderts.[39] Er hatte 1915 die Draht- und Gummiwerke in

[36]Fritz Zwicky an Armin Meili, 1.2.1950 (ZAG D42).

[37]Fritz Zwicky an Gottlieb Lüscher, 29.8.1951 (ZAG D42).

[38]Informationen über Gottfried Dätwyler (1906 – 1976) nach schriftlicher Auskunft von Frau Gertrud Schneebeli, Dätwyler AG Altdorf.

[39]Historisches Lexikon der Schweiz, einsehbar unter DQ 21.

Altdorf übernommen und erheblich ausgebaut, die 1946 in Dätwyler AG umbenannt wurden. Gottfried Dätwyler studierte bei Jakob Ackeret an der ETH Zürich und versuchte im Anschluss daran, eine Doktorandenstelle bei Theodore von Kármán am *CalTech* zu erhalten. Kármán und Ackeret vermittelten einander regelmässig Doktoranden oder Nachwuchswissenschaftler; in diesem Fall scheiterte der Austausch jedoch an den Finanzen, und Dätwyler blieb für die Promotion an der ETH. Danach, im Frühsommer 1934, entschloss er sich jedoch, die Reise „auf eigene Kosten" anzutreten,[40] wogegen Kármán nichts mehr einzuwenden hatte. Bereits einige Wochen später reiste Dätwyler nach Pasadena, wo er bis zum Ende des Zweiten Weltkriegs blieb.[41]

Dätwyler hielt jedoch auch vom *CalTech* aus die Verbindung zu den Wissenschaftlern in seiner Heimat, unter anderem zu seinem ehemaligen Lehrer Ackeret.[42] 1945 kehrte Dätwyler als freiberuflicher technischer Berater in die Schweiz zurück – zu einem ersten Einstieg in diese Tätigkeit verhalf ihm unter anderem Kármán, der Dätwyler eine Liste von Adressen in der Schweiz angab, die er anschreiben sollte.[43] Weiterhin arbeitete Dätwyler zeitweilig für FIAT in Turin, woran Kármán ebenfalls seinen Anteil haben mochte,[44] und war wie Ackeret geschäftlich und technisch eng mit der schweizerischen KTA und insbesondere den Flugzeugwerken Emmen verbunden.

Als nun Zwicky sich vermehrt bemühte, als Berater für das schweizerische Militär tätig zu werden, hielt Dätwyler es für angebracht, sich zunächst nach dessen Hintergrund zu erkundigen, wie Zwicky erbost im Sommer 1951 seinem Freund Lüscher berichtete:

> Ein Dr. Gottfried Dätwyler, Zürich, [...] hat mir einen infamen Streich gespielt. Schreibt der Mann da Direktor Bollay von der North American Aviation Corp., die Schweiz wolle mich als Raketenexperten engagieren und frägt, was er, Bollay von meinen Fähigkeiten halte. Der blöde Bollay, angeblich mein Freund, schickt mir darauf den Geheimdienst auf den Hals. Diese Leute kannten

[40] Gottfried Dätwyler an Theodore von Kármán, 15.5.1934 (TKC 6.37).

[41] Theodore von Kármán an Gottfried Dätwyler, 29.5.1934 (TKC 6.37).

[42] ETHZ Hs553:155-60.

[43] Gottfried Dätwyler an Theodore von Kármán, 11.7.1946 (TKC 6.37).

[44] TKC 6.37. Dätwyler schickte Kármán 1950 einen eigenen Aufsatz über neue Methoden der Turbulenzmessung, den FIAT angefordert hatte („Nouvelles méthodes de mesure pour l'anémomètre à fil chaud"; TKC 126.8).

> aber meine Leistungen für Amerika, spürten Dätwyler nach und berichteten offenbar, es handle sich um einen Dummkopf. Daraufhin verlieh mir Truman als einzigem neutralen Ausländer, ich bin nie Amerikanischer Bürger geworden, die Freiheitsmedaille.[45]

William Bollay war nicht nur Direktor der *North American Aviation Corporation*, sondern auch früherer Kommandeur in der amerikanischen Marine. Dieser war wohl wenig erfreut darüber, dass Zwicky neben seiner Arbeit bei der Aerojet und anderen Rüstungsprojekten der Vereinigten Staaten nun auch das schweizerische Militär beraten wollte; so geriet auch Zwicky ins Blickfeld des FBI, und wenn er dies auch seinem Freund gegenüber als Kleinigkeit abtat, konnte ein solcher Verdacht anfangs der 1950er Jahre doch erhebliche Folgen nach sich ziehen – man erinnere sich nur an das Schicksal von Kármáns Musterdoktoranden Hsue-shen Tsien. Zwicky schäumte vor Wut und schrieb unverzüglich an die KTA mit der Aufforderung, jegliche Beziehung zu Dätwyler abzubrechen. Wie der Leiter der KTA, René von Wattenwyl, daraufhin Zwicky erklärte, hatte Dätwyler „auf Wunsch von Bekannten in der Schweiz, deren Namen uns jedoch nicht bekannt sind, über Ihre Persönlichkeit und Ihre Tätigkeit in Amerika bei einem Bekannten in den Vereinigten Staaten in der Tat Erkundigungen" eingezogen;[46] er könne jedoch nicht beurteilen, ob diese Erkundigungen in irgendeinem Zusammenhang mit den Schwierigkeiten standen, die Zwicky entstanden wären, und war keinesfalls geneigt, Zwickys Wünschen Folge zu leisten. Weit davon entfernt, sich beruhigen zu lassen, dehnte Zwicky daraufhin seinen Hass und Ärger auch auf Wattenwyl aus; spätestens dies machte schliesslich eine enge Zusammenarbeit mit dem EMD unmöglich.

Aber auch inhaltlich war man in der Schweiz von Zwickys Plänen nicht sonderlich überzeugt. Zwicky schlug im Anschluss an seine Analyse in erster Linie andere Denkkonzepte, morphologisches Vorgehen und weitere abstrakte Massnahmen vor, mit denen die Schweiz nicht viel anfangen konnte. So gab man Zwicky 1951 diskret zu verstehen, er solle doch seine grossen Pläne für die Schweiz etwas konkretisieren – man brauche genauere Angaben, wenn man bei der Landesverteidigung wirklich etwas ändern wolle. Und auch finanziell könne man nicht in amerikanischen Massstäben denken, sondern erwarte eine realistische Einschätzung des nötigen Budgets –

[45]Fritz Zwicky an Gottlieb Lüscher, 29.8.1951 (ZAG D42).

[46]Brief zitiert in einem Schreiben von Fritz Zwicky an Oberstkommandant Louis de Montmollin, 1.1.1950 (ZAG D42).

„schliesslich interessieren die mutmasslichen Kosten, die aus einem solchen Vorgehen entstehen werden".[47] Jedoch versicherte insbesondere Bundesrat Meili, man schätze Zwickys Arbeit natürlich sehr, und auch Wattenwyl sei „sich des Wertes Ihrer Beratung durchaus bewusst". Zwicky jedoch antwortete unumwunden:

> Mir scheint, dass unter den beschriebenen Umstaenden alle Behauptungen, dass ich keine konkreten Vorschlaege gemacht haette als albernes Geschwatz zu betrachten sind. Waehrend nun die KTA meine konkreten Vorschlaege einfach ignorierte, sind dieselben wie gewohnt auf mir in diesem Falle nicht genau bekannten Wegen ins Ausland gewandert und dort erfolgreich, sehr erfolgreich, in Angriff genommen worden.
>
> In diesem Zusammenhang mache ich Sie noch einmal darauf aufmerksam, dass Gerede ohne direkte Handlung immer zu einer Art Landesverrat fuehrt. Lassen sie sich bitte z.B. von Herrn Oberstbrigadier von Wattenwyl darueber aufklaeren, welchen Streich mir persoenlich und der Schweiz im allgemeinen ein gewisser Dr. Gottfried Daetwyler von Zuerich gespielt hat.[48]

Damit endete Zwickys kurzer Einsatz für die schweizerische Landesverteidigung – zu einem Aufstieg als schweizerischer „Kármán" fehlte ihm deutlich das nötige diplomatische Geschick.

3 Ein Kampfflugzeug für die Schweiz

Entscheidender als Zwickys breit angelegter Zehnjahresplan war für die Schweiz sein Engagement im Rahm der Entwicklung eines eigenen Kampfflugzeugs. Bereits kurz nach dem Krieg nahm die Schweiz über Zwicky Kontakt mit der Aerojet auf, die ihnen JATO-Raketen zum Antrieb der geplanten Düsenflieger liefern sollte – natürlich zu möglichst günstigen Konditionen. Parallel zu seinem Vorstoss bei der KTA nahm Zwicky seit 1947 persönlich an ersten Versuchen mit Raketen getriebenen Flugzeugen in der Schweiz teil und versuchte mit Hilfe seines früheren Lehrers Scherrer eine Zusammenarbeit zwischen Aerojet und der Schweizer Industrie für die Produktion von Raketen und Düsenantrieben zu etablieren. Auch Zwickys alte Freundschaft mit Ackeret mag er zu diesen Zwecken genutzt haben;

[47] Armin Meili an Fritz Zwicky, 13.5.1950 (ZAG D42).
[48] Fritz Zwicky an Armin Meili, 29.5.1950 (ZAG D42).

zumindest waren das Eidgenössische Flugzeugwerk Emmen und die Firma Escher-Wyss an dem Projekt beteiligt, d.h. diejenigen Institutionen, zu denen Ackeret beste Beziehungen pflegte.[49]

Kurz darauf begannen 1948 in Emmen die eigentlichen Entwicklungsarbeiten für das neue Kampfflugzeug N-20. Man hatte sich auf einen wendigen, Strahl getriebenen Jagdbomber geeinigt, der knapp Schallgeschwindigkeit erreichte und eine kurze Startrollstrecke erforderte. Auf ein getrenntes Höhenleitwerk wollte man verzichten, im Langsamflug sollte das Flugzeug durch ausstellbare Rumpfklappen stabilisiert werden. Der letztlich akzeptierte Entwurf war bahnbrechend neu: Geplant wurde die Konstruktion eines so genannten „schwanzlosen" Flugzeugs. Flugzeuge dieses Typs waren international schon mehrfach im Gespräch gewesen, bis dato jedoch immer wieder verworfen worden – die technischen Probleme waren erheblich und noch lange nicht in befriedigender Weise gelöst. So zerschellte auch das erste Schweizer Modell, ein antriebsloser Gleiter, bereits 1949 auf dem Flugplatz. Der zweite Prototyp, genannt Arbalète (Armbrust), erhielt nunmehr vier Strahltriebwerke – Gasturbinen, hergestellt von BBC, Escher-Wyss und Sulzer –, die rumpfnah in Höhe der dicken Deltaflügel angebracht wurden. Auf den ersten Testflügen 1951 übertrafen die Flugeigenschaften alle Erwartungen. Keiner der bisher bekannten Düsenflieger konnte mit dem neuen Modell mithalten. Nach weiteren Verbesserungen wurde 1952 der eigentliche Prototyp namens Aiguillon (Stachel) vorgestellt (Abb. VI.6, S. 188).

Mitten in der Entwicklungsphase des N-20, im Juni 1950, erhielt Kármán einen Brief von Wattenwyl mit einer ungewöhnlichen Anfrage:

> Wir erfuhren durch Herrn Greinacher, dass Sie voraussichtlich in der zweiten Hälfte dieses Monats zusammen mit Herrn Dr. Dryden mit Herrn Prof. Ackeret zusammentreffen werden. Es würde uns nun ausserordentlich freuen, wenn Sie die Gelegenheit benützen könnten, uns auch mit Ihrem Besuch zu beehren. Wir möchten gern ein mit unserem „tailless aircraft project" zusammenhängendes Problem mit Ihnen erörtern.
>
> Herr Prof. Ackeret, den wir über unsere Absicht orientiert haben, war so freundlich sich bereit zu erklären, Sie mündlich näher über die Angelegenheit zu orientieren und die Frage Ihres Besuches in Bern mit Ihnen zu besprechen. Selbstverständlich ist auch Herr

[49] Müller (1986), S. 323.

> Dr. Dryden bei uns sehr willkommen, andererseits sind wir gern bereit, Sie an einem anderen, Ihnen vielleicht besser konvenierenden Ort aufzusuchen.[50]

Spätestens an diesem Schreiben zeigt sich, wie eng die verschiedenen, an Fragen des Flugzeugbaus interessierten Kreise kooperierten. Richard Greinacher, Jahrgang 1910, leitete als Aerodynamiker und Flugzeugstatiker seit 1946 das Flugtechnische Büro der KTA in Bern; 1952 stieg er zum Chef der Sektion Flugwissenschaft auf.[51] Unter anderem war er in diesen Funktionen für die Überprüfung der Entwürfe des Flugzeugprojekts N-20 verantwortlich. Greinacher stand nicht zuletzt über das Projekt N-20 in enger Verbindung zu Ackeret und hatte von diesem erfahren, dass Kármán sich nächstens in der Schweiz aufhalten werde. Innert kürzester Zeit waren KTA und EMD darüber informiert, und Wattenwyl tat sein Bestes, Kármán bei dieser Gelegenheit zu einem Beratungsgespräch zu engagieren.

Kármán zeigte Interesse, und so war er im Juli 1950 einer der Teilnehmer zur Beratung über den neuen Jagdbomber. Eine Entschädigung erhielt er für diesen Auftrag nicht; wie er später schrieb, wollte er höchstens die Erstattung seiner Reisekosten annehmen.[52] In einer Aktennotiz fasste Wattenwyl Kármáns Empfehlungen folgendermassen zusammen:

> Wäre die Möglichkeit vorhanden zusätzlich eine einstellige Fläche mit Höhensteuer anzubringen, so brächte dies eine grosse zusätzliche Sicherheit. Eine solche Lösung sollte neutral ohne Voreingenommenheit (ohne Liebe und ohne Hass) geprüft werden, wobei Rücksichten auf Schönheit nicht mitspielen dürfen. Voreingenommenheit in solchen Punkten hat bei Northrop sehr viel Geld gekostet.
>
> Die einfachste Antwort für einen Experten wäre der Ratschlag, aufhören. Dies wäre aber ein rein negatives Vorgehen und würde auch keine Vorteile bringen. Die bisherigen Mess-Resultate und Ergebnisse sind nicht so ausgefallen, dass nur Aufhören der Arbeit am Platze wäre. Die Schwierigkeiten dürfen aber auf keinen Fall un-

---

[50] René von Wattenwyl an Theodore von Kármán, 6.6.1950 (TKC 81.8).

[51] Die Angaben zu Leben und Werk Richard Greinachers stützen sich vor allem auf die mündlichen Auskünfte seiner Witwe Frau Dr. Vera Greinacher, vgl. darüber hinaus Immenhauser (1985).

[52] Aktennotiz über die Besprechung mit Herrn Prof. Dr. Th. v. Karman, betreffend N-20, 10./11.7.1950 (TKC 81.9).

> terschätzt werden und in der Terminfrage muss mit bis zu 4 Jahren gerechnet werden bis zu einem Entscheid für eine Serienfabrikation.
>
> Zusammenfassend würde Prof. von Kármán ein Einstellen der Arbeit im heutigen Moment mehr oder weniger als eine Sünde betrachten. Bei der Gewagtheit des Projektes sollten aber parallel dazu mindestens normalere Lösungen gebaut, allermindestens aber studiert werden. In der Terminfrage wäre jeder Optimismus ein Fehler; ähnliche Projekte sind nirgends weit gediehen.[53]

Kármáns Position war demnach gespalten: Einerseits reizte ihn die Herausforderung, einen Entwurf wie den N-20 zum erfolgreichen Ende zu führen – ein Aufgeben der Versuche zu diesem Zeitpunkt bezeichnete er gar als „Sünde". Andererseits warnte er vor überzogenen Hoffnungen, insbesondere was den Zeitpunkt des Projektabschlusses betraf. Um die Bedürfnisse des Schweizer Militärs in absehbarer Zeit befriedigen zu können, sollte seiner Ansicht nach ein zweites, konventionelleres Projekt verfolgt werden, wie Wattenwyl notierte: „Prof. v. Karman hätte nie alles auf eine Karte wie den N-20 gesetzt. Ein solches Projekt wäre recht, wenn man daneben noch andere in Arbeit hat."[54] Mit der Andeutung, dass Northrop sich eine Voreingenommenheit in Sachen Schönheit viel hatte kosten lassen, spielte Kármán auf ein ähnliches Projekt an, das diese Firma gemeinsam mit ihm einige Jahre vorher verfolgt hatte: Auch Northrop hatte versucht, ein so genanntes Flying-Wing-Modell zu konstruieren, ein schwanzloses Flugzeug, und damit zunächst auch gute Erfolge erzielt. 1948 musste dieses Projekt jedoch aufgegeben werden – nach einem Absturz, der dem Piloten und vier weiteren Besatzungsmitgliedern das Leben kostete.[55] Kármán war aus seiner langjährigen Praxis mit weiteren ungewöhnlichen Projekten vertraut, die man zum Vergleich heranziehen konnte, und bot an, der KTA diese Informationen zur Verfügung zu stellen.[56]

Insbesondere mit Greinacher blieb Kármán auch später in Kontakt und besuchte ihn wiederholt bei seinen Aufenthalten in der Schweiz (Abb. VI.5,

---

[53] Aktennotiz der Kriegstechnischen Abteilung über die Besprechung zwischen Professor von Kármán und dem Chef der K.T.A. Bern, 12.7.1950 (TKC 81.8).

[54] Ibid. (TKC 81.8).

[55] Vgl. Müller (1986), S. 236, sowie z.B. DQ 22, wo auch eine umfassende Bibliografie zum Thema Flying-Wing zu finden ist.

[56] Aktennotiz der Kriegstechnischen Abteilung über die Besprechung zwischen Professor von Kármán und dem Chef der K.T.A. Bern, 12.7.1950 (TKC 81.8).

S. 186).[57] Bereits drei Monate nach Kármáns Besuch in Emmen wandte Greinacher sich erneut an Kármán:

> Leider hat man meines Erachtens Ihre sehr wertvollen Ratschläge im Eidg. Flugzeugwerk nicht in gebührender Weise gewürdigt, aus welchem Grunde wir es besonders begrüssen würden, wenn Sie uns Ihre seinerzeitigen Hinweise betreffend des Projektes N20 brieflich niederlegen, und insbesondere die Ihnen dabei besonders wesentlich erscheinenden Punkte entsprechend akzentuieren möchten. In diesem Zusammenhang scheint mir u.a. *die Frage der dynamischen Längsstabilität der Konzeption N20 für hohe Machzahlen* immer noch eine der wichtigsten zu sein. Dies insbesondere nachdem uns in England über das diesbezügliche Verhalten des Swallow DH108 erneut Informationen eingegangen sind, welche meine Zweifel gegenüber Flugzeugen dieser Art sehr berechtigt erscheinen lassen. Es würde mich sehr freuen mit Ihnen gelegentlich diese Fragen näher diskutieren zu dürfen. [...]
>
> Ich habe das Anbringen eines vernünftigen Leitwerkes anhand der Projektpläne des N20 studiert, und habe konstatiert, dass sich dies ganz vernünftig bei gleicher Bodenfreiheit des Rumpfheckes realisieren lässt. Es wäre uns sehr angenehm, wenn Sie diesem Punkte nochmals Ihre wertvolle Aufmerksamkeit schenken könnten, da man im Flugzeugwerk allgemein annahm, Sie hätten diesem Problem nicht allzugrosse Bedeutung beigemessen, sondern das Studium dieser Frage sei lediglich eine Idee von Ihnen gewesen. [...]
>
> Darf ich Sie bitten diese Zeilen als vertraulich zu behandeln.[58]

Greinacher war in seinen Funktionen für das KTA unter anderem dafür zuständig, die Erlaubnis zum Probeflug des N-20 zu erteilen – kein Wunder, dass er an einer detaillierteren Stellungnahme Kármáns zur Konstruktion interessiert war. Ob Kármán auf diese Anfrage entsprechend antwortete,

[57]Die hauptsächlichen Anhaltspunkte zu der späteren, persönlichen Verbindung zwischen Kármán und Greinacher bieten die Erinnerungen von Frau Greinacher sowie einige sich in ihrem Besitz befindende Bilder. Frau Greinacher erinnert sich an wiederholte Besuche Kármáns in Bern, bei denen auch Joséphine anwesend war – sie müssen also vor 1951 stattgefunden haben (Interview VG, 4.9.2002). In Frau Greinachers Besitz befinden sich zudem Dokumente aus der Anfangszeit der Joséphine-de-Kármán-Stiftung, die belegen, dass Kármán Richard Greinacher zum Vorstandsmitglied der Stiftung auf Lebenszeit bestimmte; vgl. dazu Kapitel VIII.

[58]Richard Greinacher an Theodore von Kármán, 26.10.1950 (TKC 11.34). Hervorhebung im Original.

Abbildung VI.5: Hugh L. Dryden, Theodore von Kármán und Richard Greinacher 1961 am 2. *International Congress for Applied Mechanics* in Zürich. Quelle: PG.

geht aus der erhaltenen Korrespondenz zwischen Kármán und Greinacher leider nicht hervor. Im Zusammenhang mit dem N-20 stand auch eine weitere Anfrage aus dieser Zeit, die Kármán von Dätwyler erreichte, der ebenfalls in das Projekt involviert war:

> Ich erlaube mir, Sie zu fragen, ob Sie beabsichtigen, noch einmal hierher zu kommen, vielleicht mit Frank Wattendorf, und wenn, ob Sie bereit wären, automatische Waagen und andere Windkanal-Instrumente zu diskutieren. Es besteht die Möglichkeit, dass Herr Graemiger, den Sie in Emmen trafen, und ich bald wieder in Paris sein werden, wo wir Sie vielleicht treffen könnten, anstatt in Zürich.[59]

Auch Kármáns Antwort auf diese Anfrage ist leider nicht erhalten.

[59] Gottfried Dätwyler an Theodore von Kármán, 30.9.1950 (TKC 6.37): „Thus, I take the liberty of asking you whether you think you still will come here, possibly with Frank Wattendorf, and when, to discuss automatic balances and other wind tunnel instrumentation. There is a possibility that Mr. Graemiger whom you met at Emmen, and I, will soon be in Paris again where we might see you, instead of in Zurich."

4 Das Schicksal der Schweizer Kampfflugzeuge

Während Experten von dem Entwurf des neuen Flugzeugs begeistert waren, hatte das Projekt N-20 in der Schweiz bald schon einen schweren Stand: Nachdem die Kriegsflotte an Messerschmitt-Maschinen des Typs Me-109E nach 1945 veraltet war, hatte man entschieden, die Luftwaffe neu aufzurüsten. Im Mai 1947 beantragte der Bundesrat die Anschaffung von 75 hochmodernen Düsenjägern vom Typ Vampire der englischen Firma De Havilland. 1951 wurden zusätzlich 150 Venom-Jagdbomber derselben Firma eingekauft.[60] Beides waren Flugzeuge auf dem neuesten Stand der Technik, deren Standard nicht leicht zu übertreffen war. Um so schwerer wurde es mit der Zeit, für eine Fortsetzung der Entwicklungsarbeiten am eigenen Jagdbomber N-20 zu argumentieren. Der einzige Vorteil war die Wahrung einer gewissen nationalen Eigenständigkeit. Das Flugzeug wurde auf diese Weise zum schweizerischen Prestigeprojekt, an dem Wissenschaftler, Militär und Industrie mit vereinten Kräften arbeiteten.

Kármáns Rat, sich nicht auf einen Erfolg des N-20 zu verlassen, war berechtigt und wurde in der Schweiz durchaus ernst genommen: Parallel zu den Arbeiten am N-20 versuchte man sich mit dem Bau eines weiteren, konventioneller gestalteten Kampfflugzeuges unter dem Namen P-16. Während der N-20 vor allem in Emmen konstruiert wurde, konzentrierte sich das Projekt P-16 auf den Flugstandort Altenrhein – und bald war man froh, dieses zusätzliche Ass noch im Ärmel zu haben. Der eigentliche Prototyp des N-20, der N-20.10 Aiguillon (Abb. VI.6, S. 188), wurde 1952 fertig gestellt. Bei einer Länge und einer Flügelspannweite von jeweils gut zwölf Metern erreichte er eine Höchstgeschwindigkeit von 1 000 Kilometern pro Stunde.[61] Bei seinem ersten Testflugversuch im Januar 1953 führte das Flugzeug jedoch lediglich einen kleineren „Starthüpfer" aus, wie die Presse berichtete, ohne tatsächlich zu fliegen.[62] Obwohl solche Anfangsschwierigkeiten auch von anderen Projekten bekannt waren, bedeutete dies das Ende des schwanzlosen Flugzeugs der Schweiz. Im März 1953 entschied das Eidgenössische Parlament, den Kredit für die gesamte Entwicklung zu streichen, worauf das Flugzeug im November desselben Jahres mit

---

[60] Vgl. z.B. DQ 23.

[61] DQ 24.

[62] "[...] während den Rollversuchen ab Januar 1953 führte Testpilot Mathez einen kurzen Starthüpfer durch." DQ 24.

Abbildung VI.6: Der Flugzeugtyp N-20.10 Aiguillon, heute als Museumsstück zu bewundern. Quelle: Verkehrshaus der Schweiz.

Startverbot belegt und das Programm N-20 abgebrochen wurde. Dätwyler war es, der versuchte, den Schaden im letzten Moment noch zu begrenzen, wofür er sich erneut an Kármán wandte: Konnte nicht die wohlhabende NACA der Schweiz den N-20 abkaufen, so dass die Verluste, die beim Bau entstanden waren, wieder ausgeglichen würden? Die NACA zeigte sich zunächst interessiert, und 1953 bat Dätwyler Kármán , ihm „eine Besprechung mit Herrn Dryden" zu verschaffen.[63] Aus den Verkaufsplänen wurde jedoch letztlich nichts; die Schweiz musste den halb fertigen N-20 behalten. Das gesamte Projekt hatte insgesamt über 14 Millionen Franken gekostet – ein stolzer Preis für einen völligen Fehlschlag.[64]

Nach dem Scheitern des N-20 richtete sich die Aufmerksamkeit der Schweiz auf den Flugzeugtyp P-16, der weiterhin im Rennen war. Der Erstflug im Jahr 1955 verlief erfolgreich: Der P-16 zeigte sehr gute Flugeigenschaften, und so wurde die Entwicklung weitergetrieben und das Ergebnis 1956 der Presse vorgeführt. Die Aufnahme war durchweg positiv. Experten waren sich einig, dass es sich bei dem P-16 um ein technisch aussergewöhnlich gutes Flugzeug handelte: Es erforderte nur kurze Start- und Landestrecken, war einfach zu handhaben und verfügte laut den Militärs über eine sehr gute „Schiessplattform". Stolz berichtete die Presse im August 1956,

[63] Gottfried Dätwyler an Theodore von Kármán, 16.8.1953 (TKC 6.37).

[64] Interview VG, 4.9.2002. Der Prototyp des N-20.10 steht heute im Fliegermuseum Dübendorf (DQ 24); ein weiteres Exemplar ist im Verkehrshaus Luzern zu besichtigen (Abb. VI.6).

es habe erstmals „ein schweizerisches Flugzeug der Konstruktion P-16 in einem Versuchsflug die Schallgrenze durchbrochen".[65] Die nach weiteren Verbesserungen kurz darauf durchgeführten Testflüge verliefen jedoch unglücklich: Zwei Prototypen stürzten ab und versanken im Bodensee.

Dieser Absturz führte zu grossem Misstrauen gegen die neue Konstruktion, dennoch setzten die Schweizer Experten weiterhin auf den P-16. Als Mitglied der Kommission zur Flugzeugbeschaffung berichtete Ackeret den Verantwortlichen des EMD im Juli 1957, die Kommission sei überein gekommen, dass sich der P-16 trotz manch berechtigter Kritik schliesslich doch lohnen würde:

> Prof. Dr. Ackeret führt aus [...] [d]er P-16 befinde sich noch in der Flugerprobung. [...] Nachdem die ersten Flugversuche gewisse Zweifel aufgeworfen hätten, seien nun inzwischen die Flugeigenschaften wesentlich verbessert worden. [...]
>
> Der P-16 sei allerdings in mancher Hinsicht noch nicht so vollendet, wie die anderen Flugzeuge. Das bestvollendete Flugzeug sei zweifellos der Sabre. Zusammen mit den Piloten sei man zum Schlusse gekommen, dass es weder in technischer noch in militärischer Hinsicht riskiert wäre, die Serienfabrikation des P-16 aufzunehmen. Die Mängel liessen sich überblicken und innert nützlicher Zeit beseitigen. Die Schiessversuche seien relativ gut ausgefallen. Die Kanone funktioniere gut. Wenn noch einige Verbesserungen daran angebracht würden, dürfte sie eine der besten 30 mm Kanonen auf der Welt werden. Dem P-16 könnten weit mehr Lasten angehängt werden als den andern Flugzeugen. Die Aufhängevorrichtungen seien so berechnet, dass gleichzeitig Bomben und Raketen verwendet werden könnten. Der P-16 weise auch einen höheren Sicherheitskoeffizienten auf als die andern Flugzeuge. Nach Anhören der Piloten und von Oberst Lüthi sei die Kommission einstimmig zum Schluss gekommen, dass sie mit gutem Gewissen die Bestellung einer Serie P-16 befürworten könne.[66]

Entgegen dieser Befürwortung fügte sich das Parlament schliesslich dem Druck der Landesverteidigungskommission und Teilen der öffentlichen Meinung: Auch der P-16 wurde mit einem Baustopp belegt und die

[65] „P-16 durchbricht die Schallgrenze", Berner Bund vom 16.8.1956.

[66] Protokoll der Konferenz betreffend Beschaffung von Kampfflugzeugen, 2.7.1957 (ETHZ Hs553:251).

Flug- und Fahrzeugwerke Altenrhein für den damit verbundenen Auftragsverlust mit 100 Millionen Franken entschädigt. In der Fachwelt löste diese Entscheidung einen wahren Entrüstungssturm aus.[67] Georges Bridel, ein Experte auf dem Gebiet des Schweizer Flugzeugbaus, sieht den Grund des Misserfolges von N-20 und P-16 unter anderem darin, „dass die beiden Projekte sich zunehmend konkurrenzierten".[68] Hauptsächlich mochte es jedoch daran gelegen haben, dass die Schweiz bereits über eine Flotte leistungsfähiger Düsenflieger verfügte und die eigene Produktion auf den ersten Blick keinen entscheidenden militärischen Fortschritt brachte, trotz der unkonventionellen und wissenschaftlich interessanten Bauweise des N-20 und den ungewöhnlichen Flugeigenschaften des P-16.[69] Das Projekt eines eigenen Kampfflugzeugs für die Schweiz war damit gestorben, zur grossen Enttäuschung der beteiligten Personen.

Die viel versprechenden Vampire- und Venom-Düsenflieger waren jedoch schneller veraltet als gedacht. 1956 erreichte der Kalte Krieg mit dem Einmarsch russischer Truppen in Ungarn einen seiner Höhepunkte, und vor diesem Hintergrund schien die vorhandene Ausrüstung der schweizerischen Fliegertruppe deutlich unzureichend. Der Kommandant der Flieger- und Abwehrtruppen, Etienne Primault, nutzte diesen Moment, um dringlich eine Aufrüstung anzufordern. Da die eigene Entwicklung gestoppt worden war, sollte Ersatz aus dem Ausland beschafft werden. Die Anschaffung musste jedoch gut überlegt sein, so begann man, nach geeigneten Flugzeugen aus dem Ausland Ausschau zu halten.[70] Der neue Chef des EMD, Paul Chaudet, beauftragte seine Mitarbeiter, die Wahl der neuen Flugzeuge vorzubereiten; zu diesem Zweck wurde 1958 die so genannte Arbeitsgruppe für Flugzeugbeschaffung (AGF) gegründet. Als Testpiloten waren Willy Frei, Arthur Moll und Hans-Ulrich Weber an diesem Gremium beteiligt; aber auch Greinacher war als offizieller Vertreter der KTA wesentlich an der Entscheidung beteiligt. Laut Auskunft seiner Witwe, Vera Greinacher, zog man wiederum auch Kármán zu Rate, welche Flugzeuge die Schweiz importieren sollte – ob diese Anfrage jedoch offiziell verlief oder ob es sich um private Diskussionen zwischen Greinacher und Kármán handelte,

[67]DQ 25, Breitenmoser (2002).

[68]Bridel (1998), S. 83.

[69]Vgl. Müller (1986), S. 278.

[70]Zur Vorgeschichte des Einkaufs neuer Kampfflugzeuge für die Schweiz vgl. beispielsweise DQ 26.

ist unklar.[71] Mehrere Modelle standen zur Auswahl: der schwedische Saab Draken, die amerikanischen Modelle Lockheed Starfighter und Grumman Supertiger, die französische Dassault Mirage III und der italienische FIAT G-91, letzterer konstruiert von Giuseppe Gabrielli. Die Gruppe entschloss sich schliesslich, die Anschaffung der Mirage III zu empfehlen.

Finanzexperten hatte man bei dieser Entscheidung nicht zu Rate gezogen, und das erwies sich bald als grober Fehler. Der französische Kampfflieger entsprach zwar modernsten Anforderungen, billig war er jedoch nicht – nicht einmal preisgünstig. Experten schätzten schon anfangs, das ganze Programm würde mehr als eine Milliarde Schweizer Franken kosten; der Bundesrat folgte jedoch den optimistischeren Angaben von Seiten der AGF und beantragte am 28. April 1960 einen Kredit von 871 Millionen Franken für den Kauf von hundert Kampfflugzeugen Mirage III, die unter Lizenz in der Schweiz hergestellt werden sollten. Dieser Kredit übertraf nahezu alles, was dem Parlament jemals zuvor für irgendeine Anschaffung vorgelegt worden war; dennoch wurde der Antrag mehrheitlich angenommen und die Flugzeuge bestellt.

Die Besonderheit der Mirage III erwies sich bald schon als verhängnisvoll: Das Flugzeug war in flexibler Baukasten-Konstruktion geplant, d.h. man konnte sich diejenige Kombination an Bauteilen zusammenstellen, die den eigenen Anforderungen optimal entsprach. Welches jedoch die für die Schweiz optimale Konfiguration war, darüber stritt man lange – das System, das bei der Abstimmung im Parlament als definitiv galt, wurde fortlaufend modifiziert und erweitert. Dies war neben der Prüfung der Flugleistungen das Spezialgebiet Greinachers, der die nötigen Anpassungen leitete.[72] Weil man sich auf diese Weise erst spät für die gewünschten Lenkwaffen und die passende Navigationsausrüstung entschied, wurden weitere Umbauten erforderlich, zudem erwiesen sich alle serienmässig gefertigten Bauteile als ungeeignet für die schweizerischen Mirage III-Flieger. Sämtliche Bestandteile erforderten Spezialanfertigungen.

Bis Mai 1964 waren etwa sechshundert Betriebe in der Schweiz damit beschäftigt, verschiedene Teile für die beantragten hundert Mirage III-Flugzeuge zu produzieren, und immer deutlicher zeichnete sich ab, dass der bewilligte Kredit die Kosten bei weitem nicht decken würde. Die Militärkommission empfahl schliesslich, wenn auch unter gewissem Vorbehalt,

[71] Interview VG, 4.9.2002.

[72] Ibid.

einen Nachtragskredit von 576 Millionen. Das bedeutete eine Überschreitung des Budgets um zwei Drittel der ursprünglich beantragten Summe. Statt der eingeplanten 8 Millionen Franken pro Flugzeug, die bereits ein stolzer Preis waren, kostete jeder Flieger letztlich nahezu das Doppelte, nämlich 15 Millionen Franken. Diese Kosten-Explosion verursachte einen landesweiten Skandal, zumal man bis dato alles getan hatte, um die Budget-Überschreitungen zu vertuschen. Als Kompromiss wurde die ursprünglich geplante Anzahl von hundert Maschinen auf siebenundfünfzig reduziert – aber auch dies verbesserte die desolate Finanzlage nur geringfügig.

Der Bundesrat war entsetzt und beantragte eine Untersuchungskommission, deren Bericht im September 1964 vorlag: der so genannte „Furgler-Bericht", benannt nach dem Leiter der Kommission. Die Ermittlungen lieferten vernichtende Ergebnisse: Entgegen dem Beschaffungsentscheid von 1961 hatten die Verantwortlichen zum Beispiel zwei verschiedene Flugzeugtypen bestellt, eine Jagdbomber- und eine Aufklärerversion, was die Kosten erneut um ein Vielfaches erhöhte. Dies forderte Konsequenzen. Als erste mussten Primault und Generalstabschef Jakob Annasohn von ihren Posten zurücktreten. Die Sozialdemokraten forderten zusätzlich den Rücktritt von Bundesrat Chaudet, der sich für das Projekt stark gemacht hatte. Nachdem auch seine eigene Partei, die FDP, die Rolle des Bundesrats zunehmend kritisierte, gab Chaudet 1966 diesen Forderungen nach.[73] Mit den neuen Mirage III-Flugzeugen verfügte die Schweiz nun über die modernste Luftwaffentechnik der Zeit, aber der Preis war gewaltig. Aus Gründen der Kostenersparnis wurden die Flugzeuge 1999 schliesslich aus dem Dienst genommen.

Im Bereich der Technik hatte die Untersuchungskommission an der Mirage III nichts zu bemängeln[74] – das war Greinachers Glück. Dennoch zog Greinacher sich noch 1964 aus seiner Tätigkeit für das EMD zurück, um fortan als freier Berater zu wirken. Seine Stellung in der Schweiz war jedoch immer noch bedeutend, er war Mitglied zahlreicher Organisationen und Mitbegründer der Schweizerischen Vereinigung für Flugwissenschaften. Laut Auskunft seiner Witwe entschied er sich unter anderem deshalb

[73]Breitenmoser (2002), S. 78ff.

[74]Immenhauser (1985): „Als 1964 der Sturm über die Mehrkosten der der Beschaffung losbrach, bezeugten die verschiedenen Untersuchungen, dass im Bereich der Technik und der Taktik keine Vorwürfe zu erheben waren, und Greinacher konnte das Marignano der Mirage-Beschaffung *mit weisser Weste* verlassen."

zum Schritt in die Selbstständigkeit, weil das EMD zu dieser Zeit junge Leute vorzog und in leitende Positionen einsetzte – auch Greinacher hätte eine Abwertung seines Postens in Kauf nehmen müssen.[75] Ob das Debakel um die Schweizer Kampfflugzeuge ebenfalls seinen Teil dazu beitrug, dass Greinacher nun neue Wege suchte, bleibt ungewiss.

[75] Interview VG, 4.9.2002.

Kapitel VII

ANKUNFT IM WESTEN

Anfang Oktober 1954 erhielt Theodore von Kármán folgende Nachricht von Jacques Boesch aus Bern:

> LAUT TELEGRAMM IHRES BRUDERS AUSREISE BEWILLIGUNG ZUGESPROCHEN VISA ERHALTEN STOP ICH LIESS ZWEITAUSEND FRANCS FUER REISESPESEN UEBERWEISEN LAUT WUNSCH IHRES BRUDERS STOP RECHNE MIT ANKUNFT NAECHSTER WOCHE STOP WERDE MICH SEINER ANNEHMEN STOP HERZLICHST JACQUES BOESCH[1]

Miklós und Margit hatten also endlich ihre Ausreisebewilligung erhalten. Die entscheidende Wende ergab sich, als Kármán eine neue Figur ins Spiel brachte: den ehemaligen OSS-Spion Morris Berg, genannt „Moe".

1 EIN AGENT WIRD EINGESCHALTET

Berg, geboren 1902 in New York als Sohn jüdischer ukrainischer Einwanderer, studierte Jura mit hervorragendem Erfolg, machte jedoch zunächst eine Karriere als professioneller Baseball-Spieler.[2] Bereits in diesen Jahren scheute Berg kein Risiko – berühmt ist die Geschichte, wie er 1934 während eines Auslandsspiels in Japan heimlich den Hafen sowie Industrie- und Militäranlagen von Tokio fotografierte. Nach dem Angriff japanischer Kampfbomber auf Pearl Harbor bot Berg diese Bilder dem amerikanischen Militär an; es gibt jedoch keinen Anhaltspunkt dafür, dass sie in irgendeiner Weise genutzt wurden, auch wenn Berg meinte, sie seien „für unsere Luftwaffe interessant" gewesen.[3]

---

[1]Jacques Boesch an Theodore von Kármán, undatiert (TKC 145.5). Das Telegramm wurde an Bärbel Talbots Privatadresse in Aachen gesandt, Kármán hielt sich also gerade bei seiner Freundin auf.

[2]Zu Moe Berg, 1902 – 1972, vgl. insbesondere die Biografie Dawidoff (1994), auf die sich auch die folgenden Angaben stützen.

[3]Berg erzählte diese Geschichte sein Leben lang häufig und gerne, eine Version schrieb er auch an Kármán: Morris Berg an Theodore von Kármán, 23.6.1958 (TKC 35.2): „[I]n the fall of 1934, while a member of the Connie Mack-Babe Ruth American Baseball Team

1942 verliess Berg sein Baseball-Team, die *Boston Red Sox*, und auf der Suche nach neuen Herausforderungen liess er sich Mitte 1943 vom neu gegründeten OSS engagieren. Das OSS, *Office of Strategic Services*, hatte Franklin Roosevelt 1942 eingerichtet und als ersten Direktor William Donovan berufen. Der neue Geheimdienst sollte vor allem Informationen über die Staaten sammeln, mit denen die USA Krieg führten; zunehmend organisierte das OSS darüber hinaus auch Guerilla-Operationen und Sabotage-Akte. Nach dem Krieg wurde die Organisation aufgelöst, diente aber als Vorbild für den 1947 eingerichteten CIA (*Central Intelligence Agency*).

Berg wurde bald einer von Donovans besten Mitarbeitern. Nachdem er sich mit verschiedenen Operationen in Südamerika einen Namen gemacht hatte, wurde Berg Ende 1943 dem so genannten *Project Larson* zugeordnet, dessen offizielle Aufgabe es war, italienische Raketenforscher und Flugkörper-Experten aus Italien in die Vereinigten Staaten zu schmuggeln. Inoffiziell hatte jedoch General Leslie R. Groves, Leiter des *Manhattan Project*, das *Project Larson* stillschweigend übernommen und versuchte unter dem Deckmantel des alten Namens möglichst viel über den Stand der Kernforschung im feindlichen Europa, insbesondere in Deutschland, zu erfahren: Berg wurde somit unversehens ein Mitglied des ersten Teils der bekannten *Alsos*-Mission. Seine Reise verlief äusserst erfolgreich. In vergleichsweise kurzer Zeit lieferte Berg nicht nur wertvolle Informationen über den Stand der Technik in Italien, zum Teil auch in Deutschland, sondern konnte auch den Aerodynamiker Antonio Ferri sowie den Kernphysiker Edoardo Amaldi dazu überreden, in Zukunft für die Vereinigten Staaten zu arbeiten.[4] Ferri, der zuvor den Überschallkanal in Guidonia geleitet hatte, blieb für den Rest des Lebens in den USA und wurde bald berühmt für seine Arbeiten am *Langley Research Center* der NACA; Amaldi hingegen kehrte nach Europa zurück und wurde 1952 der erste Generalsekretär des CERN, zu dessen Aufbau er massgeblich beitrug.

Im Anschluss an seinen Einsatz in Italien wurde Berg an einen der wichtigsten Stützpunkte des OSS in Europa berufen: nach Bern, von wo

---

inaugurating professional base ball in Japan, I took advantage of Mrs. Lyon's presence as an expectant mother in the St. Luke's Hospital, to secretly (unknown to her) make a movie panorama of the city of Tokio, which may have been interesting later to our Air Force." Lange Zeit hielt sich das Gerücht, dass die ersten amerikanischen Luftangriffe auf Tokio sich an diesen Fotografien orientierten, dafür gibt es jedoch keinerlei sachliche Grundlage.

[4]Antonio Ferri, 1912 – 1975; Edoardo Amaldi, 1908 – 1989.

aus Allen W. Dulles die Bespitzelung der Nazis organisierte. Die neutrale Schweiz, umgeben von Achsenmächten und wichtigster Finanz- und Handelsplatz für die Deutschen, war ein idealer Standort für diese Zentrale. Dulles konnte zudem den Schweizer Physiker Paul Scherrer als wichtigen Informanten über den Stand der Forschung in Deutschland gewinnen.[5] Unter dem Decknamen „Flöte“ liess Scherrer dem OSS unschätzbare Informationen über die mit ihm befreundeten deutschen Physiker zukommen.[6] Besonders mit Werner Heisenberg verband Scherrer eine gute Freundschaft, die er auch in den Kriegsjahren pflegte – was ihn nicht daran hinderte, alle relevanten Informationen aus den Gesprächen mit Heisenberg an Dulles weiterzuleiten. Dulles war sehr daran gelegen, den engen Kontakt zu Scherrer zu halten und wenn möglich noch zu intensivieren. Sein neuer Mitarbeiter Berg sollte daher die Aufgabe eines ständigen Verbindungsmanns zu Scherrer übernehmen, und dies tat er mit hervorragendem Erfolg. Berg wurde bald ein regelmässiger Besucher der Familie und unternahm mit Scherrer viele Ausflüge in die Alpen – zu Fuss, per Fahrrad oder auf Langlaufskiern. Die Familie hielt ihn für Scherrers persönlichen Leibwächter; von dem, was Berg und Scherrer in erster Linie verband, wusste niemand.[7]

Ein Jahr vor Kriegsende erhielt Berg einen speziellen Auftrag des OSS, den heikelsten seiner Karriere. Schon seit längerem hatten die Alliierten Heisenberg als diejenige Person in Nazi-Deutschland identifiziert, der es allenfalls gelänge, eine Atombombe zu bauen. Um jede Möglichkeit auszuschliessen, dass er den Amerikanern zuvorkäme, wurden nun konkrete Pläne geschmiedet, Heisenberg zu entführen – oder, wenn nötig, zu ermorden.[8] Berg schien der richtige Mann für diesen Plan. Die entscheidende Gelegenheit ergab sich im Dezember 1944, als Heisenberg auf Einladung von Scherrer nach Zürich kam, um an der ETH über aktuelle Fragen der Kernforschung vorzutragen. Vermutlich wollte Scherrer bei dieser Gelegenheit seinen Besucher wie üblich aushorchen, es gibt jedoch keinen Hin-

[5]Dawidoff (1994), S. 164f.

[6]In seiner Autobiografie Dulles (1996) verfasste Dulles einen Anhang mit den Decknamen ausgewählter Personen; darunter findet sich auch Paul Scherrer mit dem bezeichnenden Namen „Flöte“. Powers (1993) berichtet ausführlich über Scherrers Tätigkeit als Informant.

[7]Dawidoff (1994), S. 208. In Dawidoffs Buch sind Fotografien reproduziert, die Berg und Scherrer auf gemeinsamen Rad- und Skitouren zeigen.

[8]Powers (1993), S. 392ff.; Dawidoff (1994), S. 199ff.

weis darauf, dass er von einem geplanten Anschlag auf Heisenberg wusste.[9] Im Publikum sass unter anderem Berg, mit dem ausdrücklichen Befehl, Heisenberg sofort zu erschiessen, wenn irgend etwas in seinem Vortrag darauf deutete, dass Deutschland in der Lage sei, eine Atombombe zu bauen. Da kein solches Wort fiel, blieb Bergs Pistole in der Tasche, ebenso die Giftkapsel, die im Falle eines Falles für ihn selbst bestimmt gewesen wäre. Heisenberg selbst erfuhr vermutlich nie davon, in welcher Gefahr er in diesen Augenblicken schwebte.

Auch nach diesem Auftrag, durch den Berg berühmt wurde, blieb er für das OSS tätig. Unter anderem begleitete er die Wissenschaftler der *Alsos*-Mission, als sie 1945 in Frankreich und Deutschland den Stand der Kernforschung erkundeten. Nur einige Wochen bevor Kármán, Frank Wattendorf und Hsue-shen Tsien in Göttingen ankamen, hatte bereits Berg dieselben Wissenschaftler verhört, unter anderem Ludwig Prandtl und seinen Assistenten Albert Betz.[10] Nach dem Krieg wurde das OSS aufgelöst, und Berg war arbeitslos. 1952 erhielt er noch einen kurzen Rechercheauftrag vom neu gegründeten CIA; die Ausführung fiel jedoch nicht im Sinne seiner neuen Vorgesetzten aus – Bergs Arbeitsstil war stets eigenwillig gewesen, doch hatte das im OSS niemanden gestört. Bei der Nachfolgeorganisation war dies anders. Berg blieb zwar unter Vertrag, bekam aber keine neuen Aufträge; und als im Jahr 1954 seine Anstellung beim CIA auslief, war Bergs Karriere als Agent des amerikanischen Geheimdienstes endgültig beendet.

Genau in dieser Zeit lernten sich Berg und Kármán kennen. Berg vertrug die Untätigkeit schlecht: Ihm war langweilig, zudem hatte er Geldsorgen. Gemäss den Gewohnheiten, die er als OSS-Wissenschaftsexperte angenommen hatte, traf er sich weiterhin mit alten Freunden und Bekannten und hielt sich über die Entwicklung der Wissenschaft auf dem Laufenden. Unter anderem blieb Berg mit Ferri in Verbindung; dieser war inzwischen Professor am *Brooklyn Polytechnic Institute* und lud Berg ab und

---

[9]Diese Ansicht vertritt unter anderem Thomas Powers, vgl. Powers (1993), S. 394ff; sie wird auch von Bergs Biografen Dawidoff übernommen, vgl. Dawidoff (1994), S. 206.

[10]Vgl. Morris Berg an Theodore von Kármán, 26.6.1958 (TKC 2.29): „I flew into Weimar the day that Buchenwald was liberated – enroute to Göttingen from NACA and our airforce for interrogation of your own Professor Prandtl and his associate Betz a couple of weeks before your arrival." Albert Betz, 1925 – 1968, hatte bei Prandtl studiert und leitete in den Jahren 1937-45 die Aerodynamische Versuchsanstalt zu Göttingen; nach dem Krieg setzte er seine Karriere als leitender Aerodynamiker in Göttingen nahtlos fort.

an zum Abendessen ein. Bei einem dieser Anlässe war auch Kármán zugegen, der ebenfalls mit Ferri befreundet war.[11] Kármán und Berg kamen ins Gespräch und waren einander sofort sympathisch. Zudem hatte Kármán just in diesem Moment gute Verwendung für Berg: Als studierter Jurist und Fremdsprachentalent mit jahrelanger Erfahrung in heiklen Auslandsaufträgen schien Berg der beste Mann, um die Ausreise von Miklós und Margit endgültig in die Wege zu leiten.

Kármán konnte Berg tatsächlich für sein Anliegen gewinnen – Berg hatte keine anderen Verpflichtungen, er brauchte Geld, und die scheinbar aussichtslose Lage des Problems mag ihn noch zusätzlich gereizt haben. Berg schlug ein, und wie in früheren Fällen meisterte er auch diesen Auftrag in kürzester Zeit und höchst diskret.[12] Berg brachte Miklós und Margit zunächst nach Wien, d.h. in die Stadt, die bereits drei Jahre zuvor Alajos Wawra als besten Ausgangspunkt für solche Aktivitäten ins Spiel gebracht hatte. Mit einem so prompten Erfolg seines neuen Mitarbeiters hatte selbst Kármán nicht gerechnet, wie er Edward Beehan, seinem Freund und Rechtsberater bei der Aerojet, schrieb:

> Ich war recht überrascht, als mein Bruder mich aus der amerikanischen Zone in Wien anrief und berichtete, dass er und seine Frau Ungarn verlassen hätten. Er erhielt eine legale Ausreisebewilligung, aber sie war absolut unabhängig von allen Schritten, die Mastronardy [sic] und ich zuvor unternommen hatten. Es war ein sehr grosses

[11] Kármán und Ferri verfolgten einige gemeinsame Projekte, zumindest einmal 1956 auch in Kooperation mit Gabrielli. Vgl. dazu etwa Antonio Ferri an Theodore von Kármán, 22.5.1956 (TKC 9.11).

[12] Verschiedene unabhängige Quellen belegen, dass es tatsächlich Moe Berg war, der den entscheidenden Beitrag dazu leistete, Miklós und Margit in die Schweiz zu holen. Bergs Biograf Dawidoff beruft sich auf zwei Referenzen: Einerseits zitiert er Moe Bergs Schwester Ethel in der Biografie ihres Bruders, andererseits beruft er sich auf telefonische Auskünfte von Lee Edson, mit dem Kármán seine Memoiren verfasste (vgl. Dawidoff (1994), S. 258; für seine Quellen vgl. S. 410). Dawidoff datiert dabei die Ausreise fälschlich auf 1956, d.h. in die Zeit nach dem Ungarn-Aufstand. In Theodore von Kármáns Autobiografie heisst es ebenfalls, ein ehemaliger OSS-Agent habe Miklós aus Ungarn in die Schweiz gebracht, jedoch ohne dass weitere Details genannt werden; vgl. von Kármán und Edson (1968), S. 379; Fussnote. Darüber hinaus erinnert sich Frank Marble, ein Schüler Theodore von Kármáns, mit dem er auch in späteren Jahren in engem Kontakt stand, dass es Moe Berg war, der Miklós und Margit aus Budapest holte (vgl. Frank Marble Oral History Interview with Shirley Cohen; created Pasadena, CA, 1/26/94. CalTech Archives, Oral History Project. Recherchiert durch Alison D. Sauer, Mai 2003. Vgl. Sauer (2003), S. iii).

> Glück, dass Dr. Mastronardy die Angelegenheit auf Schweizer Seite zuvor erledigt hatte, so dass er [= Miklós] in dem Moment, als er die Bewilligung der Ungarn bekam, ein Schweizer Visum erhielt und das Land verlassen konnte.[13]

Berg schmuggelte das Ehepaar Kármán also nicht bei Nacht und Nebel über die Grenze, sondern fand seine Wege, das „legale" Verfahren in Budapest zu beschleunigen. Miklós und Margit erhielten ihre Pässe und trafen am 20. Oktober 1954 glücklich in Bern ein, eine Woche, nachdem sie Budapest verlassen hatten.[14] Ihr sämtlicher Besitz ging dabei jedoch verloren:[15] In seinem später verfassten Lebenslauf nennt Miklós als Gegenleistung für die Pässe nicht nur ihre gesamte Wohnungseinrichtung im Werte von ca. 150 000 Franken, sondern auch eine nicht näher bestimmte Zahlung von 5 000 Dollar sowie die Übergabe von 20 000 Franken Bargeld.[16] Möglicherweise ersetzten dabei die letzten beiden Posten die in der Schweiz deponierte Bankgarantie von 30 000 Franken; zumindest ist in der weiteren Korrespondenz von dem Depot nie mehr die Rede. Eventuell waren die 5 000 Dollar auch eine Zahlung an Berg, die als solche nicht deklariert werden sollte. Bei einem üppigen Festbankett im Berner Hotel Bellevue wurde die geglückte Familienzusammenführung gefeiert (Abb. VII.1, S. 201); unter den Gästen waren unter anderem Boesch, das Ehepaar Greinacher, Horace Mastronardi und andere Schweizer Bekannte Kármáns.[17]

Die weiteren Formalitäten in der Schweiz verliefen problemlos, wiederum mit Unterstützung Mastronardis. Neben Theodores Erklärung, alle anfallenden Kosten für das Ehepaar Kármán zu übernehmen, leisteten

---

[13]Theodore von Kármán an Edward Beehan, 4.11.1954 (TKC 2.18): „I was quite surprised when my brother telephoned to me from the American zone in Vienna that he and his wife left Hungary. He got a legal exit permit, but it was absolutely independent of any action which Mastronardy and I started before. It was very fortunate that Dr. Mastronardy settled the matter before on the Swiss side so that the moment he got the permission from the Hungarians, he received a Swiss visa and could leave the country."

[14]Vgl. Exposé betreffend die Dr. Joséphine-de-Kármán-Stiftung, 6.5.1971 (PB).

[15]„Indessen erhielten wir tatsächlich die legalen Dokumente, die uns gestatteten, innert weniger Tage das Land zu verlassen und in der Schweiz zu landen, wobei wir allerdings all unser Hab und Gut an den Staat verloren haben." Miklós von Kármán: Lebenslauf. Bern, ca. 1955 (PB).

[16]Miklós von Kármán: Lebenslauf. Bern, ca. 1955 (PB).

[17]Vgl. Jacques Boesch an Theodore von Kármán, 3.11.1954 (TKC 154.2): „Die Feste des Wiedersehens mit Ihrem Bruder sind nun leider vorbei und der Alltag fordert seine Rechte."

Abbildung VII.1: Margit, Theodore und Miklós von Kármán in Bern. Quelle: PB.

Greinacher und Mastronardi eine Bürgschaft für Miklós und Margit,[18] so dass diese bereits Ende November 1954 die erforderliche Aufenthaltsbewilligung in Händen hielten, wie Miklós seinem Bruder berichtete:

> Heute haben wir den Ausländerausweis (livret pour étrangers) erhalten. Wir haben ihn mit Dr. Mastronardi entgegengenommen. Er ist ein Jahr lang gültig. „Aufenthaltsbewilligung des Kantons Bern, Zweck Verbleib in Bern", und er gibt uns das Recht, innerhalb der Schweiz überallhin zu reisen. Gleichzeitig haben sie unsere Angaben für die Identitätskarte aufgenommen, mit der wir auch ins Ausland reisen können. Es ist wirklich eine grosse Sache, dass M.[astronardi] dies alles innerhalb von 6 Wochen (vor 6 Wochen sind wir in Budapest abgereist) mit Deiner Güte erledigen konnte.[19]

2 Antony Attila aus Budapest

In den ersten Jahren nach ihrer Ankunft in Bern hofften Miklós und Margit noch darauf, dass ihnen zumindest ein Teil ihrer Besitztümer aus Budapest

[18] Interview VG, 4.9.2002.

[19] Miklós an Theodore von Kármán, 27.11.1954 (TKC 145.2). Übersetzung LH.

nachgeschickt wurde, und zwar von einem gewissen Antony Attila. Im Dezember 1954 schrieb Miklós dazu an Theodore:

> Von Attila wissen wir nichts. Er hat Mastronardi noch nicht geantwortet, und auch von den ihm übergebenen Paketen hat er noch keine verschickt. Mastronardi hat heute in unserer Anwesenheit den Zürcher Direktor angerufen; dieser hat vor einer Woche Nachricht von Attila erhalten, aber er weiss nichts darüber, ob ihm etwas zugestossen ist.[20]

Wie Miklós weiterhin schrieb, hatten die Kármáns besagtem Attila insgesamt sieben Koffer und ein weiteres kleines „Päckchen“ übergeben, um diese nach ihrer Abreise aus Budapest nach Wien zu schicken. Den Transport sollte der Chauffeur der holländischen Botschaft besorgen. Geplant war, die genannten Koffer in insgesamt vier Touren nach Wien zu schaffen – und in vollem Vertrauen darauf, dass Attila sein Wort halten würde, hatte Miklós ihm für diesen Auftrag 4 000 Forint im Voraus gezahlt, für jede Fahrt 1 000 Forint. Nun jedoch liessen die Koffer auf sich warten.[21]

Auch in anderer Hinsicht war Miklós nicht mehr sicher, ob Attila wirklich so vertrauenswürdig war, wie er in Budapest dachte. So hatten sie dort vereinbart, dass Attila von dem Auftrag entbunden wäre, ihnen aber eine bestimmte Summe als Entschädigung zu zahlen hätte, wenn der Transport über die Grenze sich als unmöglich erweisen sollte. Von diesem Angebot wollte Attila nun Gebrauch machen.[22] Miklós hatte inzwischen jedoch einsehen müssen, dass dieser Handel sehr ungünstig für ihn und Margit ausgehen würde; daher bat er seinen Bruder, erneut Mastronardi einzuschalten, der Attila mit all seiner juristischen Autorität davon überzeugen sollte, dass die in Budapest erwähnte – aber nicht fest vereinbarte, wie Miklós betonte – Entschädigungssumme zu gering sei. Alternativ boten sie schliesslich an, Attila ein Auto nach Budapest zu schicken und im Gegenzug endlich die vermissten Besitztümer zu erhalten. Mastronardi hatte einen Zürcher Reporter namens Pfister aufgetrieben, der Attila gut kannte und den Wagen nach Budapest bringen sollte. Herr Pfister weigerte sich jedoch überraschend, dies zu tun, da ihn die ungarische Legation „darauf

[20] Miklós an Theodore von Kármán, 1.12.1954 (TKC 145.2). Übersetzung LH.

[21] Vgl. ibid. (TKC 145.2).

[22] Antony Attila an Miklós von Kármán, 5.12.1954. (TKC 154.2). Übersetzung LH. Diesen Brief von Attila legte Miklós seinem Schreiben an Theodore bei.

aufmerksam" machte, „dass Herr Attila keine persona grata" mehr sei und er „indirekt aufgefordert wurde, sämtliche Beziehungen mit Herrn Attila abzubrechen".[23]

Darüber hinaus hatte sich ohnehin eine unangenehme Wendung der Situation ergeben: Attila behauptete nunmehr, die ungarische Regierung habe den Besitz von Margit und Miklós beschlagnahmt, daher könne er die Koffer gar nicht mehr in den Westen ausschaffen.[24] An dieser Behauptung zweifelten sowohl das Ehepaar Kármán als auch Mastronardi: Ohne offizielle Papiere, die diesen Schritt der Regierung bestätigten, war Mastronardi nicht bereit, Miklós' Besitztümer einfach aufzugeben, und versuchte mit allen Mitteln, Attila an die schweizerische Botschaft in Budapest zu zitieren, um ihn dort zur Rede stellen zu lassen. Doch erhielt er von der Botschaft keinerlei Unterstützung – aufgrund schlechter Erfahrung in ähnlichen Fällen würden sie sich in solche Geschichten nicht mehr einmischen, hiess es aus Budapest.

Trotz aller Bemühungen sahen Margit und Miklós ihre in Budapest hinterlassene Habe nie wieder. Da die gesamte Absprache mit Attila gegen ungarisches Recht verstiess, das Emigranten das Mitführen ihrer Besitztümer verbot, gab es keine legale Möglichkeit, Attila dazu zu zwingen, Koffer und Pakete herauszugeben. Dass Attila ihn schliesslich um sein ganzes Hab und Gut betrog, muss für Miklós ein schwerer Schlag gewesen sein – hatte er doch kurz nach der Ankunft in Bern seinem Bruder versichert, dass er ohne Theodores „Wissen oder [...] Einverständnis keinen Auftrag gegeben und keine Pflicht übernommen habe, nur die Pflicht Attila gegenüber", was er „mit Erfolg erledigt habe", wie Miklós betonte.[25] Jetzt, nur kurze Zeit später, hatte sich diese eine eigenständige Operation als Fehlschlag erwiesen: „Einzig die Schmuckgegenstände meiner Frau und die Ansprüche auf die Erbschaft meiner Schwester konnten wir nach der Schweiz retten",[26] schrieb Miklós selbst über seine Situation nach der Ausreise. Der Schmuck lagerte zu diesem Zeitpunkt immer noch wohl verwahrt in dem bereits bekannten Safe No. 109.

---

[23]Horace Mastronardi an Theodore von Kármán, 29.12.1954 (TKC 145.2).

[24]Ibid. (TKC 145.2).

[25]Miklós an Theodore von Kármán, 3.11.1954 (TKC 145.2). Übersetzung LH.

[26]Miklós von Kármán: Lebenslauf. Bern, ca. 1955 (PB).

3 Miklós und Margit in der Schweiz

Zu fragen bleibt, warum eigentlich Kármán so viel Zeit, Geduld und finanziellen Aufwand in die Ausreise seines Bruders investierte. Das nahe liegende Motiv wäre eine innige Geschwisterliebe, die Theodore dazu bewegte, seinem Bruder Miklós aus einer Notlage zu helfen. Anders als Edward Teller und andere Emigranten hatte Kármán sich aber keineswegs direkt nach dem Krieg darum bemüht, seine Verwandten aus dem Osten zu sich zu holen, d.h. zu einer Zeit, als die Grenzen noch vergleichsweise durchlässig waren. Zwar erkundigte er sich bei der Militärverwaltung nach Miklós' Verbleib und besuchte ihn schliesslich sogar unter abenteuerlichen Umständen in Budapest; danach blieb der Kontakt jedoch wieder auf ein Minimum beschränkt. Die Brüder schrieben sich in unregelmässigen Abständen, Kármán half mit Geschenkpaketen und Geld, und einmal lud er Miklós ein, Ferien mit ihm und Joséphine in Turin zu verbringen. Von einer Übersiedelung des Ehepaars Kármán zu Theodore und Joséphine in den Westen war aber nie die Rede, obwohl es Miklós und Margit in Budapest zunehmend schlechter ging.

Dies änderte sich schlagartig mit dem Tod Joséphines: Von diesem Moment an verwandte Theodore erhebliche Zeit und Mühe auf die Frage, wie er Miklós aus Ungarn herausholen konnte – jedoch nicht etwa, weil er sich plötzlich einsam fühlte oder aufgrund einer besonderen Sorge um Miklós' Wohlergehen, wie sich etwa Teller ernsthaft Gedanken darüber machte, ob seine Schwester bedroht wurde, weil er selbst massgeblich am Bau der amerikanischen Wasserstoffbombe beteiligt war. Vielmehr war es das Vermögen, das seine Schwester hinterliess, um das Kármán sich sorgte und das er unter allen Umständen vor dem Zugriff der kommunistischen Regierung in Ungarn retten wollte. Da dies erforderte, dass Miklós Budapest verliess, war Kármán nun bereit, die Ausreise mit allen Mitteln voranzutreiben – bis hin zum Einsatz eines ehemaligen OSS-Spions der Spitzenklasse. Das Geld, das Kármán für die Ausreise zahlte, ist insofern als Investition zu betrachten: Um 50 000 Dollar zu retten, konnte man schon einiges aufs Spiel setzen.

Schon bald nach Miklós' Ankunft in Bern stellte Kármán jedoch klar, dass er über manche Wendungen der Geschichte überhaupt nicht erfreut war – beispielsweise darüber, dass Miklós ohne Absprache mit seinem Bruder einem ihm unbekannten Anwalt namens Andrew Friedmann für dessen Einsatz 10 Prozent der Erbschaftssumme versprochen hatte.[27] Miklós war entsetzt über den Vorwurf und bestritt, jemals von einer solchen Abmachung gehört zu haben, trotz der angeblich von ihm unterschriebenen Briefpassage.[28] Ob dies nun der Wahrheit entsprach oder nicht: Angesichts dessen, dass diese Summe niemals ausgezahlt wurde, während Kármán andere Beträge wortlos übernahm, erscheint seine nachträgliche Beschwerde über diesen Punkt einigermassen kleinlich. Weiterhin fragt man sich, warum Kármán sich überhaupt darüber empören sollte, dass Miklós dem Anwalt besagte Provision versprach, konnte doch Miklós mit seinem Geld tun und lassen, was er wollte. Das sahen die beiden Brüder jedoch anders – Miklós ging sogar so weit, zumindest in privater Korrespondenz jeden Anspruch auf sein Erbe zurückzuziehen.[29] Wer von den Brüdern über das weitere Schicksal des Geldes zu entscheiden hatte, stand ausser Frage: sicher nicht Miklós, der nur zufällig in den Genuss der Aktienerträge kam, die Kármán selbst verdient und eigentlich seiner Schwester als Geschenk zugedacht hatte.

Wie es mit Miklós und Margit nach ihrer Ankunft in Bern weiterging, war 1954 noch nicht ausgemacht. Anfangs war die Weiterreise in die Vereinigten Staaten eine mögliche Option, die Kármán jedoch nicht sehr unterstützte – wenn überhaupt, würde er die nötigen Schritte persönlich im US-Aussenministerium in die Wege leiten, sobald er wieder einmal in Washington wäre, erklärte Kármán Beehan. In jedem Fall hielt er das Ganze nicht für dringend, da er ohnehin der Meinung war, „dass es für ihn [= Miklós] momentan praktischer ist, in Europa zu leben. Es ist sicher billiger. Er spricht etwas Englisch, aber seine Frau spricht es weder, noch versteht sie es“.[30] Marie Roddenbery war sehr viel deutlicher in ihren Vorbehalten

[27] Vgl. Kapitel IV, Abschnitt 2.

[28] Der Brief Theodores, auf den Miklós Bezug nimmt, ist nicht erhalten; der Inhalt lässt sich jedoch aufgrund Miklós' Antwort grösstenteils erschliessen: Miklós an Theodore von Kármán, 3.11.1954 (TKC 145.2). Übersetzung LH.

[29] Miklós an Theodore von Kármán, 3.11.1954 (TKC 145.2): „[M]ein Standpunkt war und ist der, dass ich keinen Anspruch habe, und weshalb, für welches Ergebnis, kämen 10% zu? Wenn Friedmann, sei es der alte oder der junge, dies geschrieben hat, was ich jetzt durch Deinen Brief zum ersten Mal höre, hat er unverschämt gelogen.“ Übersetzung LH.

[30] Theodore von Kármán an Edward Beehan, 4.11.1954 (TKC 2.18): „Dr. Mastronardi said that in 3 or 4 weeks he will get some Swiss papers which will enable him to travel to other countries to which Swiss citizens have access without visa. Of course to enter the USA a separate action will be needed. I do not want to start anything from here. I believe I better wait until I come home and talk the question over with the State Dept. I also believe that

dagegen, Miklós und Margit womöglich in Pasadena willkommen heissen zu müssen:

> Eddy erzählte mir weiterhin, dass sie [= Miklós und Margit] vielleicht in die Staaten kommen, weil Margit es so will. Nach dem, was mir Pipö über Margits Entschlossenheit erzählte, nehme ich an, dass Du auf ihr Beharren gefasst sein musst, selbst wenn Miklós die Situation versteht. Ich stimme Dir zu, dass es viel billiger ist, in Europa zu leben als in den Staaten (besonders in dem Stil, in dem Margit vermutlich leben möchte), und Spanien ist heutzutage wahrscheinlich der idealste und billigste Ort in Europa. Ich begreife, dass all dies sehr teuer für Dich ist, lieber Todor, und ich beschränke die Kosten für den Haushalt auf ein Minimum. Es wird nur das absolut Nötigste unternommen. [...]
>
> Todor, wenn Miklós und Margit wirklich in die Staaten kommen, liesse sich vielleicht eine Stelle für Miklós in Elmhurst finden.[31] Er könnte Ungarisch lehren, und die Amerikaner könnten ihnen dabei helfen, die amerikanische Lebensart zu lernen. Vielleicht ist das ein wertloser Vorschlag, ich weiss nicht. Du wirst das Wissen haben, es zu beurteilen.[32]

Wenn das Ehepaar Kármán – insbesondere Margit – unbedingt in die Vereinigten Staaten kommen wollte, so könnte man Roddenberys Vorschlag

for the time being it is more practical for him to live in Europe. It is certainly cheaper. He speaks some English but his wife does not nor does she understand. Anyway the question is not urgent."

[31] Am Elmhurst College (Illinois) war kurz zuvor in demselben Jahr 1954 die *American Hungarian Foundation* gegründet worden, „devoted to furthering the understanding and appreciation of the Hungarian cultural and historical heritage in the United States". Vgl. DQ 27.

[32] Marie Roddenbery an Theodore von Kármán, 10.11.1954 (TKC 25.22): „Also, Eddy told me that possibly they may come to the States as Margit wants to. From what Pipo told me of her determination, I imagine you can look for insistence from her even though Miklós understands the situation. I agree with you that it is much cheaper to live in Europe than in the States, (particularly on the scale in which Margit will probably want to live), and Spain is probably the most ideal and inexpensive place in Europe today. I realize that all of this is very expensive for you, dear Todor, and I am keeping household expenses to a bare minimum. Only absolute necessities have been attended to. [...] Todor, if Miklós and Margit *do* come to the States, maybe a place for Miklós could be found at Elmhurst. He could teach Hungarian and the Americans could assist them in learning the American way of life. Maybe this is a worthless suggestion, I do not know. You would have the knowledge to evaluate it."

lesen, sollten sie sich wenigstens so weit entfernt wie möglich ansiedeln, beispielsweise am Elmhurst College in Illinois. Spanien schien die weitaus günstigere Alternative, auch finanziell gesehen, da ohnehin schon alles teuer genug war. Diese Möglichkeit kam nicht zufällig ins Gespräch: Wie erwähnt, hatte Kármán gute Freunde in Madrid, die seinen Bruder sicher in der ersten Zeit unterstützt hätten; dann war er selber ohnehin regelmässig in Madrid und hätte Miklós und Margit bei der Gelegenheit besuchen können. Der Plan wurde jedoch nicht weiter verfolgt, vermutlich waren Miklós und Margit wenig begeistert davon, in ein Land zu ziehen, dessen Kultur und Sprache ihnen fremd waren. Als weitere Alternative verfolgte Kármán den Plan, seinen Bruder und seine Schwägerin im Tessin anzusiedeln, im Speziellen in Ascona, wo der Verleger Eric Heiman und seine Frau Claire zu dieser Zeit wohnten – auch hier hätten Miklós und Margit zumindest einen ersten Ansprechpartner in der Nähe gehabt; zudem hatte Heiman Theodore von einer leer stehenden Wohnung dort berichtet. Heimans Frau riet jedoch aus verschiedenen Gründen ab:

> Lieber Herr Professor, von meinem Mann hörte ich, dass Sie Verwandte hier irgendwo im Süden unterbringen wollen. [...] Nun habe ich mir die Sache inzwischen überlegt und ich möchte Ihnen doch nicht raten, Ihren Bruder nach Ascona zu verpflanzen. Im Winter ist es hier mehr als langweilig und die Wohnung, von der Ihnen mein Mann sprach, hat kein Bad (nur eine Dusche), muss geheizt werden (mit Kohlen & die müssen aus dem Keller geschleppt werden) und incl. Heizung, Warmwasser und Elektrizität, Telefon, Wäsche waschen lassen etc. kommt das auf mehr als 500.- Franken, ohne Bedienung & Essen. Die Wohnung hat auch kein Doppelschlafzimmer, im zweiten Zimmer steht eine Couch. Alles in allem stelle ich mir vor, dass Ihre Verwandten besser in Locarno oder Lugano aufgehoben wären.[33]

Auch Frau Heiman war also nicht allzu erpicht darauf, Miklós und Margit als neue Nachbarn zu empfangen – und ähnlich wie Roddenbery ging auch sie davon aus, dass die Kármáns einen gewissen Lebensstil erwarteten, der in Ascona nicht gewährleistet war, schon gar nicht zu akzeptablen Preisen. Interessanterweise war unter diesen Varianten niemals die Rede davon, dass Miklós und seine Frau nach Paris kommen sollten, wo

[33] Claire Heiman an Theodore von Kármán, 31.10.1954 (TKC 145.1).

Theodore sich die meiste Zeit aufhielt. Zu dicht in seiner Nähe wünschte er seine Verwandten anscheinend nicht.

Letztlich blieben Miklós und Margit, wo sie angekommen waren: in Bern. Bald nach ihrer Ankunft wurde erst Margit, dann Miklós krank, so dass an eine Umsiedlung zunächst nicht zu denken war;[34] später hatten sie sich eingelebt, und es gab keinen Grund mehr, die Schweiz zu verlassen, wo Kármáns Bekannte sich um sie bemühten. Die ersten Jahre wohnten sie provisorisch im City Hotel, später zogen sie in ein möbliertes Apartment an der Jubiläumsstrasse in der Nachbarschaft von Boesch.[35] Boesch hatte Theodore schon vor Miklós' Ankunft in Bern versprochen, er werde sich „seiner annehmen", und diese Zusage hielt er;[36] weiterhin hatte Theodore die Ehepaare Greinacher und Mastronardi gebeten, sich um Miklós und Margit zu kümmern.[37] Frau Greinacher, Frau Mastronardi und Frau Laubscher, die Gattin des Notars Ery Laubscher[38], besuchten Margarethe regelmässig oder trafen sich mit ihr im Café Meier in der Berner Altstadt;[39] Richard Greinacher verabredete sich derweil wiederholt mit Miklós.[40] Kármán selbst besuchte seine Verwandten und Freunde in Bern ebenfalls ab und an.[41]

Gerade in diese ersten Jahre von Miklós und Margit in Bern fiel das Scheitern der Schweizer Flugzeugprojekte N-20 und P-16. Wie erwähnt

[34] Die Aufregung der Ausreise hatte Margit derart mitgenommen, dass sie sich eine Lungenentzündung zuzog. Vgl. z.B. den ersten Brief von Miklós und Margit an Theodore von Kármán nach ihrer Ankunft in Bern, 3.11.1954 (TKC 145.2). Miklós wurde kurz darauf ernsthaft krank und sollte sich bis zu seinem Tod nie mehr vollständig erholen.

[35] Das City Hotel nannten Miklós und Margit in den ersten Jahren als Absenderadresse ihrer Briefe; spätestens ab 1956 wohnten sie im „Apartment Haus Silvahof, Jubiläumsstr. 97", wie Kármán einem entfernten Verwandten berichtete. Theodore von Kármán an Mortimer Kleinmann, 6.3.1956. (TKC 15.35).

[36] Vgl. Zitat auf Seite 195. Ende November 1954 schrieb Miklós seinem Bruder: „Zweimal haben wir uns mit Boeschs getroffen, sie sind sehr nett und zuvorkommend. Mit Dr. Mastronardi habe ich nur telefonisch gesprochen." Miklós an Theodore von Kármán, 27.11.1954 (TKC 145.2). Übersetzung LH.

[37] Interview VG. 4.9.2002.

[38] Ery Laubscher war einer der Anwälte, die später mit der Gründung der Joséphine-de-Kármán-Stiftung betraut wurden; Abb. VIII.3, S. 228.

[39] Das heutige „Café Feller" in der Marktgasse 31.

[40] Interview VG, 4.9.2002.

[41] Ibid. Kármán brachte zu diesen Anlässen auch gelegentlich Bärbel Talbot mit, die zunehmend auch offiziell als seine Lebenspartnerin in Erscheinung trat (Abb. VII.2, S. 210).

hatte auch Greinacher intensiv an diesen Projekten gearbeitet.[42] Als sich Mitte der 1950er Jahre abzeichnete, dass diese nicht den erwartet günstigen Verlauf nahmen, richtete er sein Interesse zunehmend auf den amerikanischen Flugzeugbau – vielleicht auf der Suche nach neuen Perspektiven. So wandte er sich Anfang des Jahres 1955, knapp drei Monate nach der Ausreise von Miklós und Margit, an Kármán mit einem persönlichen Anliegen. Greinacher berichtete Kármán von einer bevorstehenden Amerikareise, während der er gerne möglichst viele Stätten aeronautischer Arbeit besichtigen würde, auch solche, die eine spezielle Sicherheitsgarantie erforderten, wie etwa die Anlagen in Wright Field. Dazu hoffte er auf eine entsprechende Empfehlung von Seiten Kármáns und schrieb weiterhin:

> Da dieser Amerikabesuch für mich eine äusserst seltene Gelegenheit bedeutet, hoffe ich sehr, auf die Unterstützung meiner Freunde in U.S.A. zählen zu dürfen, zumal ich deren Besuche in der Schweiz stets nach bester Möglichkeit unterstützt habe, und ein abschlägiger Bescheid amerikanischer Seite meine Reise auf unbestimmte Zeit verschieben, oder eventuell gänzlich verunmöglichen würde.[43]

Tatsächlich verfasste Kármán die gewünschten Empfehlungsschreiben, obwohl es nicht unproblematisch war, für einen leitenden Mitarbeiter des Schweizer Militärs unbeschränkten Zugang zu Flughäfen und Konstruktionsstätten der US-Luftwaffe zu beantragen. Den ablehnenden Bescheid von General Putt akzeptierte Kármán ohne weitere Nachfragen, vermutlich war diese Entscheidung durchaus in seinem Sinne.[44] Zwei Jahre später setzte Kármán sich erneut für Greinacher ein, damit dieser an einer Serie von Kongressen des *Institute of Aeronautical Sciences* mitarbeiten konnte. Kármán wandte sich dafür persönlich an Greinachers Vorgesetzten bei der KTA, Oberstbrigadier von Wattenwyl, und bat ihn, Greinacher für diese Zeit von seinen weiteren Verpflichtungen zu befreien, damit er an den Kongressen „den Standpunkt des Schweizer Forschers und Wissenschaftlers vertrete".[45] Die Wahl Greinachers als Vertreter der Schweiz war nicht

[42]Interview VG, 4.9.2002.

[43]Richard Greinacher an Theodore von Kármán, 11.2.1955 (TKC 11.34).

[44]Mark P. Maier an Theodore von Kármán, 18.3.1955 (TKC 11.34); Theodore von Kármán an Richard Greinacher, 11.4.1955 (TKC 11.34).

[45]Theodore von Kármán an René von Wattenwyl, 8.1.1957 (PM): „represent the viewpoint of Swiss researchmen and scientists".

Abbildung VII.2: Bild aus dem Garten der Familie Greinacher, ca. 1960. Von links nach rechts: Hinten Vera Greinacher, Richard Greinacher, Bärbel Talbot, vorne Margit und – sitzend – Theodore von Kármán. Quelle: PG.

unmittelbar nahe liegend – viel eher hätte man erwartet, dass etwa Jakob Ackeret dazu eingeladen würde. So wie Kármán jedoch sein Bestes dafür tat, Boeschs Söhne an amerikanische Universitäten zu vermitteln, setzte er sich auch für Greinacher ein, wo er konnte. Die erhaltene Korrespondenz zwischen Kármán und Greinacher bezeugt, dass sie zwar kollegialen Umgang pflegten, aber weder in besonderem Masse persönlich befreundet waren, noch intensiv zusammenarbeiteten. Greinachers kümmerten sich jedoch ausserordentlich um Kármáns Bruder und Schwägerin in Bern, und Kármán wusste dies zu schätzen.[46]

Miklós und Margit hatten also bald einen kleinen Freundeskreis in Bern und fühlten sich auch sonst sehr wohl in der Schweiz – ihr einziges Problem blieben die ständigen Geldsorgen. So schrieb etwa Miklós nach ihrem ersten Umzug:

> Gestern Abend sind wir in die Wohnung umgezogen, in der Du hier gelebt hast. – Tante Bea[47] vermietet sie uns beiden für 22.- Fr. pro Tag, inkl. Heizung und Frühstück. Sie sagt, billiger könne sie sie nicht geben, ihr anderes Angebot wäre ein Zimmer mit zwei Betten für 28.- Fr. [...] Für unser altes Zimmer haben wir eine horrible Rechnung erhalten, 432.- Fr. Boesch hat 1 000.- Fr. flüssig gemacht.[48]

Und nicht nur die Wohnung bereitete den Kármáns finanzielle Nöte; zumindest lässt sich dies aus folgendem Auftrag schliessen, den Kármán im Januar 1955 einer gewissen Nina Vollmoeller in Zürich erteilte:

> Ich möchte Sie um Folgendes bitten: Mein Bruder ist vor einigen Wochen aus Ungarn herausgekommen und wohnt jetzt in der Schweiz. Seine Adresse ist: Bern, City Hotel. Er konnte nichts aus Ungarn herausführen, so dass ich versuche, ihn von Neuem etwas auszurüsten. Weil es so unbequem ist, Kleidungsstücke über die Zollgrenze in Zürich zu schicken, möchte ich Sie gerne fragen ob es möglich wäre von den berühmten Produkten Ihrer Fabrik ihm 6 warme Unterhemden und entsprechend warme Unterhosen zu schicken. Seine Hemdnummer ist 39.[49]

Nicht einmal warme Unterwäsche konnten sich demnach Theodores Verwandte aus Ungarn kaufen – offensichtlich hatten Miklós und Margit praktisch keinerlei eigenes Geld zu ihrer Verfügung. So schrieb Theodore in seinem Brief an Vollmoeller weiterhin:

---

[46]Interview VG, 4.9.2002. Die Verbindung zwischen Kármáns und Greinachers wird auch belegt durch die Fotografien von Kármáns Besuchen in der Schweiz, bei denen Miklós, Margit und er häufig mit Greinachers zusammen kamen.

[47]Der Ausdruck „Tante" bezieht sich im Ungarischen nicht nur auf Verwandte.

[48]Miklós an Theodore von Kármán, 3.11.1954 (TKC 145.2)

[49]Theodore von Kármán an Nina Vollmoeller, 18.1.1955 (TKC 145.3).

Abbildung VII.3: Miklós und Margit von Kármán, 9. November 1957. Quelle: TKC 163.7-1. Courtesy of The Archives, California Institute of Technology.

> Wenn dies möglich wäre, so bitte ich das Paket [mit der Unterwäsche] an Bern, City Hotel, adressiert an Dr. Nikolaus von Kármán, zu schicken. Dagegen bitte ich die Rechnung an Herrn Prokuristen Jacques Boesch, Schweizerische Bank Gesellschaft, zu schicken mit der Bemerkung „zu Lasten von Prof. Theodore von Karman.“ [50]

Dass Kármán jemals eine Rechnung für die Unterwäsche bekam, ist zu bezweifeln: Kármán kannte die Firma Vollmoeller recht gut, und Frau Vollmoeller war nicht eine beliebige Angestellte, sondern die Chefin persönlich.[51] Wie es scheint, nutzte Theodore seine persönlichen Beziehun-

[50] Theodore von Kármán an Nina Vollmoeller, 18.1.1955 (TKC 145.3).

[51] Kármán hegte bereits seit einiger Zeit besonderes Interesse an ihrer Firma: Im Sommer desselben Jahres 1954 hatte er sich bereits über seine Verbindungen zur Firma Talbot diskret nach den finanziellen Verhältnissen des Unternehmens erkundigt. Das Motiv dafür

gen sogar, um sich so moderate Ausgaben wie die Anschaffung wollener Unterhosen zu ersparen.

Ausser für Unterwäsche und Miete waren Miklós und Margit auch bei jeder anderen grösseren Ausgabe darauf angewiesen, dass Kármán seinem Schweizer Finanzverwalter Boesch die Erlaubnis erteilte, die Rechnung zu begleichen. Angesichts dessen, dass Miklós' Erbteil gerettet werden konnte – zu diesem Zweck war ja die Ausreise aus Ungarn überhaupt erst organisiert worden – ist dies erstaunlich. Miklós hätte ein wohlhabender Mann sein sollen, obwohl er und Margit ihr Vermögen in Ungarn verloren hatten. Statt dessen lebten sie in Bern auf Kosten von Kármán, der erst vier Jahre später, 1958, eine monatliche Zahlung von 1 000 Franken für Miklós und Margit festlegte; die Überweisung höherer Beträge war nur nach Rücksprache mit Kármán erlaubt.[52]

Weshalb konnte Miklós sich nicht selbst Unterwäsche kaufen, wo er eigentlich über eine grosszügige Erbschaft verfügen sollte? Aus Kármáns Korrespondenz mit Beehan geht hervor, dass die Erbsumme zunächst in den Vereinigten Staaten angelegt wurde, bis dort die Steuerfrage geklärt war. Wenn auch die amerikanische Regierung Kármán sympathischer war als die ungarische, war er dennoch nicht bereit, auch nur einen unnötigen Cent von seinem Vermögen abzugeben. Zwei Jahre später, 1956, hatte er dieses Ziel erreicht, wie Beehan ihm mitteilte:

> Sie werden weiterhin erfreut sein zu hören, dass wir eine vollständige Steuerbefreiung für das Erbe erhalten haben und jetzt zur endgültigen Ausschüttung bereit sind. Miklós hat bisher 30 000 Dollar erhalten, am 8. August 1955, und die restlichen 20 463,61 Dollar Bargeld [...], die bisher in einem zinsbringenden Sparkonto für ihn angelegt waren, können für ihn frei gegeben werden, wenn er Bill Donahue entsprechende Anweisung erteilt.

---

ist unklar, verschiedene Varianten sind denkbar. Die Wäschefabrik Vollmoeller erlebte in diesen Jahren einen erheblichen Aufschwung – möglicherweise hatten sie dazu einen Kredit von Kármán erbeten oder Kármán spielte von sich aus mit dem Gedanken, in die Firma zu investieren oder sie gar zu erwerben. Dies hätte sich im Laufe der Zeit als äusserst lukrativ erwiesen: Die Firma Vollmoeller ist heute unter dem Namen Jockey bekannt – eines der erfolgreichsten europäischen Unternehmen für Unterbekleidung. Vgl. DQ 28.

[52]Theodore von Kármán an die Bank von Ernst, 8.4.1958 (TKC 176.5). Recherchiert von Alison D. Sauer (Sauer (2003), S. 74).

> Der Grund dafür, dass Miklós in der Endabrechnung etwas mehr erhält als Sie, ist, dass eine grössere Summe seines Anteils auf einem Sparkonto deponiert war.[53]

Beehan zufolge war also bereits 1955 mehr als die Hälfte der Erbsumme an Miklós ausgezahlt worden – dennoch zahlte Theodore auch in dieser Zeit Miklós' Rechnungen und richtete noch 1958 einen Dauerauftrag von 1000 Franken für seine Verwandten in der Schweiz ein. Vieles spricht also dafür, dass er nach wie vor die Kontrolle über das Geld behielt. Es scheint so, als habe Miklós das Erbe tatsächlich niemals angetreten, sondern vielmehr an seinen Bruder abgetreten.

4 Moe Berg, die AGARD und andere Projekte

Einige Jahre nach ihrer ersten Begegnung engagierte Kármán Berg ein weiteres Mal, diesmal zur offiziellen Mitarbeit bei der AGARD. Berg war nicht leicht zufrieden zu stellen – die Arbeit als Spion war und blieb sein Traumberuf. Jede andere Anstellung musste in ähnlicher Weise seinen persönlichen Stolz befriedigen, seine Neugier reizen und mit unkonventionellen Arbeitszeiten vereinbar sein.[54] Kármán hatte so etwas anzubieten: Mitte Mai 1958 nahm er Berg zu einem der AGARD-Treffen in Paris mit und stellte ihn dort als „Experten auf dem Gebiet der internationalen Diplomatie und der Öffentlichkeitsarbeit“ vor.[55] Für Berg war diese Anstellung ideal – er reiste durch die Welt und verwickelte einschlägige Vertreter aus Politik und Militär über Themen im Umfeld der AGARD. Von diesen Gesprächen berichtete er Kármán minutiös, selbst wenn er nur Banalitäten erfuhr, wie etwa die Bemerkung des Lieutenant Generals Thomas B. Larkin, dass die AGARD „Sachen mache“, darunter die Entwicklung eines besonders leichten Kampfflugzeugs oder die Begründung des NATO-

---

[53]Edward Beehan an Theodore von Kármán, 7.12.1956 (TKC 2.18): „You will also be pleased to learn that we have received a full tax clearance on the estate and are now ready for final distribution. Miklos has previously received $30 000 on August 8, 1955, from the estate, and the balance of $20 463,61 cash [...] which has been held in an interest-bearing savings account for him, can be released to him upon his instructing Bill Donahue to do so. [...] The reason that Miklos will have received slightly more than you in the final accounting is due to the fact that a larger amount of his share had been put into a savings account.“

[54]Vgl. Dawidoff (1994), S. 258.

[55]„Von Karman noted, somewhat generously, that ‚Mr. Berg is an expert in the field of foreign diplomacy and public relations.'“ Dawidoff (1994), S. 258.

Forschungszentrums in Brüssel.[56] Da Larkin zu dieser Zeit Leiter des *Mutual Development Program* der NATO in Paris war, konnte es niemanden überraschen, dass er von diesen Plänen wusste. Bei seinen Aufenthalten in Kalifornien wohnte Berg dabei in Kármáns Haus in Pasadena und freundete sich mit Roddenbery und Kármáns Pudel Koko an.[57] Seine Reisen durch Europa nutzte Berg auch dazu, „Freunde und Informanten aus der Wissenschaft" wieder zu treffen, wie er selbst es formulierte.[58] Im Juli 1958 beispielsweise schrieb er Kármán über ein solches Wiedersehen:

> Ich hatte ein wunderbares Treffen mit meinen alten (Kriegs)-Freunden aus der Wissenschaft in der Schweiz – darunter Ihr ehemaliger Schüler Paul Scherrer.[59]

Scherrer war in Wahrheit niemals Kármáns Schüler gewesen, kannte ihn jedoch recht gut: Scherrer hatte 1913 bei Peter Debye in Göttingen promoviert, zu einer Zeit, als Kármán noch regelmässig aus Aachen seine Göttinger Bekannten besuchte. Später hatte Kármán Gelegenheit, Scherrer bei seinen Besuchen an der ETH Zürich näher kennen zu lernen.[60]

Im Juli 1958 hatte Kármán einen besonderen Auftrag für Berg. Die achte Generalversammlung der AGARD im Oktober 1958 sollte in Kopenhagen stattfinden, und als besonderen Höhepunkt hätte Kármán gerne eine Ansprache von Niels Bohr auf das Programm gesetzt. Moe Berg sollte nun Bohr zu diesen Grussworten überreden. Kármán war klar, dass dies nicht einfach werden würde, da Bohr nach dem Krieg als entschiedener Gegner rüstungsrelevanter Forschung auftrat, dennoch war es einen Versuch wert: Bohr war in aller Welt hoch angesehen, er galt als unangreifbar integer, und wenn er ein Projekt gut hiess, so konnte man sicher sein, dass andere

[56]Morris Berg an Theodore von Kármán, 23.6.1958 (TKC 35.2): „I have the honor that, since your departure, at a very pleasant luncheon with Lt. General and Mrs. Thomas Larkin (11 June) the General volunteered that AGARD was ‚doing things', e.g. the Lightweight Tactical Strike Fighter and the Brussels Training Center."

[57]Morris Berg an Marie Roddenbery, 5.4.1956 (TKC 2.29).

[58]Morris Berg an Theodore von Kármán, 23.6.1958 (TKC 35.2): „I shall [...] stay for the NATO Science Committee meetings on 9-10-11 July 1958. In the interval I hope to be able to see again my war-time scientific friends and informants." Vgl. auch Dawidoff (1994), S. 259.

[59]Morris Berg an Theodore von Kármán, 23.7.1958 (TKC 2.29). „Had a wonderful visit with my oldtime scientific (war) friends in Switzerland – among them your former student Paul Scherrer."

[60]Vgl. z.B. Fritz Zwicky an Paul Scherrer, 27.7.1955. Zitiert in Müller (1986), S. 407.

Abbildung VII.4: Paul Scherrer. Quelle: Keystone.

sich anschliessen würden.[61] Es war dies nicht das erste Mal, das Moe Berg mit einem heiklen Auftrag nach Kopenhagen fuhr, wie er Theodore von Kármán berichtete. Unter ganz anderen Umständen hatte er Bohr bereits kurz nach Kriegsende einmal getroffen:

> Ich traf Prof. Bohr zum ersten Mal Silvester 1945-46 bei seinem Bruder Harald [...] zuhause in Kopenhagen. [...] Es ist eine rechte Ironie des Schicksals, dass ich damals beauftragt war, in Kopenhagen herauszufinden, was die Russen in eben diesem Institut getrieben oder gesucht hatten, in dem wir nun Prof. Bohr um eine Ansprache vor der AGARD-Generalversammlung anfragten. Zum Glück gelang es mir durch die Freundschaften, die ich bei früheren Besuchen geknüpft hatte [...], insbesondere mit Prof. Harald Bohr [...] und seinen Wissenschaftler-Kollegen, die Informationen zu er-

[61] Vgl. etwa auch Theodore von Kármán an Frank Wattendorf, 22.7.1959 (TKC 35.5): „I will start a letter addressed to Niels Bohr, because I believe that if we can get Niels Bohr to head a committee concerned especially on problems connected with physics of the upper atmosphere and space we will be strong enough to do something without COSPAR." [COSPAR = Committee on Space Research; begründet zur Koordination der Weltraumforschung in der westlichen Welt, nachdem die Sowjetunion 1957 ihren ersten Satelliten ins All beförderte.]

halten, die Washington verlangte, ohne die Gefühle Niels Bohrs zu verletzen.[62]

Auch dieses Mal, etwa vierzehn Jahre später, tat Berg sein Bestes, Bohr von seinem Anliegen zu überzeugen. Insbesondere bemühte er sich, diejenigen Punkte herauszustreichen, durch die sich die AGARD Bohr gegenüber im besten Licht zeigen würde:

> Ich betonte die Forschungs- und Kooperations-Aspekte von AGARD und verwies insbesondere darauf, dass sie ihre Aktivitäten auf Gebiete mit freiem Informationsaustausch konzentriert, weiterhin auf das internationale Programm etc., da ich über Prof. Bohrs Gedanken und Ansichten zur „internationalen Kooperation" bestens im Bilde war. [...] Ich sollte vielleicht noch erwähnen, dass Prof. Bohr immer noch leidenschaftliche Gefühle für das „Arbeiten in internationaler Kooperation" hegt.[63]

Trotz all dem war Bohr jedoch nicht zu einem Auftritt vor der Generalversammlung der AGARD zu bewegen.[64] Kármán musste weiterhin ohne Bohrs Unterstützung auskommen.

Nachdem seine Anstellung bei der AGARD auslief, war Berg noch einige Zeit auf einem ganz anderen Gebiet für Kármán tätig. In den Jahren nach dem Krieg hatte Kármán immer wieder deutsche Juden unterstützt, vor allem ehemalige Freunde und Bekannte aus Aachener oder Budapester

---

[62]Morris Berg an Theodore von Kármán, 23.6.1958 (TKC 35.2): „I met Prof. Bohr the first time at New Year's 1945-46 at his brother Harald's [...] home in Copenhagen [...]. It is ironic that I was then in Copenhagen on a mission to find out what the Russians had been doing or looking for in the very Institute where we were now asking Prof. Bohr to address the AGARD General Assembly. Fortunately, because of friendships made on a prior visit [...] particularly with Prof. Harald Bohr [...] and fellow scientists I was able to get the information that Washington requested without hurting Niels Bohr's sensibilities."

[63]Morris Berg an Theodore von Kármán, 23.6.1958 (TKC 35.2): „I stressed the research and cooperative aspects of AGARD with particular reference to the concentration of its activities in fields where there was free given-and-take of information, the international program, etc., because I was fully aware of Prof. Bohrs thoughts and views on 'international cooperation'. [...] It would seem appropriate to say here that Prof. Bohr still feels keenly on ‚working for international cooperation'."

[64]Dies ist daraus zu schliessen, dass eine Rede Bohrs weder im Programm, noch in Kármáns Notizen für Grussworte mit Überblick über die Veranstaltung, noch in den späteren Proceedings erwähnt wird. Vgl. die entsprechenden Dokumente in TKC 34.8.

Zeiten, indem er ihnen Geld lieh und bei den zuständigen deutschen Ämtern seinen Einfluss für eine gerechte Entschädigung geltend machte. In mindestens drei Fällen wurde Berg beauftragt, diese Aktionen für Kármán abzuwickeln. So schrieb er Kármán im Juni 1958 bezüglich ihrer gemeinsamen „privaten Angelegenheit“:[65]

> Ich freue mich sehr, Ihnen mitteilen zu können, dass Ihre Freundin, Frau Heléne Claire Major, nun meint, dass ihre Angelegenheiten in Düsseldorf erfolgreich ausgehen werden. [...] Die deutschen Beamten haben in meiner Gegenwart versprochen, Mme. Major 8 912 DM auszuzahlen, um ihren Fall zu schliessen.[66]

Eine Woche vor Bergs Schreiben an Kármán hatte die erwähnte Frau Major an Kármán telegrafiert, um sich für dessen „Vorausbezahlung“ zu bedanken und ihm mitzuteilen, sie hätte Frank Malina um Hilfe in dieser Angelegenheit gebeten – auch dieser war offenbar in Wiedergutmachungs-Verhandlungen involviert.[67] Nachdem dieser Fall geklärt war, setzte Berg sich in Kármáns Auftrag für die Entschädigung einer weiteren Bekannten ein, Juliane Jolanthe Fejér, die nun mit ihrer Tochter Eva in London wohnte.[68] Vermutlich kannte Kármán sie über den Budapester Mathematiker

[65]Morris Berg an Theodore von Kármán, 23.6.1958 (TKC 35.2): „Now that my official tenure with AGARD has ended with the visit of Prof. Bohr, I shall nevertheless stay for the NATO Science Committee meetings on 9-10-11 July 1958. In the interval I hope to be able to see again my war-time scientific friends and informants, and to be able to do favorably the private matter that we discussed.“

[66]Morris Berg an Theodore von Kármán, 26.6.1958 (TKC 2.29): „I am very happy to report the opinion of your friend, Mme. Helène Claire Major, a successful outcome of her affairs in Dusseldorf. [...] In my presence, to close out her affair, the German officials promised to give Mme Major 8 912 D.M. ($2,142).“

[67]Vgl. Claire Helene Major aus Cannes an Theodore Kármán, 17.4.1958 (TKC 19.23): „Innigen Dank wegen dieser Vorausbezahlung bat Intervention Brief Malina gezeigt Wichtiger Brief folgt bitte abwarten.“

[68]Eva Fejér aus London an Morris Berg, 14.8.1958 (TKC 9.4): „Last summer I have already received 1 830 DM for loss of freedom (9 months conc. camp of Ravensbrück etc.) & for heaving to wear the yellow star; but I do believe that I am entitled for further money & a pension for being a minor at that time, thus suffering a break in my education, the effect of gothic I still feel today and I was unable to engage in full time study f.i. This would almost certainly have been possible had my father been allowed to live. I came to Britain in 1946 & had to work as a domestic at a hostel for over 2 years trying to study in the evening. [...] My health also hampers me very much in geological field work which is entirely the result of the treatment received in the concentration camps.“

Lipót Fejér, der mit der Familie verwandt war. Der dritte Fall schliesslich, den Berg lösen sollte, betraf die Entschädigung eines entfernten Verwandten von Kármán selbst, George Barath, der nach dem Krieg nach Israel emigriert war.[69] Moe Berg setzte sich nicht nur für diese Personen ein, weil Kármán ihn dazu beauftragte. Als Sohn jüdischer Emigranten war er von den Ereignissen in Nazi-Deutschland, die er während seiner Zeit als Spion aus nächster Nähe beobachten konnte, in besonderer Weise betroffen und zog persönliche Genugtuung daraus, für ehemalige Nazi-Opfer eine gerechte Entschädigung zu erwirken, wie er Kármán gegenüber andeutete:

> Es verbleibt nun nur noch die Affäre Barath. Sein Anwalt Kempner in Frankfurt wird sich an mich von den Tagen der Nürnberger Prozesse erinnern.[70] Das könnte der schwierigste der drei Fälle sein. [...] Ich sah Hitler am 30 Januar 33 in der Friedrichstrasse in Berlin die Regierung übernehmen; ich flog nach Weimar an dem Tag, als Buchenwald befreit wurde – auf dem Weg nach Göttingen für die NACA und unsere Luftwaffe, um ein paar Wochen vor Ihrer Ankunft Ihren eigenen Professor Prandtl und seinen Gefährten Betz zu verhören; ich sah Herrn Ribbentrop, Aussenminister, kriechen, nachdem er dem Gericht erzählt hatte, er wäre gut zu seiner Mutter gewesen und hätte nichts von Konzentrationslagern gewusst, und wir hinter dem Zeugen einen Vorhang hochzogen, um ihm zu zeigen, dass all seine Landsitze, jeder einzelne, in Riechweite eines Konzentrationslagers waren. Es hätte Ihrem Herzen gut getan, die deutschen Beamten in meiner Anwesenheit und in Anwesenheit eines Menschen, der unter dem Hitlerregime gelitten hat, einen grossen moralischen Fehler wiedergutmachen zu sehen. [71]

---

[69]Vgl. die Korrespondenz zu diesem Fall in TKC 1.45.

[70]Robert M. W. Kempner war einer der Hauptankläger bei den Nürnberger Prozessen.

[71]Morris Berg an Theodore von Kármán, 26.6.1958 (TKC 2.29): „There remains now only the affair Barath. His lawyer Kempner in Frankfurt may remember me from the Nuremberg war crime trial days. This may be the most difficult of the three cases. [...] I saw Hitler take over the government the 30 January 33 in the Friedrichstrasse in Berlin; I flew into Weimar the day that Buchenwald was liberated – enroute to Göttingen from NACA and our airforce for interrogation of your own Professor Prandtl and his associate Betz a couple of weeks before your arrival; I saw Herr Ribbentrop, Foreign Minister, after telling the Court that he was good to his mother and knew nothing about concentration camps, cringe when we lifted a curtain behind the witness on a map to show him that all his official country states were within smelling distance, each one, of a concentration camp. It would have done your heart good to see the German officials, in my presence and in the presence of one who suffered under the Hitler regime, trying to correct a great moral wrong."

Kapitel VIII

EINE STIFTUNG FÜR BERN

Während Theodore von Kármán in diesem Sinne auf der Weltbühne wie auch in den Provinzialgerichten Deutschlands seinen Einfluss geltend machte, verfolgte er in der Schweiz ein ganz anderes Projekt. Inzwischen über siebzigjährig, begann er nun für die Zeit nach seinem Tod zu sorgen.

Bereits im Dezember 1955 hatten Miklós, Margit und Kármán einen Vertrag aufgesetzt, in dem sie sich gegenseitig zu Alleinerben erklärten: Bei Miklós' Tod würde zunächst Margit ihn beerben. Sollten Miklós und Margit beide vor Theodore sterben, würde dieser ihren Besitz erhalten; falls Kármán vor Miklós sterben sollte, wäre Miklós (und nach dessen Ableben Margit) Erbe des gesamten „sich in der Schweiz befindlichen Nachlasses".[1] Was unter das so bestimmte Vermögen fiel, ist nicht leicht zu rekonstruieren: Mit dem bereits bekannten Konto bei der Schweizerischen Bankgesellschaft, das Jacques Boesch für Kármán verwaltete, führte Kármán nicht weniger als sechs Bankkonten in der Schweiz; dazu kamen noch zwei Safes, darunter das Fach bei der Schweizerischen Kreditanstalt, in dem seit 1953 das geblümte Päckchen aus Budapest verwahrt wurde.[2] Vor Kármáns Tod war höchstens Boesch über Teile dieser verwickelten Finanzführung informiert.

Kármán nutzte jedoch diese Konten in der Schweiz nicht nur als steuergünstigen Umschlagplatz seines Vermögens, wie viele andere es taten. In den späteren 1950er Jahren bemühte er sich mehr und mehr, sein europäisches Vermögen hier zu konzentrieren und gewinnbringend anzulegen. So gründete Kármán 1957 zusammen mit Marcel Dreyfuss und Horace Mastronardi eine Immobiliengesellschaft, die Schönring AG.[3] Das anfäng-

---

[1]Erbvertrag zwischen Theodore, Nikolaus und Margarethe von Kármán und der Joséphine-de-Kármán-Stiftung, 24.6.1948 (PG).

[2]Kármán unterhielt je ein Konto bei der Schweizerischen Bankgesellschaft, bei der Bank von Ernst & Co. und bei der Schweizerischen Kreditanstalt. Drei weitere Konten liefen auf seinen Namen beim Schweizerischen Bankverein („Kreditkonto", „Ordnungskonto", „Garantiekonto"). Darüber hinaus führte Theodore von Kármán je einen Safe bei der Bank von Ernst & Co. und bei der Schweizerischen Bankgesellschaft.

[3]Urkunde betreffend der Gründung der Immobiliengesellschaft Schönring AG, 26.8.1957 (PG).

liche Aktienkapital betrug 50 000 Franken; zusätzlich leistete Kármán eine Bareinlage von weiteren 350 000 Franken, damit die Gesellschaft ein Haus am Ostring in Bern kaufen konnte.[4] 1958 wurde bereits ein zweites Haus an der Seftigenstrasse gekauft.

Für den Moment war damit Kármáns Schweizer Finanzsituation geklärt: Eine lukrative Anlagegesellschaft sorgte dafür, dass sich sein europäisches Vermögen stetig vermehrte, und die Erbverträge mit seinen Verwandten stellten sicher, was nach seinem Tod mit dem in der Schweiz vorhandenen Geld geschah – inklusive der Summe aus der Erbschaft von Joséphine. Diese Regelung war jedoch nur kurzfristig befriedigend: Da weder Kármán noch sein Bruder Kinder hatten, gab es keine direkten Erben, denen man das fragliche Vermögen hätte vermachen können. Im schlimmsten Fall wäre es daher in eine Staatskasse geflossen – eine unerträgliche Vorstellung für Theodore, der sich sein Leben lang bemüht hatte, jede unnötige Steuerausgabe zu umgehen. Um dies zu verhindern, galt es, bereits zu Lebzeiten Vorsorge zu treffen.

Verschiedene Möglichkeiten standen ihm offen: Einerseits hätte Kármán sein Geld nach dem Tod von Margit und Miklós verschiedenen Freunden und Bekannten vermachen können, etwa Frank Wattendorf, June Merker, Giuseppe Gabrielli oder Marie Roddenbery. Andererseits konnte er es einem wohltätigen Zweck zur Verfügung stellen. Dieser Variante gab Kármán schliesslich den Vorzug, und im April 1958 gründeten die Kármáns zum Andenken an ihre verstorbene Schwester eine „Joséphine-de-Kármán-Stiftung" an der Universität Bern. Da laut Erbvertrag Miklós und Margit Theodore beerben würden, war es erforderlich, sie in die Planung einzubeziehen – möglicherweise auch deswegen, weil auch Miklós' offizielles Erbteil von Joséphine zur fraglichen Summe gehörte.

Die Gründung einer Stiftung zum Zwecke der steuergünstigen Geldanlage war in den 1950er Jahren keine aussergewöhnliche Lösung. Ein mögliches Vorbild war Kármán aus Kalifornien bekannt, wo seit 1948 die Hertz-Stiftung junge Studierende der Ingenieurwissenschaften förderte.[5] Auch er selbst war bereits seit 1954 an einer vergleichbaren Stiftung beteiligt, dem Joséphine-De-Kármán Fellowship Trust, den die Aerojet eingerichtet

---

[4] Exposé betreffend die Dr. Joséphine-de-Kármán-Stiftung, 6.5.1971 (PB); Kopie Sachübernahmevertrag betreffend die Besitzung Ostring Nr. 85 in Bern, 30.5.1957 (PB).

[5] Zu dieser Stiftung, für die sich seit den späten 1950er Jahren Edward Teller sehr einsetzte, vgl. u.a. Teller und Shollery (2001), S. 477ff.

hatte im Tausch gegen Kármáns letzte Aktien der Firma. Anders als bei der Hertz-Stiftung waren diese Stipendien an keine Fachrichtung gebunden, sollten vorzugsweise jedoch an Studierende der Geisteswissenschaften fallen.[6] In ähnlicher Weise entschied Kármán auch für sein europäisches Vermögen: Statt Studierende seiner eigenen wissenschaftlichen Ausrichtung zu fördern, sollte das Geld im Andenken an seine Schwester der geisteswissenschaftlichen Fakultät zugute kommen, denn Joséphine hatte in Kunstgeschichte promoviert und zudem ein ausserordentliches Talent für Fremdsprachen an den Tag gelegt.[7] Ziel der Stiftung sollte es einerseits sein, Studierende der Geisteswissenschaften zu unterstützen, andererseits mit zehn Prozent des Brutto-Ertrages wissenschaftliches Material für die Fakultät anzuschaffen. Dass gerade der Universität Bern diese Erbschaft zugute kam, war vermutlich den Umständen zu verdanken: Bern war die Stadt, in der Kármán Personen kannte, die die nötigen Formalitäten für ihn besorgen würden, insbesondere Boesch und Mastronardi.[8]

Die neu gegründete Stiftung verfügte über ein Anfangsvermögen von lediglich 10 000 Franken; darüber hinaus wurden ihr jedoch weitere 350 000 Franken aus Kármáns Versicherungspolicen zugesichert. Man beabsichtigte, die Stiftung nach dem Tod des letzten der drei Kármáns in Kraft treten zu lassen; bis dahin blieben die Erbverträge wie bisher bestehen. Kármán gelang es auf diese Weise, mehrere Probleme auf einmal zu lösen: Das verbleibende Vermögen würde steuerfrei dem neuen Zweck zugute kommen, er konnte bereits zu Lebzeiten bestimmen, wofür das Geld eingesetzt würde, und schliesslich erhielt der Name seiner Schwester auf diese Weise ein weiteres Denkmal. Kármán erhöhte sein Erbe in der Schweiz

[6] Vgl. die Grundsätze der noch heute existierenden Stiftung in DQ 29.

[7] Theodore von Kármán zufolge hatte seine Schwester sich mit Gästen aus aller Welt, welche Sprache sie auch immer sprachen, innerhalb von wenigen Tagen mühelos unterhalten können – eine Gabe, die ihm nicht zuteil geworden war und die er immer rückhaltlos bewundert hatte. Vgl. von Kármán und Edson (1968), S. 128

[8] Im lange nach der Stiftungsgründung verfassten Exposé betreffend die Dr. Joséphine-de-Kármán-Stiftung (6.5.1971; PB) heisst es zur Motivation Theodore von Kármáns, er habe die Stiftung „aus Dankbarkeit gegenüber den eidgenössischen, kantonalen und städtischen Behörden gegründet, die sich direkt und indirekt für die Ausreise seines Bruders mit seiner Ehefrau tatkräftig eingesetzt und den Eheleuten Dr. Nikolaus von Karman das Asyl, bzw. eine sogenannte Toleranzbewilligung gegen entsprechende Weise gewährt haben“. Betrachtet man die Ausreisegeschichte genauer, so waren es jedoch weniger die Schweizer Behörden, als vielmehr Boesch, Mastronardi und Berg, die sich für die Ausreise des Ehepaars Kármán tatkräftig eingesetzt haben.

schon bald um die Erträge zusätzlicher Versicherungen, die er in den USA abgeschlossen hatte. Die Stiftung erhielt dabei zunächst den Auftrag, die Versicherungspolicen nach Theodores Tod für Miklós und Margit verzinst anzulegen.[9] Diese Klausel wurde jedoch 1962 so abgeändert, dass die Versicherungen und ihre Erträge sofort der Joséphine-de-Kármán-Stiftung gehören sollten; sie wurden also von der Erbmasse ausgenommen, die dem Miklós und Margit nach Kármáns Tod zufiel.[10]

Im Dezember 1958 starb Miklós, nur wenige Monate nach Abschluss der Formalitäten zur Stiftungsgründung. Bereits in Budapest hatte er unter verschiedenen Krankheiten gelitten und seither hatte sich sein Gesundheitszustand fortwährend verschlechtert.[11] Nach Miklós' Tod verliess Margit das Apartment, in dem sie mit ihrem Mann bis dahin gewohnt hatte, und bezog in dem Haus der Schönring AG an der Seftigenstrasse 93 eine Wohnung,[12] die ihr von der Stiftung zur Verfügung gestellt wurde.[13] Zumindest nominell gehörte Margit nun ein Aktienkapital der Schönring AG im Werte von 50 000 Franken, wenn sie auch nicht frei darüber verfügen durfte; darüber hinaus bezog sie eine monatliche Pension von 3 000 Franken und wurde auch sonst von der Stiftung in jeder Hinsicht unterstützt.[14] Seit 1959 wurde Margit zudem regelmässig zum Dies Academicus der Universität eingeladen, aus Dank für die grosszügige Einrichtung der Stiftung; darüber hinaus erhielt sie viele Dankesbesuche von Angehörigen der Universität.[15]

[9] Den Zinssatz hatte Kármán bei sechs Prozent veranschlagt. Notariats- und Sachwalterbureau Witschi & Laubscher, Liebefeld und Bern: Erbvertrag zwischen Herrn Prof. Dr. Theodore von Karman, Herrn Dr. Nikolaus von Karman, Frau Margaretha von Karman und der Dr. Joséphine-de-Kármán-Stiftung, 5.4.1958 (PG).

[10] Vertraulicher Bericht – Bemerkungen zu den beiden Testamenten von Herrn Prof. Dr. Theodore von Karman vom 4. Dezember 1961 und 23. November 1962, datiert aus dem Kontext (PG).

[11] Interview VG, 4.9.2002

[12] Ibid.; Mitteilung i.A. von Theodore an Margarethe von Kármán, 15.3.1961 (TKC 145.3).

[13] „The foundation ‚Dr. Joséphine von Karman-Siftung' was founded on 5th April, 1958 and will only come into force after the death of Mrs. von Karman, sister-in-law of Professor von Karman. Until her death, she will enjoy the full usefruct of the foundation's fortune and thus also of an apartment in the house Nr. 93, Seftigenstrasse, in Berne." Horace Mastronardi: Re. succession of Professor Dr. von Karman, 17.6.1963 (PG).

[14] U.a. bekam Margarethe Geld für grössere Investitionen, wie etwa 3 472 Franken im Jahr 1968 für die Anschaffung eines Fernsehapparates. Dr. Joséphine-de-Kármán-Stiftung: Kontrollberichte für die Jahre 1962-68, 4.9.1970 (PM).

[15] Margarethe an Theodore von Kármán, 5.12.1959 (TKC 145.3).

Dennoch fühlte Margit sich nach Miklós' Tod sehr alleine und bat ihren Schwager, ihn in Paris besuchen zu dürfen. Tatsächlich lud Kármán sie im Winter 1960/1961 für einige Zeit zu sich ein – das erste und einzige Mal.

Währenddessen erhöhte sich das zu vererbende Vermögen stetig. Das Darlehen, das Theodore von Kármán der Immobiliengesellschaft Schönring AG zum Kauf der verschiedenen Häuser gewährt hatte, ging an die Stiftung als Schenkung über. Kármán erhöhte zudem 1959 sein Konto beim Schweizerischen Bankverein um fünf Lebensversicherungen im Gesamtwert von 80 000 Dollar. Der Bank erteilte er die Anweisung, die Versicherungssumme der Joséphine-de-Kármán-Stiftung auszuzahlen.[16] Weiterhin wurden Kármáns Versicherungspolicen „vorfinanziert", so dass die Stiftung „über eigenes Vermögen in Form einer Liegenschaft" verfügte.[17] 1960 kaufte die Schönring AG ein neues Haus am Talbrünnliweg zu einem Preis von 750 000 Franken, die wertvollste aller bisherigen Immobilien.[18] Die Schönring AG war zu diesem Zeitpunkt bereits so wohlhabend, dass sie lediglich eine Hypothek über 75 000 Franken aufnahm – den Restbetrag konnte sie direkt bezahlen.[19] Dies war der Immobiliengesellschaft unter anderem deswegen möglich, weil Kármán sich bereit erklärt hatte, „die reinen Notariatskosten für den Ankauf des dritten Hauses, sowie die gesamten Bank-, Notariats- und Anwaltskosten zu übernehmen, sodass die Stiftung dadurch in keiner Weise belastet wird".[20] Man war hoch erfreut, dass Kármán somit auch die Stiftung begünstigte; im Protokoll wurde vermerkt:

> Unter Hinweis auf die Beschlüsse, enthalten im letzten Protokoll vom 9. September, stellt der Stiftungsrat mit grosser Genugtuung fest, dass Herr Professor Dr. von Karman mit seinen neuen Vergabungen zusammen mit Frau Dr. von Karman der „Dr. Joséphine-de-Kármán-Stiftung" eine Wertvermehrung von mindestens Fr. 500 000.– hat zukommen lassen.[21]

[16] Direktion Schweizerischer Bankverein Biel, Depot Nr. 10 024, 6.10.1959.

[17] Notariats- und Sachwalterbureau Witschi & Laubscher, Liebefeld und Bern: Oeffentliche Urkunde – Komparenten: Professor Dr. Theodore von Karman, Frau Margarethe von Karman geb. Dukesz, 14.5.1960 (PG).

[18] Notariats- und Sachwalterbureau Witschi & Laubscher: Kaufvertrag, Urschrift Nr. 959 20.5.1960. (PG).

[19] Zunächst erfolgte eine Zahlung über 200 000 Franken, 400 000 bei erster Benutzung der Immobilie und 75 000 nach der endgültigen Übernahme des Hauses. Vertrag zwischen Herrn Georg Gerber und der Dr. Joséphine-de-Kármán-Stiftung 20.5.1960. (PG).

[20] Sitzungsprotokoll der Joséphine-de-Kármán-Stiftung, unvollständig, undatiert (PG).

[21] Horace Mastronardi an Joos Cadisch und Richard Greinacher, 12.11.1961 (PB).

DEPOT NO. 10'024

Prof. Dr. Theodore von Karman
Aerodynamiker — Bern, 6. Oktober 1959
P a s a d e n a, Kalifornien

Direktion
Schweizerischer Bankverein
B i e l

Ich ersuche Sie, davon Kenntnis zu nehmen, dass ich an den Schweizerischen Bankverein, 15 Nassau Street, New York, für Ihre Rechnung folgende auf meinen Namen lautende Lebensversicherungspolicen einliefern lasse:

1) $ 5'000 nom. der "The Equitable Life Assurance Society of the United States", No. 11,944,632
2) $ 10'000 nom. der "The Mutual Life Insurance Company of New York", No. 443-40-86
3) $ 15'000 nom. der "The Equitable Life Assurance Society of United States", No. 7671-8313, mit Unfalltodversicherung von $ 25'000, Zertifikat No. GW 1001-8313
4) $ 20'000 nom. (Zertifikat) der "The Equitable Life Assurance Society of United States", No. C-1512/4219/4220H
5) $ 30'000 nom. der "The Equitable Life Assurance Society of the United States", No. C-1512/12452, (Zertifikat)

An den Ansprüchen aus diesen Lebensversicherungspolicen habe ich zu Ihren Gunsten, gemäss Pfandbestellungen vom ein Pfandrecht bestellt, zur Sicherstellung Ihrer gegenwärtigen und künftigen Ansprüche an mich selbst.

Ich erteile Ihnen hiermit die unwiderrufliche Anweisung, die vorerwähnten Lebensversicherungspolicen, sofern Sie sie vor deren Fälligkeit, bzw. vor meinem Ableben aus der Pfandhaft befreien können, dem

Abbildung VIII.1: Theodore von Kármán deponiert fünf Lebensversicherungen beim Schweizerischen Bankverein…,

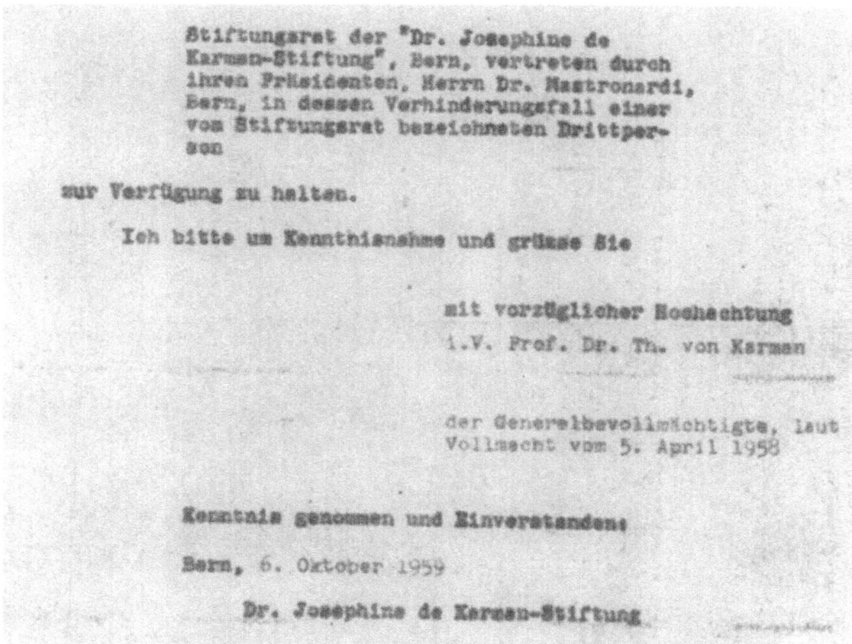

Stiftungsrat der "Dr. Josephine de Karman-Stiftung", Bern, vertreten durch ihren Präsidenten, Herrn Dr. Mastronardi, Bern, in dessen Verhinderungsfall einer vom Stiftungsrat bezeichneten Drittperson

zur Verfügung zu halten.

Ich bitte um Kenntnisnahme und grüsse Sie

mit vorzüglicher Hochachtung
i.V. Prof. Dr. Th. von Karman

der Generalbevollmächtigte, laut Vollmacht vom 5. April 1958

Kenntnis genommen und Einverstanden:

Bern, 6. Oktober 1959

Dr. Josephine de Karman-Stiftung

Abbildung VIII.2: … und lässt sie der Joséphine-de-Kármán-Stiftung zugute kommen. Quelle: UBS.

1961 bekam die Stiftung weitere 150 000 Franken zugesprochen; nur ein Teil davon wurde ihr jedoch von Kármán ausgezahlt, der Hauptbetrag dieser Summe kam jedoch von der Aerojet, die auch zu weiteren Zahlungen verpflichtet wurde: 10 000 Franken sollte sie der Joséphine-de-Kármán-Stiftung jährlich überweisen, und das drei Jahre lang.[22]

Ein Jahr später, 1962, erhielt Kármán die bedeutendste Auszeichnung der Vereinigten Staaten für einen Wissenschaftler überhaupt: die *National Medal of Science*, die ihm Präsident John F. Kennedy im Frühjahr 1963 persönlich überreichte.[23] Kármán war der erste Preisträger, der mit dieser Medaille ausgezeichnet wurde. Der Preis war 1959 als eine der vielen Reak-

[22]Urschrift Nr. 55: Letztwillige Verfügung, 4.12.1961 (PB).

[23]Zur Geschichte der *Medal of Science* vgl. die Informationen auf der offiziellen Homepage der amerikanischen *National Science Foundation* (NFS), DQ 31.

Abbildung VIII.3: Margarethe von Kármán und Ery Laubscher, Notar der Joséphine-de-Kármán-Stiftung. Quelle: PM.

tionen auf den Sputnik-Schock ins Leben gerufen worden, in der Hoffnung, damit einen Anreiz für Spitzenforschung in den Naturwissenschaften zu schaffen. Die Medaille war für solche Wissenschaftler bestimmt, „die besondere Anerkennung verdienen aufgrund ihrer hervorragenden Beiträge zum Wissen auf den Gebieten Physik, Biologie, Mathematik oder Ingenieurwissenschaften".[24] Die Statuten erlaubten die Auszeichnung von bis zu zwanzig Preisträgern jährlich, doch das Auswahlkomitee beschloss, im ersten Jahr allein Theodore von Kármán die Medaille zu verleihen, da

[24]Vgl. DQ 31; ausgezeichnet werden demnach „individuals deserving of special recognition by reason of their outstanding contributions to knowledge in the physical, biological, mathematical, or engineering sciences."

niemand seinen Verdiensten auch nur annähernd nahe kam.[25] Diese Medaille bildete den krönenden Abschluss von Kármáns Karriere. Nach der Preisverleihung flog er zurück nach Paris und begab sich anschliessend mit Bärbel Talbot für eine Badekur nach Aachen. Dort starb Kármán am 7. Mai 1963, fünf Tage vor seinem 83. Geburtstag.[26]

Wie nach Kármáns Tod die finanzielle Situation der Schweizer Joséphine-de-Kármán-Stiftung aussehen würde, wusste niemand. Kármán hatte der Stiftung stets den Anspruch auf sein Vermögen in der Schweiz zugesichert, jedoch niemals genauer ausgeführt, was und wie viel darunter zu verstehen war. Schlimmstenfalls gab es sogar Schulden zu erben – Mastronardi hatte bereits im Sommer 1962 versucht, Kármán auf einen ungedeckten Kredit bei der Bank von Ernst anzusprechen, um diesen aus Kármáns Restvermögen ausgleichen zu lassen; diese „heikle Frage“, wie Mastronardi sich ausdrückte, wurde jedoch nicht gelöst.[27] Auch hatte Kármán sich ausdrücklich die Möglichkeit offen gehalten, sein Vermögen noch im letzten Moment für andere Zwecke zu verwenden.[28] So wartete der Berner Stiftungsrat gespannt auf das Ergebnis der Nachlasssichtung – und schon bald

[25]Nach DQ 31 lautete die Laudatio: „For his leadership in the science and engineering basic to aeronautics; for his effective teaching and related contributions in many fields of mechanics, for his distinguished counsel to the Armed Services, and for his promoting international cooperation in science and engineering.“

[26]Vgl. Gorn (1992), S. 153.

[27]Sitzungsprotokoll der Joséphine-de-Kármán-Stiftung, 2.7.1962 (PB): „Es wird die Frage einer allfälligen Ergänzung des Erbvertrages mit Herrn Professor Dr. von Karman erörtert, und zwar dahingehend, dass er sich evt. dazu bereit erklären könnte, den allenfalls im Moment seines Ablebens noch bestehenden Passivsaldo bei der Bank durch sein übriges Vermögen tilgen zu lassen. Im Bestreben zu vermeiden, dass ein jährlicher Kapitalschwund eintritt, wird Herr Dr Mastronardi beauftragt, diese an sich heikle Frage mit Herrn Professor Dr. von Karman anlässlich seiner nächsten Reise nach Bern zu prüfen und allenfalls mit Herrn Notar Laubscher im Sinne eines Nachtrags zum Erbvertrag regeln.“

[28]1959 war diese Option schriftlich formuliert worden; Bericht über die Dr. Joséphine-de-Kármán-Stiftung, 9.11.1959 (PG): „Gestützt auf die gegenseitigen abgeschlossenen Erbverträge zugunsten der ‚Dr. Josephine de Karman-Stiftung' werden die gesamten in der Schweiz liegenden Vermögenswerte von Herrn Prof. Dr. Theodore von Karman und Frau Dr. von Karman an die 'Dr. Josephine von Karman-Stiftung' übergehen, d.h. mindestens 700 000.–. [. . .] Sollten die beiden beteiligten Personen keine Testamente errichten, so würde die Stiftung gestützt auf den Erbvertrag noch eine weitere erhebliche Kapitalerhöhung erfahren, doch lässt sich z.Zt. über diesen Punkt nicht Bestimmtes voraussagen, da sich die beiden Donatoren diesbezüglich freie Dispositionsbefugnis vorbehalten haben.“

stellte sich heraus, dass es insgesamt um wesentlich weniger Geld ging als zuvor angenommen, wie Mastronardi den weiteren Mitgliedern mitteilte:

> Die übrigen Zahlen, die jetzt folgen, würde ich mit grosser Vorsicht erwähnen und vielleicht bloss darauf hinweisen, dass *entgegen unserer Annahme keine grösseren Geldwerte* sich in der Schweiz befinden, entgegen den früheren Zusicherungen von Herrn Professor Dr. von Karman.[29]

Noch bei weitem unangenehmer war jedoch ein anderer Befund, den Mastronardi der Stiftung einige Monate später, im Juli 1963, eröffnete:

> In bezug auf die erbrechtliche Seite der Angelegenheit gibt Herr Dr. Mastronardi davon Kenntnis, dass Mr. Beehan ihm schriftlich mitgeteilt hat, dass Herr Professor Dr. von Karman am 19. Februar 1963 ein neues Testament errichtet hat, unter Aufhebung aller früheren letztwilligen Verfügungen. Diese Situation ist völlig unerwartet und entspricht sicher nicht der Absicht von Herrn Professor Dr. von Karman, der zwischen den amerikanischen und den schweizerischen Belangen stets sehr streng getrennt hat. Zweifellos hat er seine früheren Verfügungen zugunsten der Joséphine-de-Kármán-Stiftung in keiner Weise tangieren wollen.[30]

Dieses überraschend aufgetauchte Testament hatte Kármán aufgesetzt am Tag, nach dem ihm die erwähnte Medaille verliehen wurde. Kármáns Gesamtvermögen wurde darin auf 475 000 Dollar beziffert: kein geringer Betrag im Jahr 1963. Von dieser Summe fielen etwa 85 000 Dollar auf sein Haus in Pasadena; den grössten Teil seines Vermögens hatte Kármán jedoch in Aktien von insgesamt 36 Firmen angelegt, unter anderem in Laboratorien, Energiekonzerne, Eisenbahngesellschaften und in Unternehmen der Raumfahrtindustrie. Das Testament war indessen sehr knapp gehalten: 30 000 Dollar vermachte Theodore der *American-Hungarian Studies Foundation*, zum Zwecke einer Übersetzung der gesammelten Werke seines Vaters; weitere 16 500 Dollar sollte eine Stiftung in Spanien erhalten, die er dort ebenfalls im Gedenken an seine Schwester eingerichtet hatte; seine Papiere, Briefe, Fotografien, Auszeichnungen etc. schenkte Kármán dem GALCIT.

[29] Bemerkungen zum Testament von Herrn Professor Dr. Theodore von Karman, 22.5.1963 (PG).

[30] Sitzungsprotokoll der Joséphine-de-Kármán-Stiftung, 15. und 22.7.1963 (PG).

Über die Verwendung des gesamten Restgeldes sollte sein Nachlassverwalter Edward Beehan nach eigenem Ermessen entscheiden.[31]

Edward Beehan war jedoch nicht nur Kármáns Nachlassverwalter, sondern zur gleichen Zeit sowohl Rechtsberater der Aerojet als auch Vertreter der amerikanischen Stiftung, die mit der Firma aufs engste verknüpft war: eine Personalunion, die die weiteren Verhandlungen nicht einfacher machte.[32] Nach all der Vermehrung des europäischen Kapitals und der geschickten Operation mit verschachtelten Versicherungspolicen stand nun also in Frage, ob die Berner Stiftung überhaupt noch Geld aus Kármáns Nachlass erhalten würde. Weder Mastronardi noch die übrigen Stiftungsmitglieder waren ohne weiteres bereit, das in Aussicht gestellte Vermögen verloren zu geben, und bemühten sich nach Kräften um den Nachweis, Kármán habe das Projekt der Schweizer Stiftung niemals aufgeben wollen, ungeachtet der Aussagen des Testaments. Als Zeugen rief man Wattendorf und Merker auf den Plan, Kármáns engste Mitarbeiter in Europa. Beide bestätigten auf Anfrage von Mastronardi, sie hätten nichts von einem solchen Stimmungsumschwung bei Kármán gewusst; Mastronardi hielt weiterhin fest, er selbst habe sich noch im April mit Kármán getroffen und über die Berner Stiftungsangelegenheiten Bericht erstattet, ohne dass dieser etwas von geänderten Plänen erwähnt hätte.[33] Tatsache blieb jedoch, dass ein Testament gegen das andere stand, bis die Situation rechtlich geklärt war.

---

[31] Nach Gorn (1992), S. 155f. Gorn zitiert die Passage aus dem Testament folgendermassen: [Edward Beehan was empowered to] „use his best discretion in disposing of the whole or any portion"; a.a.O., S. 156. Dieser von Beehan zu verteilende Anteil belief sich laut Gorn auf 90 Prozent des Vermögens, ohne dass zwischen amerikanischem und europäischem Vermögen differenziert wird. Auf dieser Ungenauigkeit beruhte der Streit zwischen den beiden Stiftungen (s.u.). Angenommen wurde schliesslich, dass das „restliche Geld" nur das amerikanische Vermögen umfasste und Beehan damit nur über diese Summe verfügen sollte. Die Berner Stiftungsmitglieder blieben hingegen die offiziellen Nachlassverwalter des Vermögens in Europa.

[32] Dies wird durch die Stiftungsdokumente nicht direkt belegt. Der Verhandlungspartner ist jedoch immer Beehan oder sein Anwalt Roeth. Die Schweizer Stiftung spricht meist von „den Amerikanern", ohne zu spezifizieren, ob es sich um sie Aerojet oder die amerikanische Stiftung handelt.

[33] Vgl. das Protokoll zur Sitzung der Joséphine-de-Kármán-Stiftung, 11.11.1963 (PG), sowie das Dokument „Vertraulicher Bericht – Bemerkungen zu den beiden Testamenten von Herrn Prof. Dr. Theodore von Karman vom 4. Dezember 1961 und 23. November 1962", verfasst von Mastronardi (PG).

Durch Kármáns plötzliches Ableben hatte er nicht einmal die erforderlichen 5 000 Dollar für den jährlich zu vergebenden Joséphine-de-Kármán-Preis bereitgestellt. Für die Preisverleihung hätte man auf das Stiftungskapital zurückgreifen müssen, das zu diesem Zeitpunkt noch unter Margits „lebenslange Nutzniessung" fiel. „Eine Preisverleihung könnte somit höchstens mit ihrem Einverständnis erfolgen, sofern sie bereit wäre, auf einen gewissen Betrag ehrlich zu verzichten, was vorläufig nicht der Fall sein dürfte", konstatierte der Stiftungsrat.[34] Und tatsächlich wurde die Preisvergabe auf unabsehbare Zeit sistiert. Wogegen Margit jedoch nichts einzuwenden hatte, war der Einsatz des Stiftungsrates für die Vermehrung des Kapitals auch über Kármáns Tod hinaus. So wurden im Jahr 1963 noch weitere Versicherungen Kármáns ausgeschüttet: Nicht nur die bereits erwähnten Policen beim Schweizerischen Bankverein von umgerechnet über 300 000 Franken, sondern auch diverse Beträge derselben Institution[35] in New York. Diese Versicherungen beliefen sich zum Teil auf beachtliche Beträge, so fand sich darunter eine Police über 215 000 Franken, die im Dezember 1963 fällig wurde. Die Schweizer Stiftung bestand ausserdem weiterhin auf die von Kármán vereinbarte Zahlung von jährlich 10 000 Dollar durch die Aerojet, ungeachtet der strittigen Testatmentsverhältnisse. Im Juni 1963 reiste schliesslich Mastronardi nach Kalifornien, um die offenen Fragen der Erbsache Kármán mit der amerikanischen Stiftung und der Aerojet persönlich zu klären. Auf dem Weg besuchte er noch Frank Malina in Paris, um auch diesen für das Berner Anliegen zu gewinnen.[36]

Mit der Überweisung jährlicher 10 000 Dollar waren Beehan und seine Kollegen von der Aerojet schliesslich einverstanden, da dies die Aerojet von Steuerzahlungen entlastete. Über alles Weitere herrschte jedoch auch nach Mastronardis Aufenthalt in den Vereinigten Staaten Uneinigkeit und Misstrauen: Nachdem Wattendorf für Mastronardi den Kontakt zu Beehan

---

[34] Sitzungsprotokoll der Joséphine-de-Kármán-Stiftung, 11.7.1963 (PB).

[35] Der englische Name des Schweizerischen Bankvereins lautete „Swiss Bank Corperation". 1998 fusionierten der Schweizerische Bankverein und die Schweizerische Bankgesellschaft zur UBS AG.

[36] Horace Mastronardi: Bemerkungen zum Testament von Herrn Professor Dr. Theodore von Karman, 22.5.1963 (PG); sowie Fräulein Bloesch (Advokatur-Bureau Mastronardi) an Richard Greinacher, 24.5.1963 (PB). Für seine Reise erhielt Mastronardi eine Vollmacht von den übrigen Stiftungsmitgliedern, die es ihm erlaubte, als Vertreter der gesamten Schweizer Stiftung aufzutreten. Sitzungsprotokoll der Joséphine-de-Kármán-Stiftung, 11.7.1963 (PB).

und dessen Anwalt Roeth hergestellt hatte, erklärten sich diese bereit, sich für die Berner Stiftung einzusetzen. Die Stiftung sollte laut einer Verfügung Kármáns 60 000 Franken erhalten,[37] und Beehan und Roeth boten sich an, die Bank zur Auszahlung zu bewegen. Mastronardi hätte dafür eine Verzichtserklärung abgeben müssen, damit sie in seinem Namen handeln konnten. Dazu war Mastronardi jedoch keinesfalls bereit, da er fürchtete, die amerikanische könne der Schweizer Stiftung den Anspruch auf die 60 000 Franken entziehen. Statt dessen arbeitete er mit Laubscher einen Vergleich aus und war schliesslich überzeugt, „dass die Amerikaner auch in diesem letzten Punkte nachgeben werden".[38]

Die grössten Geldbeträge zwischen der Kármán-Stiftung und der Aerojet standen jedoch noch aus: Aerojet war aufgrund früherer Abmachungen dazu verpflichtet, Fehlbeträge der Schweizer Stiftung aus ihrem Vermögen zu begleichen. Durch Anschaffung von Immobilien etc. war dies inzwischen zu einer beachtlichen Summe angewachsen. Die Firma war über diese Verpflichtung nicht erfreut, und es gab langwierige Verhandlungen mit Beehan und anderen Mitarbeitern der Aerojet. Man kam schliesslich überein, dass die amerikanische der Schweizer Stiftung einen Betrag von 200 000 Franken[39] aus Lebensversicherungen Kármáns zahlen sollte.[40]

[37] Urschrift Nr. 55: Letztwillige Verfügung, 4.12.1961 (PG).

[38] „In Sachen Joséphine-de-Kármán-Stiftung" – Horace Mastronardi an Joos Cadisch und Richard Greinacher, 23.12.1963 (PG).

[39] 51 202,43 US-Dollar. Agreement between the estate of the late Professor Dr. Theodore von Karman and the Aerojet General Corporation, 21.12.1963 (PB). Vgl. auch: Vertraulicher Bericht i.S. Professor v. Karman, undatiert (PB).

[40] Ausserdem bekam die Stiftung noch weitere 40 000 Franken (10 501,85 US-Dollar.) Auf diesen Betrag kam man unabhängig von verschiedenen Einigungsmöglichkeiten: Er ergab sich aus dem Kármán'schen Legat von 60 000 Franken abzüglich eines bereits bezahlten Betrages, der sich aus der Differenz verschiedener Lebensversicherungen zugunsten der amerikanischen und der Schweizer Stiftung ergab; vgl. *Agreement between the estate of the late Professor Dr. Theodore von Karman and the Aerojet General Corporation*, 21.12.1963 (PB). Gleichzeitig ergab sich diese Summe auch bei Nichtbeachtung des Legats – die Aerojet hatte der Stiftung bereits in den Jahren 1961 und 1962 die vereinbarten 10 000 Dollar aus der Firma und je 2 500 Dollar von Kármán bezahlt. Letzterer Betrag fiel mit Kármáns Tod nun weg, und es fehlten noch lediglich 10 000 Dollar – also knapp 40 000 Franken – für das Jahr 1963; vgl. Vertraulicher Bericht i.S. Professor v. Karman, undatiert (PB). Mastronardi berichtete ausserdem in einem Brief vom Juni 1963, was maximal noch zu erwarten wäre – hierbei rechnete er aber mit 12 500 statt 10 000 Dollar von der Aerojet und weiteren 1 625 Dollar; vgl. *Re Succession of Professor Dr. v. Karman*, 17.6.1963 (PB). Die Grundlage für diese 1'625 Dollar wird aus den erhaltenen Dokumenten nicht ersichtlich.

Über weitere Vermögenswerte Kármáns in der Schweiz wurde die Stiftung erst nach und nach informiert. Mastronardi rechnete dabei mit erheblichen Beträgen; seiner Schätzung nach sollte sich der Gesamtwert der ausstehenden Versicherungen auf knapp 400 000 Franken belaufen.[41] Im August 1963 wurde er jedoch informiert, dass tatsächlich nur noch eine Versicherung gültig sei, für die lediglich 70 000 Franken vergütet werden konnten.[42] Die Stiftung schien in keiner Weise mit einer solchen Wendung gerechnet zu haben; im Sitzungsprotokoll wurde festgehalten, die Herren vom Bankverein seien nicht in der Lage gewesen, „Herrn Dr. Mastronardi darüber Auskunft zu geben, aus welchem Grund solch eine Reduktion überhaupt möglich war". Man könne weder „aus den Briefen der Versicherungsgesellschaft, noch aus den Originaldokumenten" den Grund für die plötzliche Wertminderung begreifen.[43] Doch blieb der Stiftung keine Möglichkeit, den Standpunkt der Bank anzufechten: Sie musste sich mit den 70 000 Franken begnügen, so sehr Mastronardi sich auch für einen höheren Betrag einsetzte.

Trotz alledem verfügte die Schweizer Stiftung inzwischen über ein beachtliches Vermögen. Als nominelle Erbin erhielt Margit ein regelmässiges Einkommen ausgezahlt, hatte aber keine weiteren Zugriffsrechte. Die Stiftung kümmerte sich auch um Margits übrigen finanziellen Belange: Nach Kármáns Tod informierte Dreyfuss Mastronardi darüber, dass Margit mehr als 24 000 Franken Schulden hatte, und sie kamen überein, die Stiftung solle diese Schulden in Form eines Kredits begleichen.[44] Da der Kredit der Stiftung beim Schweizerischen Bankverein somit um Margits Anteil verringert wurde, sanken auch die Zinsen entsprechend – dies bedeutete eine jährliche „Entlastung von mindestens Fr. 15 000", so Mastronardi, und dieser

[41] Zwei Versicherungen mit jeweiligem Wert von 20 000 und 30 000 Dollar: R. E. Pond, Swiss Bank Corporation, an Horace Mastronardi, 2.8.2963 (PB).

[42] Die Versicherung sollte ursprünglich einen Wert von 70 000 Dollar gehabt haben, war jedoch nach und nach auf 17 500 Dollar „reduziert" worden: C.F. Bayer, Swiss Bank Corporation, an Horace Mastronardi, 1.8.1963 (PB).

[43] Sitzungsprotokoll der Joséphine-de-Kármán-Stiftung, 15. und 22.6.1963 (PB).

[44] „In Sachen Joséphine-de-Kármán-Stiftung" – Horace Mastronardi an Joos Cadisch und Richard Greinacher, 23.12.1963 (PG): „Mit Rücksicht darauf, dass Frau Dr. v. Karman die gesamten Aktien von Herrn Professor Dr. v. Karman geerbt hat, sodass ihr praktisch die Schönring A.G., mit Ausnahme der Pflichtaktien der Verwaltungsräte, zu Eigentum gehört und sie andererseits an der Stiftung die Nutzniessung besitzt, habe ich persönlich keine Bedenken, dieser Kreditgewährung zuzustimmen."

Betrag kam sofort wieder Margit zugute. Da sie über die Nutzniessung verfügte, konnten die 15 000 Franken für die Rückzahlung ihres Darlehens verwendet werden. Auf diese Weise war innerhalb von zwei Jahren Margits überzogenes Bankkonto ausgeglichen.

Margit starb am 8. November 1980[45] – als Schweizer Bürgerin, denn 1972 hatte sie beschlossen, die schweizerische Staatsbürgerschaft zu erlangen.[46] Über diese Einbürgerung hatte es in der Stadt Bern einige hitzige Diskussionen gegeben; manche Leute waren der Meinung, Margit habe die Schweizer Staatsbürgerschaft nur bekommen, weil ihr Schwager der Universität eine Stiftung vermacht habe. Diese Vorwürfe wies die Einbürgerungsstelle aber weit von sich.[47] Erst jetzt, nach Margits Tod, liess sich ermitteln, wie viel Geld der künftigen Stiftung nun tatsächlich zur Verfügung stand; auch für Margit galt ja, dass ein Testament der Stiftung Teile des Vermögens entzog.

Margit hinterliess der Stiftung verschiedene Konten und Sparhefte im Gesamtwert von über 350 000 Franken.[48] Ihre Schönring-Aktien bekam ebenfalls die Stiftung. Diese war sehr erfreut, dass Margits Vermögen grösser war als gedacht – und noch erfreuter war man, als Dreyfuss mitteilte, dass jede einzelne Schönring-Aktie 28 907 Franken wert war.[49] Ausdrückliche testamentarische Verfügung hatte Margit lediglich über „andere Vermögensteile sowie über das der Frau Dr. von Karman gehörende Frauengut" getroffen, wohinter sich der Diamantschmuck verbarg, der knapp dreissig Jahre zuvor in die Schweiz geschmuggelt worden war.[50] Bis zu Margits Tod blieb er in einem Berner Safe wohl verwahrt, inzwischen bei der Bank von Ernst. Auf Margits Wunsch hin bekam nicht die Stiftung den Schmuck: Sie

[45] Dr. Joséphine-de-Kármán-Stiftung: Kurz-Protokoll, 4.3.1981 (PG).

[46] Berner Tagesanzeiger, 28.4.1972.

[47] Interview VG, 9.4.2002.

[48] Dr. Joséphine-de-Kármán-Stiftung: Kurz-Protokoll, 4.3.1981 (PG).

[49] In einem Protokoll der Schönring A.G. ist zu lesen, dass Marcel Dreyfuss „Frau Dr. Karman für ihr grosszügiges Benehmen zu grossem Dank verpflichtet" sei und die Anwesenden diesem Dank beipflichteten. Vgl. Protokoll der ordentlichen Generalversammlung der Aktionäre der Immobiliengesellschaft Schönring A.G., 3.4.1981 (PG).

[50] Bericht über die Dr. Joséphine-de-Kármán-Stiftung, 9.11.1959.

hatte verfügt, dass die Diamanten der Schweizerischen Krebsliga vermacht werden sollten.[51]

[51] „Rekapitulationsweise wird festgehalten, dass sich der gesamte Schmuck von Fr. Dr. M. von Karman zu Händen der Schweizerischen Krebsliga im Safe der Bank von Ernst & Co. AG befindet." Dr. Joséphine-de-Kármán-Stiftung: Kurz-Protokoll, 4.3.1981 (PG).

Kapitel IX

EPILOG

Erst mit Margits Tod trat die Joséphine-de-Kármán-Stiftung endgültig in Kraft und konnte erste Stipendien an Studierende der Universität Bern vergeben. In den bis heute mehr als zwanzig Jahren Stiftungsaktivität wurde auch die Tradition des „Kármán-Preises" wieder aufgenommen: Im Jahr 2001 wurde er erstmals als Jubiläumspreis für aussergewöhnliche Leistungen hervorragender Nachwuchswissenschaftler verliehen. Vermutlich sind sich nur einzelne Studierende oder Preisträger bewusst, welchen Umständen sie ihre Unterstützung zu verdanken haben: Bis heute beruht das Stiftungsvermögen auf dem europäischen Nachlass Theodore von Kármáns. Die Aktienpakete Joséphines, offiziell zu gleichen Teilen an Miklós und Theodore von Kármán vererbt, gaben zwar den Anstoss zur Emigration von Miklós und Margit aus Ungarn, sie bildeten letztlich aber nur den kleineren Teil des in die Stiftung geflossenen Kapitals.

Ein langer Weg führte Kármán von seinem Studium der Ingenieurwissenschaften in Budapest zur Einrichtung einer Stiftung an der geisteswissenschaftlichen Fakultät der Universität Bern. Bis zum Ausbruch des Zweiten Weltkriegs hatte er eine wissenschaftliche Karriere hinter sich, die nicht steiler hätte verlaufen können. Auf eine renommierte Assistenz bei Ludwig Prandtl in Göttingen folgte nahtlos der Ruf auf den aufstrebenden Aachener Lehrstuhl. Schon in diesen Jahren konnte Kármán neben seinem wissenschaftlichen Talent auch seine Fähigkeiten als Wissenschaftsorganisator und Diplomat ausspielen und hatte schon bald ein Kontaktnetz zu höchsten Kreisen in Wirtschaft, Militär und Politik gesponnen. Doch noch bevor er sein Aachener Institut zum Höhepunkt bringen konnte, wurde er von Robert Millikan für das neu gegründete *CalTech* abgeworben – Kármán emigrierte nicht aus politischen Gründen in die Vereinigten Staaten, wie oftmals behauptet wird, sondern er folgte einem wissenschaftlich höchst attraktiven Angebot, das Aachen nicht zu schlagen vermochte. Und wieder gelang es Kármán, ein neu begründetes Institut in rasanter Geschwindigkeit zur Weltspitze zu führen. Gegen Ende der 1930er Jahre gab es weltweit niemanden, der Kármán auf dem Gebiet der Strömungsdynamik übertraf; und es gab erst recht niemanden, der geschickter darin war, aktuelle Strömungen in Wirtschaft und Politik für die eigenen Interessen zu nutzen.

Mit dem Eintritt der Vereinigten Staaten in den Zweiten Weltkrieg wurde für Kármán zunehmend das Militär, speziell die Luftwaffe, als Geld- und Auftraggeber interessant. Deutlich zeigt sich dies am Aufstieg des *Suicide Squad*, der sich unter Kármáns Förderung in wenigen Jahren zu einer Forschungsinstitution höchsten Ranges entwickelte. Mit der Gründung der Aerojet versuchte Kármán sich schliesslich selbst als Geschäftsmann – und auch das mit beachtlichem Erfolg. Kármáns Verknüpfung mit der US-Luftwaffe begann jedoch nicht erst mit dem Zweiten Weltkrieg. Einer bekannten Episode zufolge beschlossen zwei junge, aufstrebende Wissenschaftler nach der aufrüttelnden Rede von Präsident Roosevelt im Sommer 1940, ihren persönlichen Beitrag zum siegreichen Abschluss des Krieges zu leisten: Hans Bethe und Edward Teller. Da sie selbst nicht einschätzen konnten, welchen Fragen dabei besondere Relevanz zukam, wandten sie sich an denjenigen Wissenschaftler, den sie schon zu diesem Zeitpunkt für einen einschlägigen Experten auf dem Gebiet der Rüstungsforschung hielten – an Theodore von Kármán. Dieser riet ihnen, bestimmte Probleme auf dem Gebiet der Stosswellen zu bearbeiten, und tatsächlich legten Bethe und Teller kurz darauf einen Beitrag zu diesem Thema vor, der nahezu sofort als Geheimmaterial klassifiziert wurde.[1] Kármáns enge Verbindung zum Militär – seit Mitte der 1930er Jahre insbesondere zu General „Hap" Arnold – sollte sich in den nächsten Jahren intensivieren und mündete schliesslich in dem Auftrag, einen visionären, strategischen Plan für die nächsten Jahrzehnte der Luftwaffenforschung zu entwerfen: Das Ergebnis war der berühmte Bericht *Toward New Horizons*.

Zu diesem Zeitpunkt, 1945, war Kármán auf dem Höhepunkt seiner Einflussmöglichkeiten in den Vereinigten Staaten. Vom Universitätsbetrieb hatte er sich weitgehend zurückgezogen und konzentrierte sich statt dessen zunehmend auf seine Tätigkeit als Berater militärischer Forschungsstrategien. Interessanterweise versuchte Kármán jedoch niemals, auf Bundesebene zu operieren, d.h. einen direkten Draht zum Präsidenten aufzubauen, wie beispielsweise Teller dies in späteren Jahren tat. Kármán beschränkte sich darauf, die Forschungspolitik der Luftwaffe nach seinen Wünschen zu beeinflussen; dies tat er jedoch mit aller Kraft und mit grossem Erfolg. Auf

[1] Vgl. zu dieser Episode unter anderen von Kármán und Edson (1968), S. 217f.

den ersten Blick ist man daher erstaunt, dass Kármán genau in diesen Jahren beschloss, seinen Lebensschwerpunkt von Amerika wieder zurück nach Europa zu verlagern: Begleitet von seiner Schwester Joséphine verbrachte er seit 1945 mehr und mehr Zeit in der alten Welt, hauptsächlich in Paris. Als Joséphine 1951 starb, hatten die Geschwister bereits beschlossen, hier ihren ständigen Wohnsitz einzurichten. Kármán bietet damit eines der wenigen Beispiele für eine freiwillige Migration eines jüdischen Wissenschaftlers in die Vereinigten Staaten noch vor 1933, gepaart mit einer freiwilligen Re-Migration zurück nach Europa nach 1945.

Betrachtet man Kármáns Situation um 1945 jedoch genauer, wird seine Rückkehr nach Europa durchaus plausibel. Immer weniger verband Kármán zu diesem Zeitpunkt mit den Vereinigten Staaten. Seine engsten Mitarbeiter aus früheren Jahren hatten entweder neue Stellen angetreten oder waren ganz aus der Wissenschaft ausgestiegen; auch der zunehmend hysterische Anti-Kommunismus, voller Misstrauen gegenüber Mitarbeitern an Geheimprojekten, machte für Kármán eine Rückkehr in die Wissenschaft höchst unattraktiv. Das Schicksal von Hsue-shen Tsien war nur ein Beispiel dafür, dass vergleichsweise harmlose Episoden drastische Konsequenzen nach sich ziehen konnten. Weiterhin gestaltete sich die Zusammenarbeit mit der US-Luftwaffe in den 1940er Jahren zunehmend schwierig, trotz Begründung des SAB. In Europa hingegen boten sich nach dem Krieg die besten Chancen, eine Neuordnung nach eigener Vorstellung einzuführen: die bestehende Infrastruktur war in den meisten Ländern ganz oder teilweise zerstört, viele der früheren Führungspersonen tot, verhaftet oder vertrieben. Für Hilfe beim Wiederaufbau waren die meisten Staaten mehr als dankbar. Dazu kamen persönliche Gründe, die Kármán nach Europa zogen, etwa das Wiederaufleben seiner Liebesbeziehung mit Bärbel Talbot, vielleicht auch eine innere Bindung an die ehemalige Heimat. Auf der Suche nach einer neuen Aufgabe in Europa gelang es Kármán, die AGARD als neuen Beratungsstab der NATO-Luftwaffe einzurichten; und wohl nicht zufällig sorgte er gleichzeitig dafür, dass dieser Beraterstab seinen Hauptsitz in Paris nahm, wo er selbst wohnen wollte, und nicht etwa in Washington oder anderen Ortes.

In diese Zeit, als Kármán sich endgültig wieder in Europa niederliess, fällt die Ausreise von Miklós und Margit. Wie geschildert, spielte Kármán dabei weniger die Rolle des liebenden Bruders, der seine Verwandten aus den Händen der Kommunisten retten wollte; vielmehr wurde Kármán erst nach 1951 aktiv, als klar wurde, dass er Joséphines Erbe nur dann vor dem Zugriff der ungarischen Regierung bewahren konnte, wenn Miklós Ungarn verliess. Dies galt es nun zu organisieren, und zwar um nahezu jeden Preis. Letztlich war es also Theodores ausgeprägte Sparsamkeit, die ihn dazu trieb, erhebliche Summen in Miklós' Ausreise zu investieren, um auf diese Weise die Aktienpakete, die ursprünglich ihm selbst gehört hatten, gegenüber unberechtigten Ansprüchen zu verteidigen. Zu diesem Zweck setzte Kármán seine Kontakte auf allen Ebenen ein – und schliesslich war es Moe Berg, der ehemalige Spitzenagent des OSS, dem gelang, woran alle anderen gescheitert waren. Bruder und Schwägerin landeten dabei in der Schweiz, in dem Land, das für Kármán das nützlichste Kontaktnetz zur Organisation der Ausreise geboten hatte. Verschiedene Optionen zur Weiterreise zerschlugen sich eine nach der anderen, und so blieb das Ehepaar Kármán schliesslich bis zu seinem Tod in Bern. Von seinem Erbteil, das eigentlich den Anstoss zur Ausreise gegeben hatte, sah Miklós jedoch auch in der Schweiz nicht viel – er und seine Frau blieben finanziell abhängig von Theodore, der erst nach einigen Jahren eine monatliche Zahlung für sie einrichtete.

Die endgültige Rettung des Erbteils seiner Schwester gab Kármán den Anstoss, auch seine weiteren Finanzen noch einmal zu überdenken. Die Übersiedlung nach Europa legte es nahe, einen Teil seines Vermögens hier zu konzentrieren und zu mehren. Die Schweiz als Finanzstandort zu nutzen, war die am nächsten liegende Lösung: Schon seit längerer Zeit unterhielt Kármán einige Konten und Safes in der Schweiz, die grossenteils durch den Berner Bankdirektor Jacques Boesch zuverlässig verwaltet wurden. Boesch erledigte auch den Zahlungsverkehr im Zusammenhang mit Miklós' Ausreise, so dass gerade in den frühen 1950er Jahren die Verbindung zwischen Boesch und Kármán sehr eng war. Weiterhin hatte Kármán in Horace Mastronardi einen geschickten und zuverlässigen Anwalt gefunden, der ihm auch für Geldanlagen zur Seite stand; und durch seine Beratertätigkeit für das Projekt N-20 hatten sich über Richard Greinacher zusätzliche Beziehungen nach Bern ergeben. So erhöhte Kármán in den folgenden Jahren stetig sein Kapital in der Schweiz und sorgte durch die Gründung der Schönring AG dafür, dass das Geld zwar Gewinn bringend eingesetzt wurde, jedoch jederzeit für ihn verfügbar blieb.

Zugleich fasste Kármán den Entschluss, hier auch zumindest den europäischen Teil seines Vermögens zu vererben. Kinder hatte er keine – zumindest nicht offiziell;[2] die Bestimmung des Geldes für einen wohltätigen Zweck war daher eine nahe liegende Variante und zudem steuerfrei. Als Wissenschaftler schien es Kármán vielleicht wenig opportun, sein Vermögen dem Roten Kreuz oder ähnlichen sozialen Einrichtungen zu spenden. Stattdessen beschloss er, sein Geld einer Stiftung zur Unterstützung des wissenschaftlichen Nachwuchses zugute kommen zu lassen. Ähnliche Stiftungen hatte er ja bereits in den Vereinigten Staaten und Spanien gegründet, wenn auch in sehr viel bescheidenerem Rahmen. Bern als Standort dieser Stiftung war für Kármán zu diesem Zeitpunkt die einfachste Wahl: Hier hatte er die nötigen persönlichen Verbindungen sowohl zu einem fähigen Financier – Boesch – als auch zu einem Juristen, Mastronardi. Sein Kontakt zu Greinacher sicherte der zukünftigen Stiftung einen weiteren Organisator. Im Gedenken an Joséphine bestimmte Kármán schliesslich, die Stiftung solle ihren Namen tragen und das Geld der geisteswissenschaftlichen Fakultät zugute kommen; neben tatsächlicher Geschwisterliebe zwischen Theodore und Joséphine, die sich sehr nahe standen, mag dies auch pragmatischen Gründen geschuldet sein: eine Stiftung zu Lebzeiten bereits auf den eigenen Namen zu taufen und dem Gedenken an die eigene Person auszurichten, schien vielleicht nicht ganz opportun.

Auf diese Weise profitieren nun Studierende der Universität Bern von der Hinterlassenschaft eines der Marsmenschen, der zumindest den Teil der Weltgeschichte erheblich beeinflusste, der sich in der Luft abspielt. Viele interessante Facetten seiner Geschichte konnten von uns nur gestreift werden oder blieben gänzlich unberücksichtigt – ihre Behandlung bleibt Folgestudien vorbehalten. Wer sich indessen heute nicht mehr für Theodore von Kármán interessiert, und dies aus gutem Grund, ist der amerikanische Geheimdienst. Wie immer gestützt auf die Angaben zuverlässiger Informanten, schloss das FBI zwölf Jahre nach Kármáns Tod endgültig seine Akte mit folgender Bemerkung:

[2] Zu denken gibt allerdings der Brief einer gewissen Miss Alice Anthony aus dem Jahr 1959, mit der Kármán losen Briefkontakt hielt, worin sie erzählt „Theodore Junior and I worked all yesterday afternoon packing the boxes. He did a beautiful job". Vgl. Alice Anthony an Theodore von Kármán, 4.6.1959 (TKC 1.21). Miss Anthony arbeitete an der Cornell Universität in Ithaca als Sekretärin für William R. Sears, einen der bekanntesten Doktoranden Kármáns, der später seinerseits Kármáns Sekretärin Mabel Rhodes heiratete (DQ 32).

[—] berichtete am 1.9.1973, dass Dr. Theodore von Karman seit 1963 verschieden ist. In Hinblick auf die obige Tatsache werden keine neuen Ermittlungen unternommen.[3]

[3] „[—] advised on 1/9/73 that Dr. Theodore von Karman has been deceased since 1963. In view of the above no further investigation being conducted.“ Theodore von Karman's FBI Files Part 2a, S. 129.

VERWENDETE ABKÜRZUNGEN

AAF:	*Army Air Force*
AVA:	Aerodynamische Versuchsanstalt
AEDC:	*Arnold Engineering Development Center*, Tennessee
AGARD:	*Advisory Group for Aeronautical Research and Development*
AGF:	Arbeitsgruppe für Flugzeugbeschaffung
BBC:	Brown, Boveri & Co., Baden
CalTech:	*California Institute of Technology*
CIA:	*Central Intelligence Agency*
DLR:	Deutsches Zentrum für Luft- und Raumfahrt
DQ:	Digitale Quelle
EADS:	*European Aeronautic Defence and Space Company*
EMD:	Eidgenössisches Militärdepartement
ETH:	Eidgenössisch-Technische Hochschule
ETHZ:	Eidgenössisch-Technische Hochschule Zürich
FBI:	*Federal Bureau of Investigation*
GALCIT:	*Guggenheim Aeronautical Laboratory at the California Institute of Technology*
ICAS:	*International Congress of Applied Mechanics*
INTA:	*Instituto Nacional de Técnica Aeroespacial*
IUTAM:	*International Union of Theoretical and Applied Mechanics*
JATO:	*Jet Assisted Take-Off*
KMF:	Kommission für Militärische Flugzeugbeschaffung
KTA:	Kriegstechnische Abteilung des Eidgenössischen Militärdepartements
KWI:	Kaiser-Wilhelm-Institut, Vorgänger der Max-Planck-Institute (MPI)
LH:	Lídia Hórvath, Bern; Übersetzerin der ungarischen Briefe im Kármán-Nachlass
MIT:	*Massachusetts Institute of Technology*, Cambridge, Massachusetts

NACA: *National Advisory Committee for Aeronautics*, Vorgänger der NASA
NASA: *National Aeronautics and Space Administration*
NATO: *North Atlantic Treaty Organization*
NBI: *Niels Bohr Library* des *American Institute of Physics*, College Park
OSI: *Office of Scientific Intelligence*
OSS: *Office of Strategic Service*, Vorgänger der CIA
PB: Privatbesitz Jean-Pierre Bennett; Immobilienverwalter der Kármán-Stiftung und ehemaliger Mitarbeiter von Horace Mastronardi
PG: Privatbesitz Familie Greinacher
PM: Privatbesitz Philippe Mastronardi; Sohn von Horace Mastronardi
RTO: *Research and Technology Organization* der NATO
SAB: *Air Force Scientific Advisory Board*
SAG: *Army Air Forces Scientific Advisory Group*
TKC: Theodore-von-Kármán-Collection – Courtesy of The Archives, California Institute of Technology.
USAF: *United States Air Force*
VG: Vera Greinacher; Witwe von Richard Greinacher
WO: Werkzeugmaschinenfabrik Oerlikon Bührle & Co.
ZAG: Fritz-Zwicky-Archiv in der Landesbibliothek Glarus

DIGITALE QUELLEN

DQ 1: <http://www.geocities.com/Prieni/>

DQ 2: <http://www.majesticdocuments.com/personnel/vonkarman.html>

DQ 3: <http://www.arnold.af.mil>

DQ 4: <http://history.nasa.gov/>

DQ 5: <http://www.airpower.maxwell.af.mil/airchronicles/apje.html>

DQ 6: <http://www.luftschutz-bunker.de>

DQ 7: <http://www.lostplaces.de/index.html?/lfabs/>

DQ 8: <http://www.airforcehistory.hq.af.mil/PopTopics/Evolution.htm>

DQ 9: <http://www.br-online.de/wissen-bildung/spacenight/raketen/>

DQ 10: <http://www.iutam.net/iutam/History/>

DQ 11: <http://www.fiatgroup.com/fiat-centenary/pers/gab.html>

DQ 12: <http://www.piaggioaero.com/>

DQ 13: <http://www.geocities.com/fiap_fiat/history/fiat_avio.htm>

DQ 14: <http://www.biblio.unisg.ch>

DQ 15: <http://sunsite.berkeley.edu/uchistory/archives_exhibits/loyaltyoath/>

DQ 16: <http://www.law.umkc.edu/faculty/projects/FTrials/ftrials.htm>

DQ 17: <http://www. multied.com/Bio/people/Nagy.html>

DQ 18: <http://www.ethbib.ethz.ch/exhibit/ackeret/ackeret_frame.html>

DQ 19: <http://www.ethbib.ethz.ch/exhibit/stodola/>

DQ 20: <http://www.ifd.mavt.ethz.ch/>

DQ 21: <http://www.snl.ch/dhs/externe/protect/textes/D30538.html>

DQ 22: <http://www.danford.net/edwards.htm>

DQ 23: <http://www.asmz.ch/hefte/2001/06/200106_14.html>

DQ 24: <http://www.eusebio.ch/Sm.htm>

DQ 25: <http://www.hanspeter-strehler.ch/p-16-projekt.html>

DQ 26: <http://www.swissaviation.ch/aktuell/militaerluftfahrt.htm>

DQ 27: <http://www.ahfoundation.org/>

DQ 38: <http://www.wir-report.de/projekt/praxis/jockey/default.htm>

DQ 29: <http://www.dekarman.org/Default.htm>

DQ 30: <http://www.rwth-aachen.de/historikertag2000/cont/karman.htm>

DQ 31: <http://www.nsf.gov/nsb/awards/nms/medal.htm>

DQ 32: <http://pr.caltech.edu/periodicals/EandS/articles/LXVI/sears.html>

Literaturverzeichnis

Anderson, John D.: *A History of Aerodynamics and its Impact on Flying Machines*, Cambridge: Cambridge University Press 1997.

——— The Evolution of Aerodynamics in the Twentieth Century: Engineering or Science? in: Galison, Peter und Roland, Alex (Hrsg.): *Atmospheric Flight in the Twentieth Century*, Dordrecht etc.: Kluwer 2000, (Archimedes; 3), 241–256.

Arnold, Henry H.: *Global Mission*, New York: Arno Press 1972, Reprint der Ausgabe 1949, New York.

Bernhardt, H: Zum Leben und Wirken des Mathematikers Richard von Mises, *NTM* 2 (1979), Nr. 16, 40–49.

Berta, Giuseppe: *Conflitto Industriale e Struttura d'Impresa alla Fiat*, Bologna: Il Mulino 1998.

Bilstein, Roger: American Aviation Technology: An International Heritage, in: Galison, Peter und Roland, Alex (Hrsg.): *Atmospheric Flight in the Twentieth Century*, Dordrecht etc.: Kluwer 2000, (Archimedes; 3), 207–222.

Bogyay, Thomas von: *Grundzüge der Geschichte Ungarns*, Darmstadt: Wissenschaftliche Buchgesellschaft 1990.

Born, Max: Erinnerungen und Gedanken eines Physikers, in: Hermann, Armin (Hrsg.): *Der Luxus des Gewissens. Erlebnisse und Einsichten im Atomzeitalter*, München: Nymphenburger Verlagsbuchhandlung 1982a, 27–73.

——— Rückblick auf meine Arbeiten über Dynamik der Kristallgitter, in: ——— (Hrsg.): *Der Luxus des Gewissens. Erlebnisse und Einsichten im Atomzeitalter*, München: Nymphenburger Verlagsbuchhandlung 1982b, 78–93.

Breitenmoser, Christoph: *Strategie ohne Aussenpolitik: Zur Entwicklung der schweizerischen Sicherheitspolitik im Kalten Krieg*, Zürich: Forschungsstelle für Sicherheitspolitik und Konfliktanalyse, ETH Zürich 2002, Studien zur Entwicklung und Sicherheitspolitik, Vol.10.

Bridel, Georges: Jakob Ackeret, *Schweizer Pioniere der Wirtschaft und Technik* 67 (1998), 73–90.

Bush, Vannevar: *Modern Arms and Free Men. A Discussion of the Role of Science in Preserving Democracy*, New York: Simon & Schuster 1949.

Castronovo, Valerio: *Fiat 1899 – 1999. Un Secolo di Storia Italiana*, Milano: Rizzoli 1999, (Collana Storica Rizzoli).

Chang, Iris: *Thread of the Silkworm*, New York: BasicBooks 1995.

Coffey, Thomas M.: *Hap. The Story of the U.S. Air Force and the Man who Built it*, New York: Viking 1972.

Daso, Dik A.: *Architects of American Air Supremacy: General Hap Arnold and Dr. Theodore Von Karman*, University Press of the Pacific 2002.

——— und Overy, Richard: *Hap Arnold and the Evolution of American Airpower*, Washington / London: Smithsonian Institution Press 2001, (Smithsonian History of Aviation Series).

Dawidoff, Nicholas: *The Catcher Was a Spy – The Mysterious Life of Moe Berg*, New York: Vintage Books 1994.

DGLR (Hrsg.): *Gedächtnisveranstaltung für Theodor von Kármán aus Anlass seines 100. Geburtstags*, Band 6, Berlin 1982.

Dierikx, Marc: *Fokker. A Transatlantic Biography*, Washington / London: Smithsonian Institute Press 1997.

Dronamraju, Krishna R.: *If I am to be remembered : The Life and Work of Julian Huxley with selected correspondence*, Singapore: World Scientific Publ. 1993.

Dryden, Hugh L.: Theodore von Kármán's Activities in National and International Organisations of Scientific Cooperation, *Jahrbuch 1963 der WGLR* (1963), 519–520.

Dubs, Fritz: Nekrolog Jakob Ackeret, *Schweizer Ingenieur und Architekt* 30-31 (1981), 679–680.

Dulles, Allen W.: *From Hitler's Doorstep. The Wartime Intelligence Reports of Allen Dulles, 1942 – 1945*, University Park, PA: Pennsylvania State Univ. Press 1996, Hrsg. mit Kommentaren von Neal H. Petersen.

Dupre, Flint O.: *Hap Arnold: Architect of American Air Power*, New York: Macmillan 1972, (Air Force Academy Series).

Epple, Moritz: Präzision versus Exaktheit: Konfligierende Ideale der angewandten mathematischen Forschung: Das Beispiel der Tragflügeltheorie, *Berichte zur Wissenschaftsgeschichte* 25 (2002)a, Nr. 3, 171–193.

——— *Rechnen, Messen, Führen. Kriegsforschung am Kaiser-Wilhelm-institut für Strömungsforschung (1937 – 1945)*, Berlin 2002b, Vorabdruck aus dem Forschungsprogramm „Geschichte der Kaiser-Wilhelm-Gesellschaft im Nationalsozialismus".

Erfurth, Helmut: *Im Rhythmus der Zeit. Hugo Junkers und die Zwanziger Jahre in Dessau*, Dessau: Anhaltische Verlagsgesellschaft 1994.

Fischer, Holger: *Eine kleine Geschichte Ungarns*, Frankfurt am Main: Suhrkamp 1999.

Fokker, Anton H. G. und Gould, Bruce: *Flying Dutchman: The Life of Anthony Fokker*, New York: Henry Holt 1931.

——— *Der Fliegende Holländer: Das Leben des Fliegers und Flugzeugkonstrukteurs A. H. G. Fokker*, Zürich: Rascher & Cie 1933.

Gabrielli, Giuseppe: Theodore von Kármán, *Atti Accad. Sci. Torino Cl. Sci. Fis. Mat. Natur.* 98 (1963/64), 471–485.

——— *Una Vita per l'Aviazione. Ricordi di un Costruttore di Aeroplani*, Milano: Bompiani 1982.

——— und Kármán, Theodore von: What Price Speed? Specific Power required for Propulsion of Vehicles, *Mechanical Engineering* 72 (1950), 775–781.

Gigy, Hans: Professor Dr. sc. techn. Jakob Ackeret und die schweizerische Maschinen-Industrie, *Zeitschrift für Angewandte Mathematik und Physik (ZAMP)* IXb (1958), 26–30.

Goldsmith, Maurice: *Sage – A Life of J.D. Bernal*, London: Hutchinson 1980.

Goodstein, Judith R. und Kopp, Carolyn: *Guide to the Theodore von Kármán Collection*, Pasadena CA: California Institute of Technology 1981.

Gorn, Michael H.: *The Universal Man – Theodore von Kármán's Life in Aeronautics*, Washington / London: Smithsonian Institution Press 1992.

——— *Hugh L. Dryden's Career in Aviation and Space*, Washington, D.C.: NASA History Office 1996, (Monographs in Aerospace History; 5).

——— *Expanding the Envelope: Flight Research at the NACA and NASA*, University Press of Kentucky 2001.

Goudsmith, Samuel A.: *Alsos*, Los Angeles: Tomash 1988.

Groehler, Olaf: *Hugo Junkers*, Leipzig: Militzke Verlag 1998.

Groves, Leslie R.: *Now It Can Be told: The Story of the Manhattan Project*, New York: Harper & Row 1962.

Hallio, Richard P.: *Legacy of Flight: The Guggenheim Contribution to American Aviation*, Seattle: University of Washington Press 1977.

Hanle, Paul A.: *Bringing Aerodynamics to America*, Cambridge MA: MIT Press 1982.

Haynes, John E.: *Venona: Decoding Soviet Espionage in America*, New Have: Yale University Press 1999.

Heller, Daniel: *Zwischen Unternehmertum, Politik und Überleben. Emil G. Bührle und die Werkzeugmaschinenfabrik Oerlikon, Bührle & Co. 1924 bis 1945*, Berlin: Duncker & Humblot 1970, (Schriften zur Wirtschafts- und Sozialgeschichte; Bd. 16).

Hentschel, Klaus (Hrsg.): *Physics and National Socialism. An Anthology of Primary Sources*, Basel: Birkhäuser 1996, Übersetzt von Ann M. Hentschel.

Hilbert, David und Klein, Felix; Frei, Günther (Hrsg.): *Der Briefwechsel David Hilbert – Felix Klein (1886 – 1918). Mit Anmerkungen und mit einer biographischen Skizze über Felix Klein*, Zürich: Forschungsinstitut für Mathematik der ETH Zürich 1982.

Hoensch, Jörg K.: *Geschichte Ungarns 1867 – 1983*, Stuttgart: W. Kohlhammer 1984.

——— *Ungarn-Handbuch: Geschichte, Politik, Wirtschaft*, Hannover: Fackelträger 1991.

Hoff, Nicholas J.: Giuseppe Gabrielli 1903 - 1987, *Memorial Tributes: National Academy of Engineering* 4 (1991), 115–118.

Hug, Peter: *Schweizer Rüstungsindustrie und Kriegsmaterialhandel zur Zeit des Nationalsozialismus. Unternehmensstrategien – Marktentwicklung – politische Überwachung*, Zürich: Chronos 2002.

Hunt, Linda: *Secret Agenda. The United States Government, Nazi Scientists, and Project Paperclip, 1945 – 1990*, New York: St. Martin's Press 1991.

The second ICAS Congress in Zürich, 12.-17.9.1960, 1961, IAS News, S. 5-8.

Immenhauser, Rolf: Zum Tode von Richard Greinacher, *Neue Zürcher Zeitung* 144 (1985), 53.

Koppes, Clayton R.: *JPL and the American Space Program*, London: Yale University Press 1982.

Krause, Egon: Theodor von Kármán, *Luft- und Raumfahrt* 20 (1982).

Kármán, Theodore von: Über den Mechanismus des Widerstandes, den ein bewegter Körper in einer Flüssigkeit erfährt, *Nachrichten der K. Gesellschaft der Wissenschaften zu Göttingen, mathematisch-physikalische Klasse* (1911).

——— *Collected Works*. London: Butterworths 1956-75, 5 Vols.

——— und Edson, Lee: *Die Wirbelstrasse – Mein Leben für die Luftfahrt*, Hamburg: Hoffmann und Campe 1968.

Lang, Norbert: *Aurel Stodola (1859 – 1942)*, Meilen: Verein für wirtschaftshistorische Studien 2003.

Lanouette, W: *Genius in the Shadows: A Biography of Leo Szilard, the Man Behind the Bomb*, New York: Scribner's Sons 1993.

Lasby, Clarence G.: *Project Paperclip. German Scientists and the Cold War*, New York: Atheneum 1971.

Manegold, Karl-Heinz: *Universität, Technische Hochschule und Industrie. Ein Beitrag zur Emanzipation der Technik im 19. Jahrhundert unter besonderer Berücksichtigung der Bestrebungen Felix Kleins*, Berlin: Duncker & Humblot 1970, (Schriften zur Wirtschafts- und Sozialgeschichte; Bd. 16).

Meier, Gerd E. A. (Hrsg.): *Ludwig Prandtl, ein Führer in der Strömungslehre. Biographische Artikel zum Werk Ludwig Prandtls*, Braunschweig/Wiesbaden: Vieweg 2000.

Millikan, Clark B: Theodore von Kármán. His „American Period", *J. Aeron. Soc.* 67 (1963), 615–617.

Müller, Roland: *Fritz Zwicky – Leben und Werk des grossen Schweizer Astrophysikers, Raketenforschers und Morphologen*, Glarus: Verlag Baeschlin 1986.

Moss, Norman: *Klaus Fuchs: The Man who Stole the Atom Bomb*, London: Grafton Books 1987.

Pash, Boris T.: *The Alsos Mission*, New York: Award House 1969.

Pinault, Michel: *Fréderic Joliot-Curie*, Paris: Éditions Odile Jacob 2000.

Powers, Thomas: *Heisenberg's War*, Boston / Toronto: Little, Brown & Co. 1993.

Romsics, Ignác: *20th Century Hungary and the Great Powers*, New York: Columbia University Press 1995.

Rott, N.: Jakob Ackeret and the History of the Mach Number, *Annual Review of Fluid Mechanics* 17 (1985), 1–9.

Rotta, Julius C: *Die Aerodynamische Versuchsanstalt in Göttingen – ein Werk Ludwig Prandtls. Ihre Geschichte von den Anfängen bis 1925*, Göttingen: Vandenhoeck & Ruprecht 1990a.

——— (Hrsg.): *Dokumente zur Geschichte der Aerodynamischen Versuchsanstalt in Göttingen 1907 – 1925*, Göttingen: DLR 1990b, (Mitteilungen der Deutschen Forschungsanstalt für Luft- und Raumfahrt).

Rowe, David E.: Klein, Hilbert, and the Göttingen Mathematical Tradition, *Osiris* (1989), 186–213.

Sauer, Alison D.: *Theodore von Kármán. Ein Leben zwischen Kosmopolitismus und Goodwill*, Universität Bern: unveröffentlichte Lizentiatsarbeit 2003.

Schmitt, Günther: *Hugo Junkers – ein Leben für die Technik*, Planegg: Aviatic Verlag 1991.

Schultz-Grunow, F: 50 Jahre Institut für Aerodynamik an der ETH Zürich – J. Ackeret: Persönliche Erinnerungen, *Schweizer Ingenieur und Architekt* 21 (1983), 1–8.

Simon, Leslie E.: *German Research in World War II*, New York: John Wiley & Sons 1947.

Smith, Richard K. (Hrsg.): *The Hugh L. Dryden Papers 1898 – 1965: A Preliminary Catalogue of the Basic Collection*, Baltimore: Johns Hopkins University Press 1974.

Stever, H. Guyford: *In War and Peace. My Life in Science and Technology*, Washington D.C.: Joseph Henry Press 2002.

Strehle, Res: *Die Bührle-Saga. Festschrift zum 65. Geburtstag des letzten aktiven Familiensprosses in einer weltberühmten Waffenschmiede*, aktualisierte und erweiterte Neuauflage Auflage. Zürich: Limmat Verlag 1986.

Sturm, Thomas A.: *The USAF Scientific Advisory Board. Its First Twenty Years, 1944 – 1964*, Washington D.C. 1986, New Imprint by the Office of Air Force History.

Tank, Franz: Jakob Ackeret, *Zeitschrift für Angewandte Mathematik und Physik (ZAMP)* IXb (1958), Nr. 5-6, 9–16.

Teller, Edward und Shollery, Judith: *Memoirs: A Twentieth-Century Journey in Science and Politics*, Cambridge: Perseus Books 2001.

Tobies, Renate: *Felix Klein*, Leipzig: Teubner 1981, (Biographien hervorragender Naturwissenschaftler, Techniker und Mediziner; 50).

Tollmien, Cordula: Das Kaiser-Wilhelm-Institut für Strömungsforschung verbunden mit der Aerodynamischen Versuchsanstalt, in: Becker, Heinrich (Hrsg.): *Die Universität Göttingen unter dem Nationalsozialismus*, 2. Auflage. München: Saur 1998, 684–708.

Trischler, Helmuth: *Luft- und Raumfahrtforschung in Deutschland 1900 – 1970*, Frankfurt am Main: Campus 1992.

——— „Big Science" or „Small Science"? Die Geschichte der Luftfahrtforschung im Nationalsozialismus, in: Kaufmann, Doris (Hrsg.):

Geschichte der Kaiser-Wilhelm-Gesellschaft im Nationalsozialismus. Bestandsaufnahme und Perspektiven der Forschung, Göttingen: Wallstein 2000, 328–362.

Vogel-Prandtl, Johanna: *Ludwig Prandtl – ein Lebensbild. Erinnerungen, Dokumente*, Göttingen: MPI für Strömungsforschung 1993, (Mitteilungen aus dem Max-Planck-Institut für Strömungsforschung; 107).

Vogt, Annette: Hilda Polaczek-Geiringer (1893 – 1973) – erste Privatdozentin für Mathematik an der Berliner Universität, *Dialektik* (1994), Nr. 3.

Wagner, Wolfgang: *Hugo Junkers, Pionier der Luftfahrt – seine Flugzeuge*, Bonn: Bernard & Graefe Verlag 1996, (Die deutsche Luftfahrt; 24).

Wattendorf, Frank L. und Malina, Frank J.: Theodore von Kármán, 1881 – 1963, *Astronautica Acta* 10 (1964), 81.

West, Nigel: *Venona: The Greatest Secret of the Cold War*, London: HarperCollins 1999.

Williams, Robert C.: *Klaus Fuchs, Atom Spy*, Cambridge MA: Harvard University Press 1987.

Wingo, Walter: Supersonic Flight Will Do Most…, *Washington News* (10.5.1961).

Index

GPSR Compliance

The European Union's (EU) General Product Safety Regulation (GPSR) is a set of rules that requires consumer products to be safe and our obligations to ensure this.

If you have any concerns about our products, you can contact us on ProductSafety@springernature.com

In case Publisher is established outside the EU, the EU authorized representative is:

Springer Nature Customer Service Center GmbH
Europaplatz 3
69115 Heidelberg, Germany

Batch number: 10607214

Printed by Printforce, the Netherlands